"十二五"职业教育国家规划教材

经全国职业教育教材审定委员会审定

全国高等职业院校规划教材·精品与示范系列

国家精品课
配套教材之一

电工技术及技能训练

（第2版）

李贤温　主　编

任意芳　马宏骞　副主编

电子工业出版社

Publishing House of Electronics Industry

北京·BEIJING

内 容 简 介

本书在第 1 版得到广泛使用的基础上，充分征求相关教师和专家的意见，结合最新的职业教育教学改革要求和国家示范专业建设项目成果进行编写。这次修订对原有内容进行了重新整合与增减，注重课程内容与岗位技能相结合，设置有多个电工实训和电工实验。全书包括电路基础、直流电路的计算、单相正弦交流电路的计算、三相正弦交流电路的计算、常用变压器、常用电动机、常用低压电器、照明电路基础和安全用电常识等。每章包含有多个教学任务，每个教学任务中设置有"自己动手"内容；每章前面有教学导航，后面有知识梳理与总结、思考与练习，有利于学生较好地掌握电工知识与技能。

本书为高职高专院校各专业电工技术课程的教材，以及应用型本科、成人教育、自学考试、开放大学、中职学校及培训班的教材，同时也是电气工程技术人员的一本好参考书。

本书配有免费的电子教学课件、练习题参考答案和**精品课网站**，详见前言。

图书在版编目(CIP)数据

电工技术及技能训练/李贤温主编. —2 版. —北京：电子工业出版社，2011.4

全国高等职业院校规划教材·精品与示范系列

ISBN 978-7-121-13235-3

Ⅰ. ①电… Ⅱ. ①李… Ⅲ. ①电工技术－高等职业教育－教学参考资料 Ⅳ. ①TM

中国版本图书馆 CIP 数据核字(2011)第 055641 号

策划编辑：陈健德(E-mail：chenjd@phei.com.cn)

责任编辑：毕军志

印　　刷：北京虎彩文化传播有限公司

装　　订：北京虎彩文化传播有限公司

出版发行：电子工业出版社

　　　　　北京市海淀区万寿路 173 信箱　邮编 100036

开　　本：787×1092　1/16　印张：17.5　字数：444.8 千字

版　　次：2006 年 2 月第 1 版

　　　　　2011 年 4 月第 2 版

印　　次：2018 年 6 月第 7 次印刷

定　　价：35.00 元

职业教育 继往开来 (序)

自我国经济在 21 世纪快速发展以来,各行各业都取得了前所未有的进步。随着我国工业生产规模的扩大和经济发展水平的提高,教育行业受到了各方面的重视。尤其对高等职业教育来说,近几年在教育部和财政部实施的国家示范性院校建设政策鼓舞下,高职院校以服务为宗旨、以就业为导向,开展工学结合与校企合作,进行了较大范围的专业建设和课程改革,涌现出一批示范专业和精品课程。高职教育在为区域经济建设服务的前提下,逐步加大校内生产性实训比例,引入企业参与教学过程和质量评价。在这种开放式人才培养模式下,教学以育人为目标,以掌握知识和技能为根本,克服了以学科体系进行教学的缺点和不足,为学生的顶岗实习和顺利就业创造了条件。

中国电子教育学会立足于电子行业企事业单位,为行业教育事业的改革和发展,为实施"科教兴国"战略做了许多工作。电子工业出版社作为职业教育教材出版大社,具有优秀的编辑人才队伍和丰富的职业教育教材出版经验,有义务和能力与广大的高职院校密切合作,参与创新职业教育的新方法,出版反映最新教学改革成果的新教材。中国电子教育学会经常与电子工业出版社开展交流与合作,在职业教育新的教学模式下,将共同为培养符合当今社会需要的、合格的职业技能人才而提供优质服务。

近期由电子工业出版社组织策划和编辑出版的"全国高职高专院校规划教材·精品与示范系列",具有以下几个突出特点,特向全国的职业教育院校进行推荐。

(1) 本系列教材的课程研究专家和作者主要来自于教育部和各省市评审通过的多所示范院校。他们对教育部倡导的职业教育教学改革精神理解得透彻准确,并且具有多年的职业教育教学经验及工学结合、校企合作经验,能够准确地对职业教育相关专业的知识点和技能点进行横向与纵向设计,能够把握创新型教材的出版方向。

(2) 本系列教材的编写以多所示范院校的课程改革成果为基础,体现重点突出、实用为主、够用为度的原则,采用项目驱动的教学方式。学习任务主要以本行业工作岗位群中的典型实例提炼后进行设置,项目实例较多,应用范围较广,图片数量较大,还引入了一些经验性的公式、表格等,文字叙述浅显易懂。增强了教学过程的互动性与趣味性,对全国许多职业教育院校具有较大的适用性,同时对企业技术人员具有可参考性。

(3) 根据职业教育的特点,本系列教材在全国独创性地提出"职业导航、教学导航、知识分布网络、知识梳理与总结"及"封面重点知识"等内容,有利于老师选择合适的教材并有重点地开展教学过程,也有利于学生了解该教材相关的职业特点和对教材内容进行高效率的学习与总结。

(4) 根据每门课程的内容特点,为方便教学过程对教材配备相应的电子教学课件、习题答案与指导、教学素材资源、程序源代码、教学网站支持等立体化教学资源。

职业教育要不断进行改革,创新型教材建设是一项长期而艰巨的任务。为了使职业教育能够更好地为区域经济和企业服务,殷切希望高职高专院校的各位职教专家和老师提出建议和撰写精品教材(联系邮箱:chenjd@ phei. com. cn,电话:010 - 88254585),共同为我国的职业教育发展尽自己的责任与义务!

中国电子教育学会

全国高职高专院校土建类专业课程研究专家组

主任委员：

赵　研　　黑龙江建筑职业技术学院院长助理、省现代建筑技术研究中心主任

副主任委员：

危道军　　湖北城市建设职业技术学院副院长

吴明军　　四川建筑职业技术学院土木工程系主任

常务委员（排名不分先后）：

王付全　　黄河水利职业技术学院土木工程系主任

徐　光　　邢台职业技术学院建筑工程系主任

孙景芝　　黑龙江建筑职业技术学院机电工程学院院长

冯美宇　　山西建筑职业技术学院建筑装饰系主任

沈瑞珠　　深圳职业技术学院建筑与环境工程学院教授

王俊英　　青海建筑职业技术学院建筑系主任

王青山　　辽宁建筑职业技术学院建筑设备系主任

毛桂平　　广东科学技术职业学院建筑工程与艺术设计学院副院长

陈益武　　徐州建筑职业技术学院建筑设备与环境工程系副主任

宋喜玲　　内蒙古建筑职业技术学院机电与环境工程系副主任

陈　正　　江西建设职业技术学院建筑工程系主任

肖伦斌　　绵阳职业技术学院建筑工程系主任

杨庆丰　　河南建筑职业技术学院工程管理系主任

杨连武　　深圳职业技术学院建筑与环境工程学院教授

李伙穆　　福建泉州黎明职业大学土木建筑工程系主任

张　敏　　昆明冶金高等专科学校建筑系副主任

钟汉华　　湖北水利水电职业技术学院建筑工程系主任

吕宏德　　广州城市职业学院建筑工程系主任

侯洪涛　　山东工程职业技术学院建筑工程系主任

刘晓敏　　湖北黄冈职业技术学院建筑工程系副教授

张国伟　　广西机电职业技术学院建筑工程系副主任

秘书长：

陈健德　　电子工业出版社职业教育分社高级策划编辑

如果您有专业与课程改革或教材编写方面的新想法，请及时与我们联系。

电话：010－88254585，电子邮箱：chenjd@phei.com.cn

第 2 版前言

随着高等职业教育教学改革的不断深入，电工技术作为一门专业基础课程受到了多所院校老师的重视，作者结合多年的校企合作经验，在许多院校广泛使用本书第 1 版的基础上，充分征求相关教师和专家的意见，结合国家示范院校建设项目成果完成本书的编写。这次修订按照工作岗位需要对原有内容进行了较大改动和完善，对部分理论性强的内容进行重新整合与删减，同时设置了多个电工实训和电工实验，以便于各院校根据教学环境开展高质量教学。

与第 1 版相比，本书编写的主要特点如下：

1. 以培养高技能应用型人才为目标，理论联系实际，注重课程内容与岗位技能相结合。

2. 以任务驱动为教学理念，以工作过程导向为编写方式，每章中包含多个教学任务。

3. 对原有内容进行了优化和整合，增加实践训练性内容，设置了多个电工实训和电工实验等。

4. 每章前面有教学导航，后面有知识梳理与总结、思考与练习；每个教学任务中设置有"自己动手"内容，有利于学生较好地掌握电工知识与技能。

全书在修订过程中，力求文字简明、概念清晰、条理清楚、讲解到位、插图规范，使之易教易学，减少了过于复杂的分析与计算；着重于定性分析，既学知识，又培养能力，理论联系实际，引导学生对理论和实际产生浓厚兴趣，提高学生的学习积极性和学习效率，由教为主变为以学为主。本书内容包括电路基础、直流电路的计算、单相正弦交流电路的计算、三相正弦交流电路的计算、常用变压器、常用电动机、常用低压电器、照明电路基础和安全用电常识等。

本书由淄博职业学院李贤温教授担任主编，淄博职业学院任意芳副教授和辽宁机电职业技术学院马宏骞担任副主编，淄博职业学院曾照香教授担任主审；参加编写的还有海南海口经济职业技术学院郭永伶（第 8 章），南京交通职业技术学院王宁（第 4 章），沈阳建筑大学职业技术学院范蕴秋（第 9 章），其余内容由李贤温教授编写并统稿。

本书在修订过程中，淄博职业学院宋涛和祝木田老师，山东工业职业学院李文森老师，淄博牵引电机股份有限公司刘永烈高级工程师等专家对稿件提出了许多宝贵意见，在此一并表示深切谢意。同时对本书参考文献的作者表示诚挚的感谢。

由于编者水平有限，加之时间仓促，书中不妥和错误之处在所难免，恳请读者批评指正。

为了方便教师教学及学生学习，本书配有免费的电子教学课件、习题参考答案，请有需要的教师及学生登录华信教育资源网（http://www. hxedu. com. cn）免费注册后再进行下载，有问题时请在网站留言或与电子工业出版社联系（E-mail:hxedu@ phei. com. cn）。 读者也可通过精品课网站（http://jpkc. zhvc. cn/dgdzjs）浏览和参考更多的教学资源。

编　者

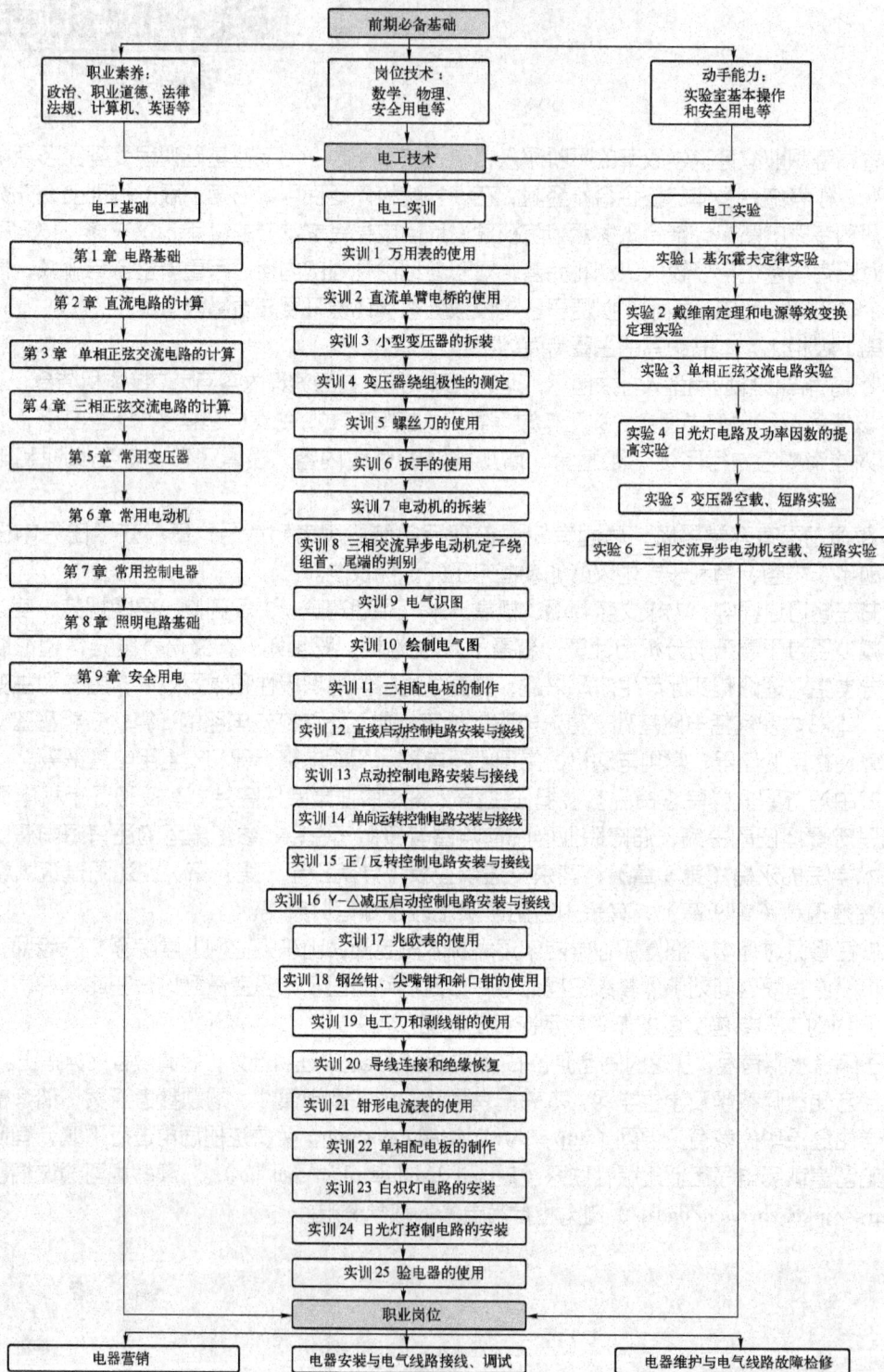

职 业 导 航

前期必备基础

职业素养： 政治、职业道德、法律 法规、计算机、英语等	岗位技术： 数学、物理、 安全用电等	动手能力： 实验室基本操作 和安全用电等

电工技术

电工基础	电工实训	电工实验
第1章 电路基础	实训1 万用表的使用	实验1 基尔霍夫定律实验
第2章 直流电路的计算	实训2 直流单臂电桥的使用	实验2 戴维南定理和电源等效变换定理实验
第3章 单相正弦交流电路的计算	实训3 小型变压器的拆装	实验3 单相正弦交流电路实验
第4章 三相正弦交流电路的计算	实训4 变压器绕组极性的测定	实验4 日光灯电路及功率因数的提高实验
第5章 常用变压器	实训5 螺丝刀的使用	实验5 变压器空载、短路实验
第6章 常用电动机	实训6 扳手的使用	实验6 三相交流异步电动机空载、短路实验
第7章 常用控制电器	实训7 电动机的拆装	
第8章 照明电路基础	实训8 三相交流异步电动机定子绕组首、尾端的判别	
第9章 安全用电	实训9 电气识图	
	实训10 绘制电气图	
	实训11 三相配电板的制作	
	实训12 直接启动控制电路安装与接线	
	实训13 点动控制电路安装与接线	
	实训14 单向运转控制电路安装与接线	
	实训15 正／反转控制电路安装与接线	
	实训16 Y−△减压启动控制电路安装与接线	
	实训17 兆欧表的使用	
	实训18 钢丝钳、尖嘴钳和斜口钳的使用	
	实训19 电工刀和剥线钳的使用	
	实训20 导线连接和绝缘恢复	
	实训21 钳形电流表的使用	
	实训22 单相配电板的制作	
	实训23 白炽灯电路的安装	
	实训24 日光灯控制电路的安装	
	实训25 验电器的使用	

职业岗位

电器营销	电器安装与电气线路接线、调试	电器维护与电气线路故障检修

目 录

第1章

电路基础

	知识重点	1. 电路组成 2. 电路状态 3. 电路基本物理量 4. 电流、电压参考方向
教	知识难点	电流、电压参考方向
	推荐教学方式	从工作任务入手，从实际电路出发，让学生形成要解决问题到学习知识和能力的渴望
	建议学时	4 学时
学	推荐学习方法	观察简单的实际电路，了解电路组成，学习直流电路的分析及参数计算
	必须掌握 的理论知识	1. 电路组成 2. 电路状态 3. 电流、电压参考方向
	需要掌握 的工作技能	1. 正确分析电路 2. 正确判断电路状态

任务1-1 认识实际电路

在日常生活或生产实践中，我们会遇到各种各样的电气线路。例如，照明线路，收音机线路，电视机线路，厂矿企业中大量使用的各种控制线路等，这些线路称为实际电路。

实际电路是指用实际元器件连接成的线路。如图1.1所示为手电筒的实际电路，由一节电池、一只小灯泡、一段输电导线和一个开关组成。其中，电池称为电源，小灯泡称为负载，开关称为控制装置。

【自己动手】 观察手电筒的实际电路（每人一个）。

任务1-2 学习电路模型

图1.1所示的手电筒的实际电路分析起来还算简单，但如果拆开一个电视机，去观察它的实际电路就会感觉眼花缭乱，无论是分析问题或解决问题都无从下手，因此，引入电路模型的概念。电路模型是指用电路符号代替实际元器件画出的图形，如图1.2所示即为手电筒实际电路的电路模型，电路模型简称电路。无论简单电路还是复杂电路，都是由电源、负载、输电导线和控制装置等组成的。对电源来讲，负载、输电导线和控制装置称为外电路，电源内部的一段称为内电路。下面就对电路的组成做简要介绍。

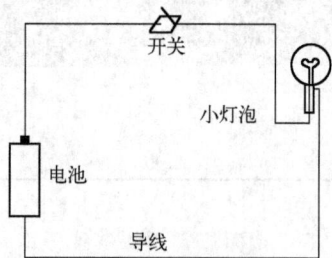

图1.1　手电筒的实际电路示意图　　　　图1.2　手电筒实际电路的电路模型

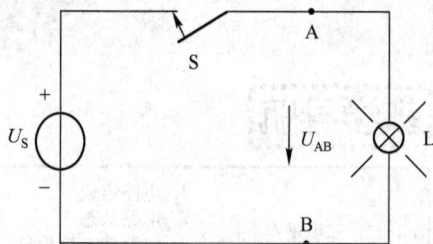

1. 电源

电源是供应电能的装置，它把其他形式的能转换为电能。例如，汽轮发电机把机械能转换成电能，干电池把化学能转换成电能。

2. 负载

负载是使用电能的装置，它把电能转换为其他形式的能。例如，电灯把电能转换成光能，电炉把电能转换成热能，电动机把电能转换成机械能。

3. 输电导线

输电导线是电能的传输路径，把电能从一个位置传输到另一个位置，例如，汽轮发电机发出的电能通过输电导线传输到家庭或厂矿。

4. 控制装置

控制装置是控制负载是否使用电能的装置。例如，它能使电灯亮或暗，电动机停或转。

【自己动手】　观察实际电源、负载、输电导线、控制装置（每人一套）。

任务1-3　区别电路状态

电路一般有三种状态：通路状态、断路状态和短路状态。

1. 通路（工作状态）

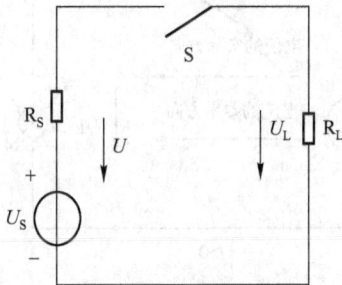

通路就是电源与负载接成闭合回路，即如图 1.3 所示的电路中开关 S 合上时的工作状态。如果忽略导线电阻，负载的电压降 U_L 可用下式求得，即

$$U_L = \frac{U_S R_L}{(R_S + R_L)}$$

式中，R_S 为电源内阻；U_S 为电源电压。

R_S 越小，则 U_L 越大，越接近于 U_S，即带负载能力越强。

2. 断路（开路状态）

断路就是电源与负载没有接成闭合回路，即如图 1.4 所示的电路中的开关 S 断开时的状态。断路状态负载不工作，电路的电流 I 为零，此时电源不向负载供给电功率，即负载功率 $P_L = 0$，这种情况称为电源空载。电源空载时的端电压称为断路电压或开路电压，电源的开路电压 U 就等于电源电压 U_S。

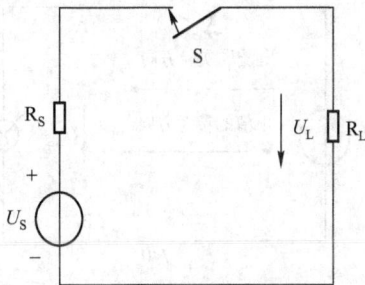

图 1.3　通路（工作状态）　　　　图 1.4　断路（开路状态）

3. 短路（故障状态）

短路就是电源未经负载而直接由导线接通成闭合回路，如图 1.5 所示。图 1.5 中折线是指明短路点的符号，电源输出的电流就以短路点为回路而不流过负载。若忽略导线电阻，短路时回路中只存在电源的内阻 R_S，这时的电流称为短路电流，即

$$I = \frac{U_S}{R_S}$$

因为电源内阻 R_S 一般比负载电阻小得多，所以短路电流总是很大。如果电源短路状态不迅速排除，

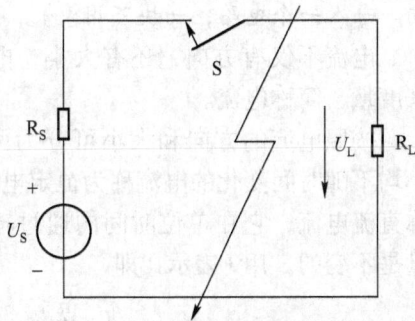

图 1.5　短路（故障状态）

则由于电流热效应，很大的短路电流将会烧毁电源、导线以及短路回路中接有的电流表、开关等，甚至引起火灾。所以电源短路是一种严重事故，应严加防止。为了避免短路事故引起严重后果，通常在电路中接入熔断器（保险丝）或自动断路器，以便在发生短路时能迅速将故障电源自动切断。

【自己动手】 观察电路的三种状态（采用安全电压观察，观察时注意安全，每人一个电路）。

任务1-4 掌握电路的基本物理量

电路模型建立起来以后，要正确分析或计算电路，还要用到一些基本的物理量。

1.4.1 电流

电流是电荷的定向移动。规定正电荷运动的方向为电流的实际方向。在电路中某一段电路里电流的实际方向有时很难判定。为了分析电路的方便，引入电流"参考方向"的概念。

在一段电路或一个电路元件中事先假定一个电流的方向，这个假定的方向叫做电流的"参考方向"。若电流的"参考方向"与实际方向相同，则电流值为正值，即 $I>0$，如图1.6所示。若电流的"参考方向"与实际方向相反，则电流值为负值，即 $I<0$，如图1.7所示。

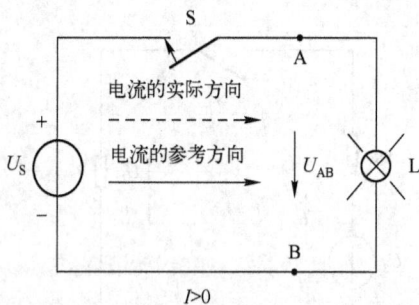

图1.6 电流的"参考方向"与实际方向相同 　 图1.7 电流的"参考方向"与实际方向相反

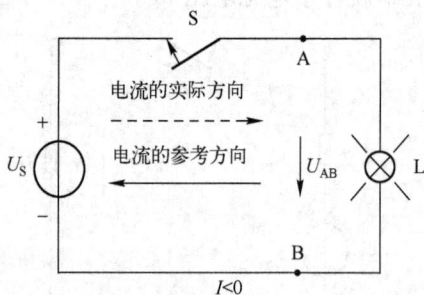

【自己动手】 观察直流电流的实际大小和方向（用模拟式万用表测量直流电流，观察指针偏摆的方向和幅度。改变电源的电压和正负极性，再测量一次，观察指针偏摆的幅度和方向。每人一个电路，一块万用表）。

电流不仅有方向，还有大小，电流的大小用电流强度来度量，简称电流。

按照电流的方向和大小可分为两类：一类是方向和大小均不随时间变化的电流称为恒定电流，如图1.8所示，简称直流电流，它在单位时间内通过输电导线横截面的电荷量是不变的，用 I 表示，即

$$I = \frac{q}{t}$$ 　　　　　(1.1)

另一类是方向与大小都随时间变化的电流称为变动电

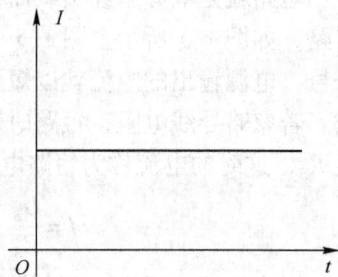

图1.8 恒定电流

流，如图 1.9 所示。它的大小在不同时刻通过输电导线横截面的电荷量是变化的，用 i 表示，即

$$i = \frac{\mathrm{d}q}{\mathrm{d}t} \tag{1.2}$$

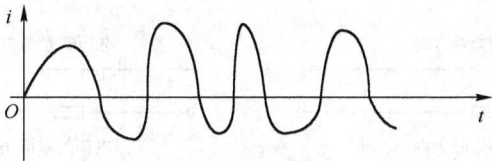

图 1.9　变动电流

在国际单位制中，电荷 q 的单位是库仑，简称库，符号为"C"；时间 t 的单位是秒，符号为"s"；电流 i 的单位是安培，简称安，符号为"A"；有时还用到千安（kA）、毫安（mA）或微安（μA），换算关系如下：

$$1kA = 1000A = 10^3 A$$
$$1mA = 10^{-3} A$$
$$1\mu A = 10^{-6} A$$

在一个周期内，电流的平均值为零的变动电流称为交变电流，如图 1.10 所示，简称交流电流。

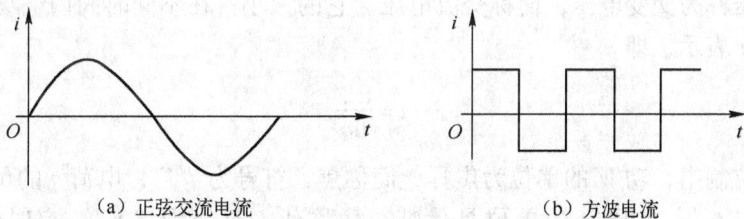

（a）正弦交流电流　　　　　　　　　　（b）方波电流

图 1.10　交变电流

【自己动手】　用示波器观察交变电流的波形（每人一个示波器）。

1.4.2　电压

我们知道水之所以流动是因为重力的作用，在电路中电荷之所以能定向移动，是由于电场力的作用。

在外电路中，正电荷受电场力作用由电源的"＋"端通过负载移向电源的"－"端，正电荷所具有的电位能逐渐减小，从而把电能转换为其他形式的能，这个过程电场力做了功，做的功与被移动的电荷量的比值称为两端间的电压。电压的方向在内电路是由"－"指向"＋"，在外电路是由"＋"指向"－"。

和分析电流一样，有时很难对电路或元件中电压的实际方向做出判断，必须对电路或元件中两点之间的电压任意假定一个方向为"参考方向"，在电路中一般用实线箭头表示，箭头所指的方向为参考方向。有时电压的参考方向也用参考极性来表示，即在元件或电路两端

用"＋"和"－"符号表示，"＋"号表示高电位端，叫正极，"－"号表示低电位端，叫负极，由正极指向负极的方向假定为电压的参考方向。当电压的"参考方向"与实际方向一致时，电压值为正，即 $U>0$；反之，当电压的"参考方向"与实际方向相反时，电压值为负，即 $U<0$，如图 1.11 所示。

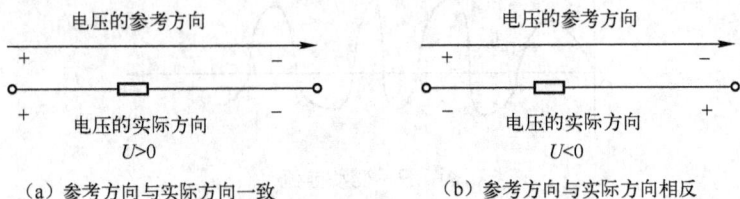

（a）参考方向与实际方向一致　　　　（b）参考方向与实际方向相反

图 1.11　电压的"参考方向"与实际方向的关系

电压不仅有方向也有大小，按照方向和大小也分为两类：一类是方向和大小均不随时间变化的电压称为恒定电压，简称直流电压。它的大小：任一时间电场力对单位正电荷做的功，用 U 表示，即

$$U = \frac{W}{q} \tag{1.3}$$

另一类是方向和大小都随时间变化的电压称为变动电压，其中一个周期内电压的平均值为零的变动电压称为交变电压，简称交流电压。它的大小：在不同时间内电场力对单位正电荷做的功，用 u 表示，即

$$u = \frac{\mathrm{d}W}{\mathrm{d}q} \tag{1.4}$$

在国际单位制中，功 W 的单位为焦耳，简称焦，符号为"J"；电荷 q 的单位是库仑，简称库，符号为"C"；电压 u 的单位是伏特，简称伏，符号为"V"，有时还需要用千伏（kV），毫伏（mV）或微伏（μV）作为单位。换算关系如下：

$$1kV = 1000V = 10^3V \quad 1mV = 10^{-3}V \quad 1\mu V = 10^{-6}V$$

一般情况下，电流参考方向的假定与电压参考方向的假定是无关的。但是为了便于分析电路，对一段电路或一个电路元件，如果假定电流的参考方向与电压的参考方向一致，即假定电流从标以电压"＋"极性的一端流入，从标以电压"－"极性的另一端流出，则把电流和电压的这种参考方向称为关联参考方向，简称关联方向，如图 1.12 所示。

【自己动手】　观察直流电压的实际大小和方向（用模拟式万用表测量直流电压，观察指针偏摆的方向和幅度。改变电源电压的大小和正负极性，再测量一次，观察指针偏摆的幅度和方向。每人一个电路，一块万用表）。

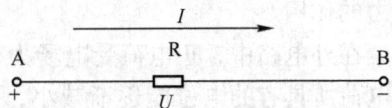

图 1.12　关联参考方向

1.4.3　电阻

电荷在电场力作用下沿输电体做定向运动时要受到阻碍作用，这种阻碍作用称为输电体

的电阻，用符号 R 来表示。电阻的单位是欧姆（Ω），有时用到千欧（kΩ）、兆欧（MΩ），换算关系如下：

$$1k\Omega = 1000\Omega = 10^3\Omega$$

$$1M\Omega = 10^6\Omega$$

通过实验可知，当温度一定时输电体的电阻不仅与它的长度和横截面积有关，而且与输电体材料的电阻率有关，即

$$R = \rho\frac{L}{S} \tag{1.5}$$

式中，L 为输电体的长度，单位为米（m）；S 为输电体的横截面积，单位为平方毫米（mm^2）；ρ 为输电体的电阻系数，单位为欧·平方毫米/米（$\Omega \cdot mm^2/m$）。

电阻的倒数称为电导，用 G 来表示，在国际单位制中电导的单位为西门子（S）。

$$G = \frac{1}{R}$$

电阻是物体本身固有的一种特性。如果把物体做成一定阻值的元件，则称这种元件为电阻元件，简称电阻。

【自己动手】 用电桥测量相同长度、不同截面积、同种材料的电阻或测量相同长度、相同截面积、不同材料的电阻，验证电阻的概念（每人一块电桥，每人一段导线）。

实训 1   万用表的使用

【实训目的】 掌握万用表的外形、结构、用途和使用。

【实训内容】 掌握模拟式万用表和数字式万用表的使用方法。

【实训原理】

万用表是一种多功能、多量程的便携式电工仪表。一般的万用表可以测量直流电流、直流电压、交流电压和电阻等，有些万用表还可测量电容、功率、晶体管共射极直流放大系数等，所以万用表是电工必备的仪表之一。万用表可分为模拟式万用表和数字式万用表。

1. 模拟式万用表

1）模拟式万用表的结构

模拟式万用表的形式很多，但基本结构是类似的。模拟式万用表的结构主要由表头、转换开关、测量线路、面板等组成。表头采用高灵敏度的磁电式机构，是测量的显示装置；转换开关用来选择被测电量的种类和量程；测量线路将不同性质和大小的被测电量转换为表头所能接收的直流电流。当转换开关拨到直流电流挡，可分别与 5 个接触点接通，用于测量 500mA、50mA、5mA 和 500μA、50μA 量程的直流电流。同样，当转换开关拨到欧姆挡，可分别测量 ×1Ω、×10Ω、×100Ω、×1kΩ、×10kΩ 量程的电阻；当转换开关拨到直流电压挡，可分别测量 1V、5V、25V、100V、500V 量程的直流电压；当转换开关拨到交流电压挡，可分别测量 500V、100V、10V 量程的交流电压。

2）使用模拟式万用表的准备工作

由于万用表种类形式很多，在使用前要做好测量的准备工作。

（1）熟悉转换开关、旋钮、插孔等的作用，检查表盘符号，"∏"表示水平放置，"⊥"表示垂直使用。

（2）了解刻度盘上每条刻度线所对应的被测电量。

（3）检查红色和黑色两根表笔所接的位置是否正确，红表笔插入"＋"插孔，黑表笔插入"－"插孔，有些万用表另有交直流2500V高压测量端，在测高压时黑表笔不动，将红表笔插入高压插口。

（4）机械调零。如图1.13所示，旋动万用表面板上的机械零位调整螺钉，使指针对准刻度盘左端的"0"位置。

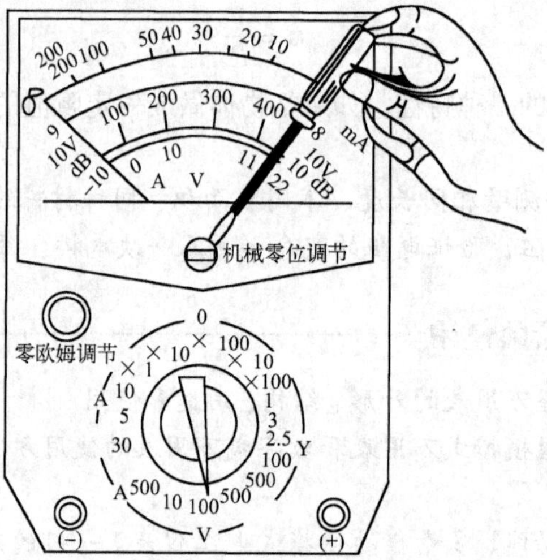

图1.13 机械调零

3）测量直流电压

（1）把转换开关拨到直流电压挡，并选择合适的量程，如图1.14所示。当被测电压数值范围不清楚时，可先选用较高的测量范围挡，再逐步选用低挡，测量的读数最好选在满刻度的2/3附近。

（2）把万用表并接到被测电路上，红表笔接到被测电压的正极，黑表笔接到被测电压的负极，不能接反。

（3）根据指针稳定时的位置及所选量程，正确读数。

4）测量交流电压

（1）把转换开关拨到交流电压挡，如图1.15所示，选择合适的量程。

（2）将万用表两根表笔并接在被测电路的两端，不分正负极。

（3）根据指针稳定时的位置及所选量程，正确读数，其读数为交流电压的有效值。

5）测量直流电流

（1）把转换开关拨到直流电流挡，如图1.14所示，选择合适的量程。

（2）将被测电路断开，万用表串接于被测电路中。注意正、负极性：电流从红表笔流入，从黑表笔流出，不可接反。

（3）根据指针稳定时的位置及所选量程正确读数。

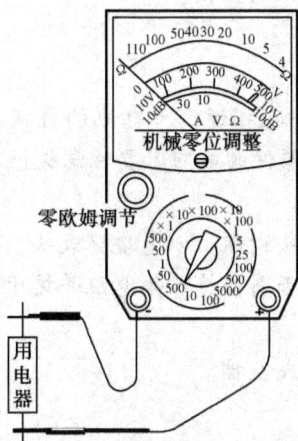

图 1.14 测量直流电流

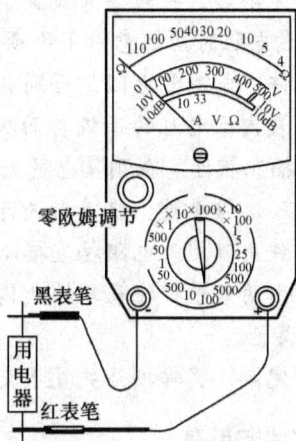

图 1.15 测量交流电压

6）测量电阻

（1）转换开关拨到欧姆挡，合理选择量程，如图 1.16 所示。

（2）两表笔短接，进行电调零，即转动零欧姆调节旋钮，使指针打到电阻刻度右边的 "0" Ω 处，如图 1.17 所示。

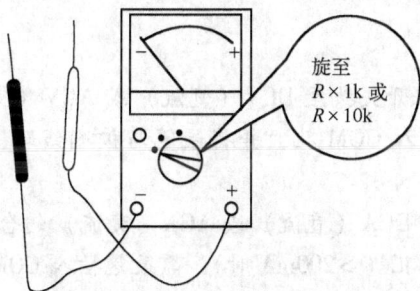

图 1.16 选择量程

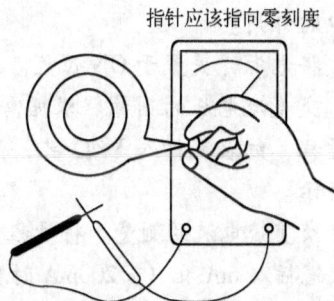

图 1.17 电调零

（3）将被测电阻脱离电源，用两表笔接触电阻两端，如图 1.18 所示。从表头指针显示的读数乘所选量程的倍率数即为所测电阻的阻值。例如，选用 $R \times 100$ 挡测量，指针指示 40，则被测电阻值为：$40\Omega \times 100 = 4000\Omega = 4k\Omega$。

7）模拟式万用表使用注意事项

（1）测量电压或电流时应注意以下事项：

① 不能用手触摸表笔的金属部分，以保证安全和测量的准确性。

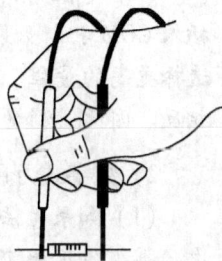

图 1.18 测量电阻

② 测直流量时要注意被测电量的极性，避免指针反打而损坏表头。

③ 测量较高电压或大电流时，不能带电转动转换开关，避免转换开关的触点产生电弧而被损坏。

④ 测量完毕后，将转换开关置于交流电压最高挡或空挡。

（2）测量电阻时应注意以下事项：

① 不允许带电测量电阻，否则会烧坏万用表。

② 万用表内干电池的正极与面板上"－"号插孔相连，干电池的负极与面板上的"＋"号插孔相连。在测量电解电容和晶体管等器件的电阻时要注意极性。

③ 每换一次倍率挡，要重新进行电调零。

④ 不允许用万用表电阻挡直接测量高灵敏度表头内阻，以免烧坏表头。

⑤ 不准用两只手捏住表笔的金属部分测电阻，否则会将人体电阻并接于被测电阻而引起测量误差。

⑥ 测量完毕，将转换开关置于交流电压最高挡或空挡。

2. 数字式万用表

随着电子技术的不断发展，数字式万用表有取代模拟式万用表的趋势。数字式万用表灵敏度高、准确度高、显示清晰、过载能力强、便于携带、使用简单。下面以VC9802型数字式万用表为例介绍数字式万用表使用。

1）测量交直流电压、交直流电流和电阻

（1）使用前，应认真阅读有关的使用说明书，熟悉电源开关、量程开关、插孔、特殊插口的作用。

（2）将电源开关置于ON位置。

（3）交直流电压的测量。根据需要将量程开关拨至DCV（直流）或ACV（交流）的合适量程，红表笔插入V/Ω孔，黑表笔插入COM孔，并将表笔与被测线路并联，读数即显示。

（4）交直流电流的测量。将量程开关拨至DCA（直流）或ACA（交流）的合适量程，红表笔插入mA孔（<200mA时）或10A孔（>200mA时），黑表笔插入COM孔，并将万用表串联在被测电路中即可。测量直流量时，数字万用表能自动显示极性。

（5）电阻的测量。将量程开关拨至Ω挡的合适量程，红表笔插入V/Ω孔，黑表笔插入COM孔。如果被测电阻值超出所选择量程的最大值，万用表将显示"1"，这时应选择更高的量程。测量电阻时，红表笔为正极，黑表笔为负极，这与模拟式万用表正好相反。因此，测量晶体管、电解电容器等有极性的元器件时，必须注意表笔的极性。

2）数字式万用表使用注意事项

（1）如果无法预先估计被测电压或电流的大小，则应先拨至最高量程挡测量一次，再视情况逐渐把量程减小到合适位置。测量完毕，应将量程开关拨到最高电压挡，并关闭电源。

（2）满量程时，仪表仅在最高位显示数字"1"，其他位均消失，这时应选择更高的量程。

（3）测量电压时，应将数字式万用表与被测电路并联。测电流时应与被测电路串联，测直流量时不必考虑正、负极性。

（4）当误用交流电压挡去测量直流电压，或者误用直流电压挡去测量交流电压时，显示屏将显示"000"，或低位上的数字出现跳动。

（5）禁止在测量高电压（220V以上）或大电流（0.5A以上）时换量程，以防止产生电弧，烧毁开关触点。

（6）当显示"＋－"、"BATT"或"LOW BAT"时，表示电池电压低于工作电压。

【实训要求】

（1）在指导教师讲解万用表的知识，对万用表有一定的认识后，才允许进行操作和练习。观察结构需打开外壳时，要小心操作，并一定要恢复原状。不允许拆封的部件绝不许随意打开。

（2）在进行万用表使用的操作练习前，一定要对其使用的方法和注意事项先进行一次预习，才能开始操作。

（3）万用表的使用操作练习可两人一组，相互配合和监督，带电操作时一定要注意操作程序和安全。

【实训器材】　实训器材如表1.1所示。

表1.1　实训器材

名　称	模拟式万用表	数字式万用表	电阻	电动机
数　量	50块	50块	50个	50台

【实训程序】

（1）模拟式万用表的认知和使用练习。

进行万用表测量时调零、挡位、量程选择等方面的认知练习。

用万用表测量电阻，判断某线路是否接通。

用万用表测量三相电源的线电压和相电压。

（2）数字式万用表的认知和使用练习。

【实训评价】　实训评价如表1.2所示。

表1.2　实训评价

序　号	评价内容	配　分
1	模拟式万用表的使用	50%
2	数字式万用表的使用	50%

【实训小结】

（1）常用万用表的用途。

（2）本课题练习后的收获、体会和认识。

（3）对本课题内容的评价和修改意见。

【实训思考】

（1）万用表由哪几部分组成？一般能进行哪些参数的测量？

（2）使用万用表时，应注意哪些问题？

实训2 直流单臂电桥的使用

【实训目的】 掌握常用直流单臂电桥的外形、结构、用途和使用。

【实训内容】 用直流单臂电桥测量中值电阻。

【实训原理】

一般用万用表测中值电阻，但测量值不够精确。在工程上要较准确测量中值电阻，常用直流单臂电桥（也称惠斯登电桥）。该仪表适用于测量1～$10^6\Omega$的电阻值，其主要特点是灵敏度和测量精度都很高，而且使用方便。

1. 直流单臂电桥的结构

直流单臂电桥由四个桥臂 R_1、R_2、R_3、R_4 及检流计 P 等组成，如图 1.19 所示。其中 R_1 为被测电阻，R_X、R_2、R_3、R_4 均为可调的已知电阻。

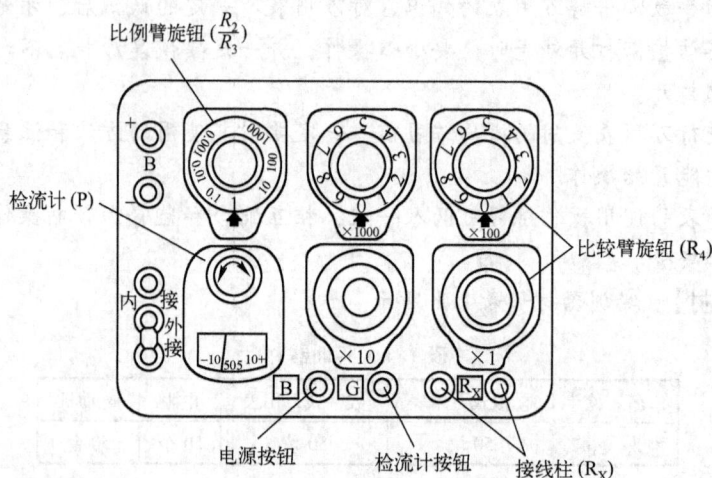

图 1.19 直流单臂电桥

调整 R_2、R_3、R_4 这些可调的桥臂电阻的阻值使电桥平衡，此时 $I_P = 0$。则 R_X 可由下式求得：

$$R_X = \frac{R_2}{R_3} \times R_4$$

式中，R_2、R_3 称为电桥的比例臂电阻，在电桥结构中，R_2 和 R_3 之间的比例关系的改变是通过同轴波段开关来实现的；R_4 称为电桥的比较臂电阻，因为当比例臂被确定后，被测电阻 R_X 是与已知的可调标准电阻 R_4 进行比较而确定阻值的。

仪表的测试精度较高，主要是由已知的比例臂电阻及其准确度所决定的，其次是采用高灵敏度检流计作为指零仪。

2. 直流单臂电桥的使用

以 QJ23 型直流单臂电桥为例来说明它的使用方法。

（1）把电桥放平稳，断开电源和检流计按钮，进行机械调零，使检流计指针和零线重合。

（2）用万用表电流挡粗测被测电阻值，选取合理的比例臂。使电桥比较臂的 4 个读数盘都利用起来，以得到 4 个有效数值，保证测量精度。

（3）按选取的比例臂，调好比较臂电阻。

（4）将被测电阻 R_X 接入接线柱，先按下电源按钮 B，再按检流计按钮 G，若检流计指针摆向"＋"端，需增大比较臂电阻，若指针摆向"－"端，需减小比较臂电阻。反复调节，直到指针指到零位为止。

（5）读出比较臂的电阻值再乘以倍率，即为被测电阻值。

（6）测量完毕后，先断开按钮 G，再断开按钮 B，拆除测量接线。

3. 使用直流单臂电桥的注意事项

（1）正确选择比例臂，使比较臂的第一盘（×1000）上的读数不为 0，才能保证测量的准确度。

（2）为减小引线电阻带来的误差，被测电阻与测量端的连接导线要短而粗。还应注意各端钮是否拧紧，以避免接触不良引起电桥的不稳定。

（3）当电池电压不足时应立即更换，采用外接电源时应注意极性与电压额定值。

（4）被测物不能带电。对含有电容的元件应先放电 1min 后再测量。

【实训要求】

（1）在指导教师讲解直流单臂电桥有关的知识，对常用直流单臂电桥有一定的认识后，才允许进行操作和练习。观察结构需打开外壳时，要小心操作，并一定要恢复原状。不允许拆封的部件绝不许随意打开。

（2）在进行直流单臂电桥使用的操作练习前，一定要对其使用的方法和注意事项先进行一次预习，才能开始操作。

（3）直流单臂电桥的使用操作练习可两人一组，相互配合和监督，操作时一定要注意操作程序和安全。

【实训器材】 实训器材如表 1.3 所示。

表 1.3 实训器材

名 称	直流单臂电桥	电阻	导线
数 量	50 块	50 个	足量

【实训程序】

（1）观察、了解直流单臂电桥的外形、结构和原理。

（2）学习用直流单臂电桥测量电阻或导线的阻值。

【实训评价】 实训评价如表 1.4 所示。

表1.4　实训评价

序　号	评价内容	配　分
1	直流单臂电桥的使用	20%
2	电阻阻值的测量	40%
3	导线阻值的测量	40%

【实训小结】

(1) 常用直流单臂电桥的用途。

(2) 本课题练习后的收获、体会和认识。

(3) 对本课题内容的评价和修改意见。

【实训思考】

(1) 直流单臂电桥有何特点？

(2) 使用直流单臂电桥时应注意哪些问题？

任务1-5　电流、电压、电阻之间的关系（欧姆定律）

我们已经知道，由于电压的作用在闭合电路中产生了电流，电流的流动又受到输电体电阻的阻碍作用，那么电压、电流、电阻三者之间是一种什么样的关系呢？1827年德国科学家欧姆通过科学实验总结出：施加于电阻元件上的电压与通过它的电流成正比，在关联参考方向下，如图1.20（a）所示，即

$$U = RI \tag{1.6}$$

我们称这一规律为部分电路欧姆定律，简称欧姆定律。遵循欧姆定律的电阻为线性电阻，即电阻值的大小不随电压的高低和电流的大小变化而变化。

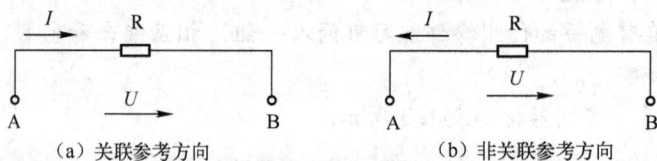

（a）关联参考方向　　　　　　　　　（b）非关联参考方向

图1.20　电压、电流、电阻三者之间的关系

如果电阻元件上电压的参考方向与电流的参考方向为非关联参考方向时，如图1.20（b）所示，则欧姆定律为

$$U = -RI$$

所以欧姆定律的公式必须与电压、电流的参考方向配合使用。

【自己动手】　用万用表测量电阻、通过电阻的电流及电阻上的电压，验证三者之间的关系是否符合欧姆定律（每人一个安全电压电路，一块万用表）。

任务 1-6 功率的计算

1.6.1 功率

直流电情况下，在时间 t 内，电压 U_{AB} 使电荷 q 从 A 点移到 B 点形成电流 I，并做了功 W_{AB}。我们称单位时间内做的功为电功率，简称功率，功率用符号 P 表示，公式如下：

$$P = \frac{W_{AB}}{t} = \frac{W_{AB}}{q} \cdot \frac{q}{t} = UI \tag{1.7}$$

1.6.2 功率与电流、电压、电阻之间的关系

根据功率的定义，在电压和电流关联参考方向下，

$$P = \frac{W_{AB}}{t} = \frac{W_{AB}}{q} \cdot \frac{q}{t} = UI$$

当计算出功率值为正，即 $P > 0$ 时，表明元件是吸收或消耗电能；当计算出功率值为负，即 $P < 0$ 时，表明元件是发出电能，若在非关联参考方向下，即

$$P = -UI$$

这样规定之后，若 $P > 0$ 时，表明元件吸收或消耗电能；若 $P < 0$ 时，表明元件发出电能。在国际单位制中，功率的单位为瓦特，简称瓦，符号为（W），有时还用到千瓦（kW）。功率只有正负，没有方向。换算关系如下：

$$1kW = 1000W = 10^3 W$$

在关联参考方向下，我们知道功率 $P = UI$，据欧姆定律，$U = RI$，则

$$P = UI = RII = RI^2$$

或

$$P = UI = \frac{UU}{R} = \frac{U^2}{R} \tag{1.8}$$

在非关联参考方向下

$$P = -UI = -(-RI)I = RI^2$$

或

$$P = -UI = -U\left(-\frac{U}{R}\right) = \frac{U^2}{R}$$

从上面看出，对于线性电阻元件来说，无论电压与电流参考方向是否关联，电阻元件的功率是相同的，即

$$P = RI^2 = \frac{U^2}{R} \geqslant 0$$

也就是说，任何时刻电阻元件只能从电路中吸收电能，所以电阻元件是耗能元件。

例 1.1 把一个 1kΩ/1W 的碳膜电阻误接到 220V 电源上，会有什么后果？

解 这时碳膜电阻吸收功率为

$$P = \frac{U^2}{R} = \frac{220^2}{1000} = 48.4\text{W}$$

但是这个碳膜电阻的额定功率为1W，所以立即引起冒烟起火或碎裂，有可能造成人身伤害。

【自己动手】 用相同电压的电池、不同功率的灯泡观察灯泡亮度。通电一段时间后断电测量电池的电压（每人一个安全电压电路，一块万用表）。

任务1-7 电能的计算

在实际应用中，常用到电能这个物理量，电能的单位常用千瓦小时（kW·h）或度表示，1kW·h的电能通常叫做一度电。一度电为 $1\text{kW} \times 1\text{h} = 1000\text{W} \times 3600\text{s} = 3.6 \times 10^6\text{J}$。

在直流电路中，负载上的功率不随时间变化，则电路消耗的电能为

$$W = Pt \tag{1.9}$$

若功率的单位为瓦（W），时间的单位为秒（s），则电能的单位为焦耳（J）。

【自己动手】 用相同电压的电池、不同功率的灯泡，在相同时间内测量灯泡温度（每人一个安全电压电路，一块万用表，一只温度计）。

任务1-8 了解电源

电源分为电压源和电流源。

1.8.1 电压源

能产生端电压的电源称为电压源。产生的端电压始终保持不变的电压源称为理想电压源。大多数实际电压源如干电池、蓄电池及一般直流发电机都可近似看成为理想电压源，其符号如图1.21（a）所示。

理想电压源的内阻 $R_S = 0$，输出的电压 U 总是等于它的端电压 U_S，其伏安特性曲线就是 $U = U_S$ 这样一条水平直线，如图1.21（b）所示。

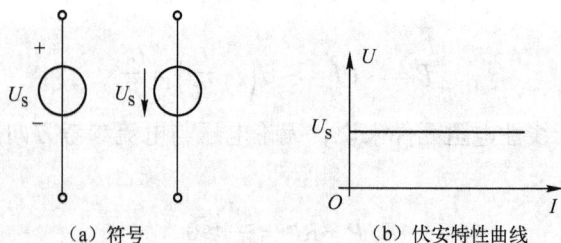

（a）符号 （b）伏安特性曲线

图1.21 理想电压源

而实际电压源是有内阻的，所以实际电压源可用图1.22（a）所示的理想电压源和内阻的串联组合来表示。这一规律称为全电路欧姆定律。

实际电压源接上负载后，其输出电压就会降低，如图 1.22（b）所示，其输出电压

$$U = U_S - IR_S$$

由式可知，负载电流越大，端电压越小。实际电压源的伏安特性曲线如图 1.22（c）所示。

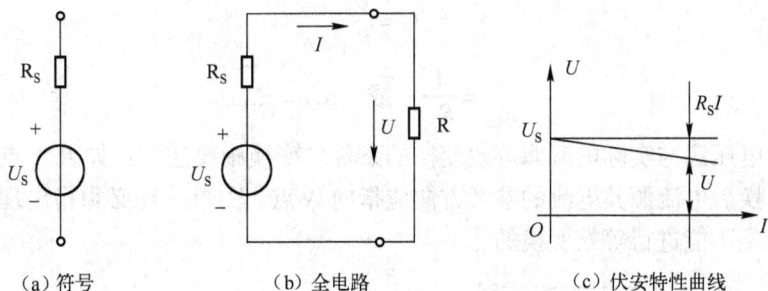

（a）符号　　　　　　（b）全电路　　　　　　（c）伏安特性曲线

图 1.22　实际电压源

1.8.2　电流源

能产生电流的电源称为电流源。产生的电流为恒定电流的电流源称为理想电流源，其符号和伏安特性曲线如图 1.23 所示。

理想电流源的内阻为无穷大，电源输出的电流等于电源电流，即 $I = I_S$，而实际上，电源的电阻不可能无穷大，所以实际电流源可用理想电流源与电阻的并联来表示，如图 1.24 所示。实际电流源接上负载后电流会有所减小，即 $I = I_S - I_{S1} = I_S - \dfrac{U}{R_S}$

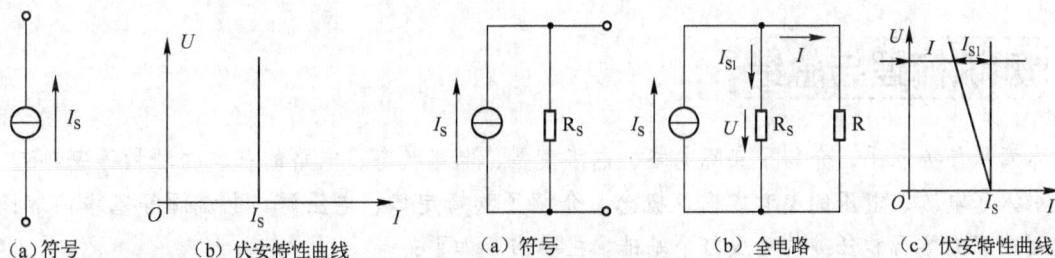

（a）符号　　　（b）伏安特性曲线

图 1.23　理想电流源

（a）符号　　　（b）全电路　　　（c）伏安特性曲线

图 1.24　实际电流源

1.8.3　电压源与电流源的等效变换

在电路分析中，为了便于分析问题，有时一个实际电源可以看做理想电压源和内阻串联，如图 1.25（a）所示；也可以看做理想电流源和内阻并联，如图 1.25（b）所示。这就要求在两者之间进行等效变换，这里所说的等效变换是指外部等效，就是变换前后端口处伏安关系不变，即 A、B 两端口电压均为 U，端口处流出（或流入）的电流 I 相同。

图 1.25（a）中，其输出电流为

$$I = \frac{U_S - U}{R_{S1}} = \frac{U_S}{R_{S1}} - \frac{U}{R_{S1}}$$

图 1.25（b）中，其输出电流为

$$I = I_S - \frac{U}{R_{S2}}$$

根据等效的要求，上面两个式子中对应项应该相等，即

$$I_S = \frac{U_S}{R_{S1}}$$

$$\frac{1}{R_{S2}} = \frac{1}{R_{S1}} \quad \text{或} \quad R_{S2} = R_{S1} \tag{1.10}$$

这是实际电压源与实际电流源等效变换的条件。变换中要注意：如果 A 点是电压源的参考正极性，变换后电流源其电流的参考方向应指向 A 点。另外，还必须指出理想电压源与理想电流源之间是不能进行等效变换的。

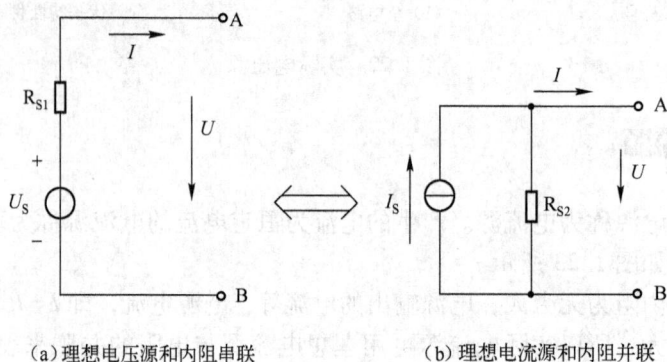

（a）理想电压源和内阻串联　　　　（b）理想电流源和内阻并联

图 1.25　电压源与电流源的等效变换

知识梳理与总结

本章从任务入手，介绍了实际电路、电路模型、电路状态、电路的基本物理量等基础知识；引入了电流、电压的参考方向等概念；介绍了欧姆定律、电压源、电流源等基本内容；为后面内容的学习和任务的完成打下基础。主要内容如下：

（1）电路的四个组成部分。

（2）电路的三种状态。

（3）电路的三个基本物理量。

（4）电压、电流的关联和非关联参考方向。

（5）电压、电流、电阻之间的关系（欧姆定律）。

（6）电压源与电流源的等效变换。

思考与练习1

1.1　电路是_____的路径，它由_____、_____、_____和_____组成。

1.2　电源是_____的装置。_____的电源称为理想电压源。

1.3　负载是_____的装置。它的功能是_____。

1.4　_____的电流称为直流电流，_____的电流称为交流电流。

1.5　图 1.26 中已给出电压参考方向，已知 $U_1 = 9V$，$U_2 = -9V$，试指出电压的实际方向。

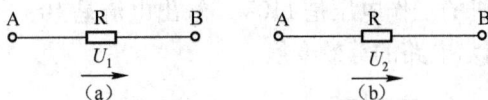

图 1.26　题 1.5 图

1.6　电路中两点间的电压，等于_____力把单位正电荷从一点移动到另一点所做的功。

1.7　写出图 1.27 所示欧姆定律的表达式。

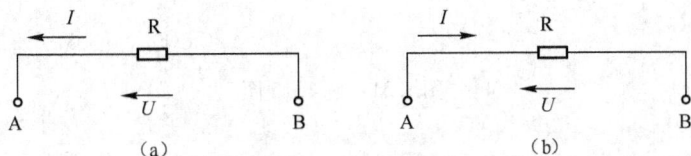

图 1.27　题 1.7 图

1.8　某电阻元件，其上标明 $2k\Omega/5W$，问此电阻元件能承受多大的电压？

1.9　如图 1.28 所示，在已选定的电压参考方向下，$U_1 = 12V$，$U_2 = 9V$，分别求出图 1.28（a）、（b）中 U_{AB} 和 U_{BA} 各为多少伏？

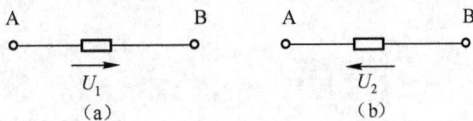

图 1.28　题 1.9 图

1.10　按图 1.29 中给定的电压、电流参考方向，求元件端电压 U 的值。

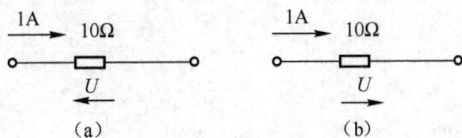

图 1.29　题 1.10 图

1.11　按图 1.30 中给定的电压、电流参考方向，求电流 I 的值。

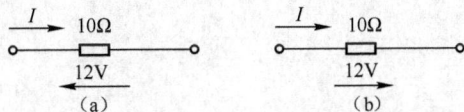

图 1.30　题 1.11 图

1.12　一个 20kΩ/10W 的电阻，使用时最多允许加多大的电压？一个 1kΩ/1W 的电阻，使用时允许通过多大的电流？

1.13　一个 220V/60W 的灯泡，如果误接在 110V 的电源上，此时灯泡的功率为多少？若误接在 380V 的电源上，此时灯泡的功率为多少？是否安全？

1.14　一台直流发电机的工作电压是 110V，输出电流是 10A，求它的输出功率为多大？

1.15　试求图 1.31 所示电路的等效变换。

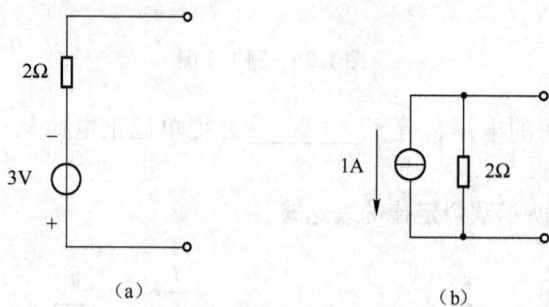

图 1.31　题 1.15 图

第2章
直流电路的计算

教	知识重点	1. 直流电路的概念 2. 电阻的混联 3. 电位、电能的计算 4. 基尔霍夫定律 5. 叠加定理 6. 戴维南定理
	知识难点	用基尔霍夫定律、叠加定理、戴维南定理计算复杂直流电路
	推荐教学方式	从工作任务入手，从实际问题出发，讲解如何分析复杂直流电路
	建议学时	6 学时
学	推荐学习方法	观察复杂实际直流电路，学习分析复杂直流电路的常用方法，在老师指导下动手练习
	必须掌握的理论知识	1. 电阻的混联 2. 电位的计算 3. 基尔霍夫定律 4. 叠加定理 5. 戴维南定理
	需要掌握的工作技能	1. 止确分析电路组成 2. 正确计算复杂电路

任务2-1 简单直流电路的计算

直流电路是指电路中电流为直流的电路。

2.1.1 串联电阻的计算

将若干个电阻元件顺序地无分支地连接起来，这种连接方式称为电阻的串联，这种电路称为串联电路，如图2.1所示。

【自己动手】 测量图2.2中R_1、R_2和电阻R_{AB}，电压U_1、U_2，电流I_1、I_2和I，计算功率P_1、P_2和P_{AB}（每人一个电路，一块万用表）。

图 2.1 串联电路 图 2.2 自己动手

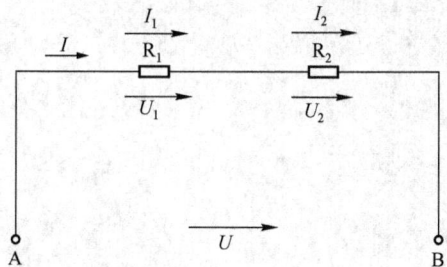

电路参数：$U = 6\text{V}$。

测量结果：$R_1 = 2\text{k}\Omega$、$R_2 = 4\text{k}\Omega$，$R_{AB} = 6\text{k}\Omega$，$U_1 = 2\text{V}$，$U_2 = 4\text{V}$，$I_1 = I_2 = I = 1\text{mA}$，$P_1 = 2\text{mW}$，$P_2 = 4\text{mW}$，计算结果：$P_{AB} = 6\text{mW}$。

由测量和计算结果可知，电阻的串联具有如下特点：

流过各串联电阻的电流相等，即

$$I = I_1 = I_2 \tag{2.1}$$

总串联电阻的电压等于各串联电阻的电压之和，即

$$U = U_1 + U_2 \tag{2.2}$$

串联电阻的等效电阻等于各电阻之和，即

$$R_{AB} = R_1 + R_2 \tag{2.3}$$

串联电阻的总功率等于各电阻功率之和，即

$$P_{AB} = P_1 + P_2 = U_1 I + U_2 I = UI \tag{2.4}$$

上述结论可推广到两个以上电阻的串联。

2.1.2 并联电阻的计算

将若干个电阻元件都接在两个共同端点之间，这种连接方式称为并联，这种电路称为并联电路，如图2.3所示。

【自己动手】 测量图2.4中的电阻R_1、R_2和R_{AB}，电压U_1、U_2，电流I_1、I_2和I，计算

功率 P_1、P_2 和 P_{AB}（每人一个电路，一块万用表）。

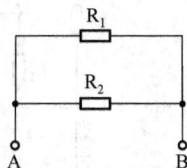

图 2.3　并联电路

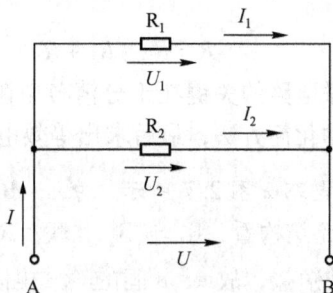

图 2.4　自己动手

电路参数：$U = 6V$

测量结果：$R_1 = 6k\Omega$，$R_2 = 3k\Omega$，$R_{AB} = 2k\Omega$，$U_1 = U_2 = 6V$，$I_1 = 1mA$，$I_2 = 2mA$，$I = 3mA$。

测量结果：$P_1 = 6mW$，$P_2 = 12mW$，$P_{AB} = 18mW$

由测量和计算结果可知，电阻并联具有如下特点：

并联的各电阻元件承受同一电压，即

$$U = U_1 = U_2 \tag{2.5}$$

流过并联各支路电阻元件的电流之和等于并联总电流，即

$$I = I_1 + I_2 \tag{2.6}$$

电阻并联的等效电阻的倒数等于各支路电阻元件电阻倒数之和，即

$$\frac{1}{R_{AB}} = \frac{1}{R_1} + \frac{1}{R_2} \tag{2.7}$$

并联电阻的总功率等于各电阻元件功率之和

$$P_{AB} = P_1 + P_2 = UI_1 + UI_2 = UI \tag{2.8}$$

上述结论可推广到两个以上电阻的并联。

2.1.3　串并联电阻的计算

电路中既有电阻串联又有电阻并联的连接称为串并联电路。电阻的串并联电路在实际应用中十分普遍，如图 2.5、图 2.6 所示为两种基本的串并联电路。图 2.5 所示为 R_1 和 R_2 串联后再与 R_3 并联的电路，称为"先串后并"的结构，其等效电阻可写成

$$R = (R_1 + R_2) /\!/ R_3$$

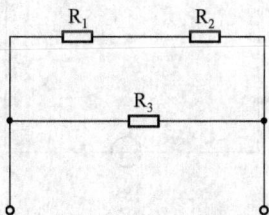

图 2.5　串并联电阻—先串后并

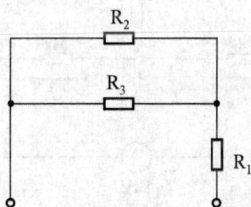

图 2.6　串并联电阻—先并后串

如图2.6所示为 R_2 和 R_3 并联后再与 R_1 串联的电路，称为"先并后串"的结构，其等效电阻可写成

$$R = R_2 // R_3 + R_1$$

分析串并联电路的关键在于分清各电阻的串并联关系，然后采用逐步合并的化简方法，最后求出等效电阻。

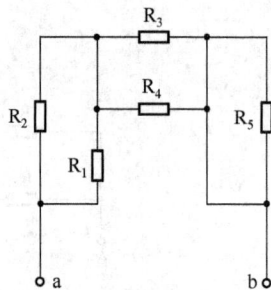

例2.1 电路如图2.7所示，求a、b间的等效电阻。

解 从电路结构看，R_1 与 R_2 并联，R_3 与 R_4 并联，然后再串联，而 R_5 被短接，故a、b间的等效电阻可写成

$$R_{ab} = R_1 // R_2 + R_3 // R_4$$

图2.7 例2.1图

例2.2 电路如图2.8所示，求a、b间的等效电阻。

解 电路中虽然只有4个电阻，却不太容易分清它们的连接关系。解决的方法是改画电路图，电阻 R_2 的下端连在c点与连在a点是一样的，改画一下，如图2.9所示，很明显 R_1 和 R_2 是并联的，于是a、b间的等效电阻可写为

$$R_{ab} = (R_1 // R_2 + R_3) // R_4$$

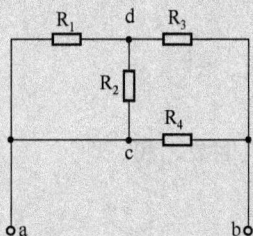

图2.8 例2.2图

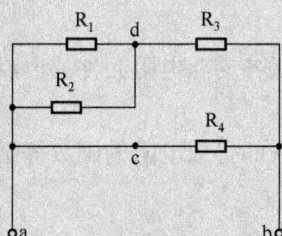

图2.9 例2.2等效图

例2.3 电路如图2.10所示，求电流 I。

解 由图2.10可见，两个8Ω电阻是并联，其等效电阻 $R' = 8 // 8 = 4\Omega$；3Ω与6Ω电阻也是并联，其等效电阻 $R'' = 3 // 6 = 2\Omega$。

导线ab可以缩为一点，电路化简为图2.11所示电路。算出总电流为

$$I = \frac{18}{4+2} = 3A$$

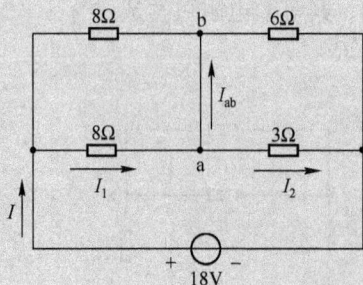

图2.10 例2.3图

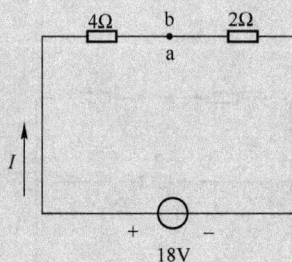

图2.11 例2.3等效图

例 2.4　电路如图 2.12 所示，求 a、b 间的等效电阻。

解　这个电路的电阻较多，不太容易分清各电阻的连接关系。解决的方法是，将明显的串联或并联的电阻，化简为一个等效电阻，其他的电阻保留不动，用这种局部化简的方法来减少电阻个数，逐步明确电路的结构。

在图 2.12 中，可以看出 R_1 与 R_2 并联，用 $R_{12} = R_1 /\!/ R_2$ 来替换；R_3 与 R_4 也是并联的，用 $R_{34} = R_3 /\!/ R_4$ 来替换，如图 2.13 所示。这样由图 2.13 可以清楚地看出：R_{34} 与 R_6 串联后与 R_5 并联，再与 R_{12} 串联后与 R_7 并联，经整理得

$$R_{ab} = \left[R_1 /\!/ R_2 + (R_3 /\!/ R_4 + R_6) /\!/ R_5 \right] /\!/ R_7$$

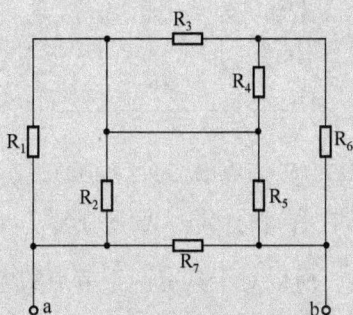

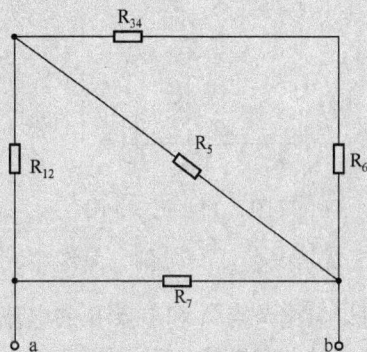

图 2.12　例 2.4 图　　　　　　　图 2.13　例 2.4 等效图

【自己动手】　测量单个电阻的阻值和串并联后的总阻值（每人三只电阻，一块万用表）。

任务 2-2　复杂直流电路的计算

2.2.1　用基尔霍夫定律分析计算

前面我们学过运用欧姆定律和电阻串并联公式可以求解简单的直流电路，但如图 2.14 所示的直流电路有两个电源，用前面学过的知识，已不易求解，这样的电路称为复杂直流电路。为了解决这个问题，德国科学家基尔霍夫通过实验在 1845 年提出：在任一时刻，流入任一个节点的电流之和等于从该节点流出的电流之和，即

$$\sum I_i = \sum I_o \tag{2.9}$$

人们称它为基尔霍夫电流定律，简称 KCL。

定律中提到了节点和支路的概念，节点是指三条或三条以上支路的连接点，如图 2.14 中 A 点和 B 点都是节点。支路是指每一段不分支的电路称为支路，如图 2.14 中 AaB，AbB，AdcB 都是支路。支路 AaB，AdcB 中有电源，称为含源支路，支路 AbB 中没有电源，称无源支路。

例 2.5　对图 2.14 所示电路，列出节点 A、B 的电流方程。

解　先选定各支路电流的参考方向如图 2.15 所示。

若设流入节点的电流前面取正号，则流出节点的电流前面取负号。

根据 KCL　　　　　　　　　　　　节点 A：$I_1 + I_3 = I_2$

$$节点\ B：I_2 = I_1 + I_3$$

把上面节点 A 或节点 B 的电流方程也可改写为

$$节点\ A：I_1 + I_3 - I_2 = 0$$

$$节点\ B：I_2 - I_1 - I_3 = 0$$

即
$$\sum I = 0$$

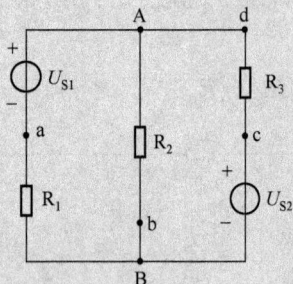
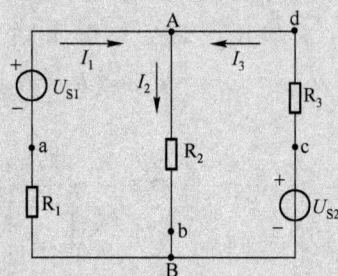

图 2.14　例 2.5 图　　　　图 2.15　标有电流参考方向的例 2.5 图

这就是说，任一时刻，流经电路任一节点的所有电流的代数和恒等于零。

可以看出节点 A 和节点 B 的电流方程是相同的。所以对于具有两个节点的电路只能列出一个独立的节点电流方程。同理，对于具有 n 个节点的电路，只能列出 $n-1$ 个独立的节点电流方程。

例 2.6　电路如图 2.16 所示，在给定的电流参考方向下，已知 $I_1 = 2A$，$I_2 = -6A$，$I_3 = 2A$，$I_4 = -5A$。求 I_5。

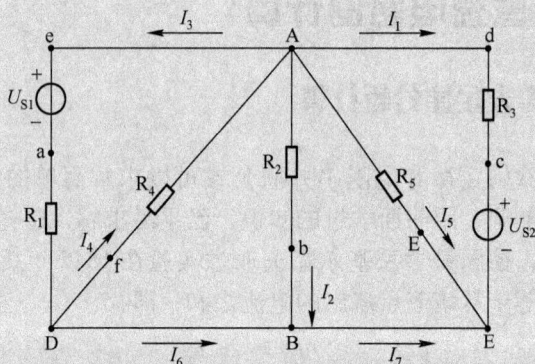

图 2.16　例 2.6 图

解　若设流入节点的电流取正号，流出节点的电流取负号。利用 KCL 写出

$$节点\ A：-I_1 - I_2 - I_3 + I_4 - I_5 = 0$$

将已知数据代入

$$-2 - (-6) - 2 + (-5) - I_5 = 0$$

得
$$I_5 = -4A$$

I_5 为负值，说明 I_5 是流出节点的电流。

由例题可以看出：凡应用 KCL 时，均应按电流的参考方向来列方程式。

【自己动手】 测量具有两个电源和两个节点的电路中支路的电流是否符合基尔霍夫电流定律（每人一个安全电压电路，一块万用表）。

基尔霍夫通过实验还指出：在任一时刻，电路中任一闭合回路内电压源电压（电位升）的代数和等于电压降（电位降）的代数和，即

$$\sum U_{\mathrm{S}} = \sum U \tag{2.10}$$

人们称它为基尔霍夫电压定律，简称 KVL。

如果电路中的电压降都是电阻电压降，也可写成

$$\sum U_{\mathrm{S}} = \sum IR \tag{2.11}$$

应用式（2.11）列方程时，式中各项符号的正负按下列规则确定：

（1）先选定回路的绕行方向。

（2）方程左边为电压源的电压，若电压参考方向与绕行方向一致，则该电压源电压取负号，反之取正号。

（3）方程右边为电阻的电压，若电流参考方向与绕行方向一致，则电压降 RI 取正号，反之取负号。

定律中提到了回路的概念，回路是指电路中任一闭合路径，如图 2.15 中 AbBaA，AdcBbA，AdcBaA 都是回路。只有一个回路的电路叫做单回路电路。有时用到网孔和网络的概念，网孔是指在电路中不含有支路的回路，如 AbBaA 和 AdcBbA 都是网孔，而 AdcBaA 则不是网孔。网络是指整个电路。

例 2.7 对图 2.14 所示电路，列出回路的电压方程。

解 先选定各支路电流的参考方向和回路的绕行方向，如图 2.17 所示，根据 KVL 列出方程。

网孔 AdcBbA：$-U_{\mathrm{S2}} = -I_2 R_2 - I_3 R_3$

网孔 AbBaA：$U_{\mathrm{S1}} = I_1 R_1 + I_2 R_2$

回路 AdcBaA：$U_{\mathrm{S1}} - U_{\mathrm{S2}} = I_1 R_1 - I_3 R_3$

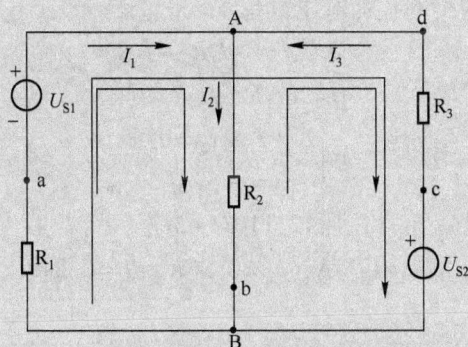

图 2.17 标有支路电流参考方向和回路绕行方向的例 12.7 图

上面 3 个方程中的任何一个方程都可以从其他两个方程中导出，因此，只有两个电压方程是独立的，通常选用网孔的电压方程。

若将式（2.10）中的 $\sum U_{\mathrm{S}}$ 移到 $\sum U$ 的同一侧，式（2.10）也可表示为

$$\sum U - \sum U_S = 0 \qquad (2.12)$$

即，基尔霍夫电压定律也可表述为：任一时刻，电路中任一闭合回路内各段电压的代数和恒等于零。

在应用式（2.12）列回路电压方程时，前面的符号规定如下：首先选定回路的绕行方向；凡电压的参考方向与绕行方向相同就在该电压前面取"+"号，反之则取"-"号。

【自己动手】 测量具有两个电源和两个网孔的电路中各元件的电压是否符合基尔霍夫电压定律（每人一个安全电压电路，一块万用表）。

电路的分析是指按已给定电路的结构和参数计算电路有关的物理量。例如，给定电路的连接方式、电路中电阻和电源的数值，去求某一元件上的电压或某一支路的电流。

以支路电流为未知量，然后列出和未知量数目相等的方程式，再联立解方程组，这种解题方法称为支路电流法。其方法和步骤以下面的例题来说明。

例2.8 图2.14所示电路中，已知 $R_1 = 10\Omega$，$R_2 = 5\Omega$，$R_3 = 5\Omega$，$U_{S1} = 12V$，$U_{S2} = 6V$。求 R_1、R_2、R_3 所在的支路电流 I_1、I_2、I_3。

解 （1）先假定各支路电流的参考方向，如图2.18所示。

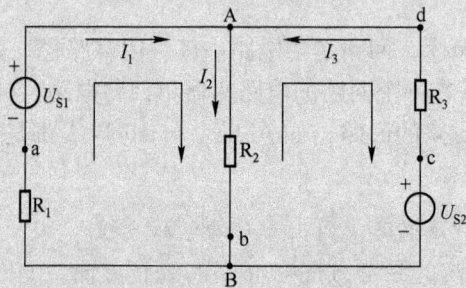

图2.18 标有支路电流参考方向和回路绕行方向的例2.8图

（2）根据 KCL 列出节点电流方程，由节点 A 得到 $I_1 + I_3 - I_2 = 0$

（3）选定回路的绕行方向，如图2.18所示。

（4）根据 KVL 列出两个网孔的电压方程。

网孔 AdcBbA： $-U_{S2} = -I_2 R_2 - I_3 R_3$

网孔 AbBaA： $U_{S1} = I_1 R_1 + I_2 R_2$

代入电路参数，得方程组
$$\begin{cases} I_1 + I_3 - I_2 = 0 \\ -6 = -5I_2 - 5I_3 \\ 12 = 10I_1 + 5I_2 \end{cases}$$

解方程组，得 $I_1 = 0.72A$，$I_2 = 0.96A$，$I_3 = 0.24A$

实验1 基尔霍夫定律实验

【实验目的】

（1）加深对基尔霍夫定律的理解。

（2）用实验数据验证基尔霍夫定律。

【实验原理】

1. 基尔霍夫电流定律

在任一时刻，流入到电路任一节点的电流总和等于从该节点流出的电流总和。换句话说就是在任一时刻，流入到电路任一节点的电流的代数和为零。这一定律实质上是电流连续性的表现。运用这条定律时必须注意电流的参考方向，根据参考方向就可写出基尔霍夫的电流定律表达式，例如，如图 2.19 所示，电路中某一节点 N，共有五条支路与它相连，五个电流的参考方向见图 2.19。根据基尔霍夫定律就可写出：

$$I_1 + I_2 + I_3 + I_4 + I_5 = 0$$

如果把基尔霍夫定律写成一般形式，就是 $\sum I = 0$。电流定律原是运用于某一节点的，我们也可以把它推广运用于电路中的任一假设的封闭面，例如，如图 2.20 所示的封闭面 S 所包围的电路有三条支路与电路其余部分相连接，其电流为 I_1，I_2，I_3，则

$$I_1 + I_2 + I_3 = 0$$

因此，对任一封闭面来说，电流仍然是连续的。

2. 基尔霍夫电压定律

在任一时刻，沿闭合回路电压的代数和总等于零。把这一定律写成一般形式即为 $\sum U = 0$，例如，在图 2.21 所示的闭合回路中，电阻两端的电压参考方向如箭头所示，如果从节点 a 出发，顺时针方向绕行一周又回到 a 点，便可写出：

$$U_1 + U_2 + U_3 - U_4 - U_5 = 0$$

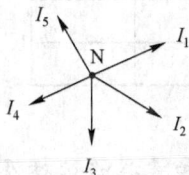

图 2.19　基尔霍夫电流
定律原理图（节点）

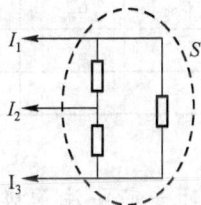

图 2.20　基尔霍夫电流定律
原理图（封闭面）

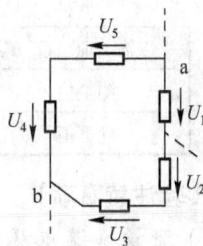

图 2.21　基尔霍夫电压
定律原理图

【实验设备】

（1）实验室提供实验用单相 220V、50Hz 交流电源。

（2）实验室提供设备见表 2.1。

表 2.1　设备明细

设备名称	规格与型号	数　量
实验箱	带直流电源	50 个
直流电流表	0mA～250mA～500mA～1000mA	50 块
直流电压表	0V～75V～150V～300V～600V	50 块

【实验内容】

按照图 2.22 所示实验线路验证基尔霍夫两条定律。

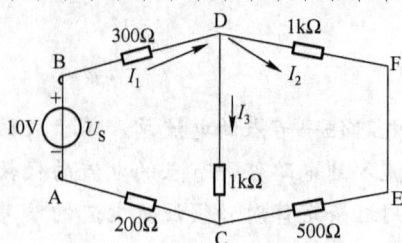

图 2.22 基尔霍夫定律实验线路

在图 2.22 中，$U_S = 10V$ 为实验台上稳压电源输出电压，实验中调节好电压保持不变，$R_1 = 300\Omega$、$R_2 = 1k\Omega$、$R_3 = 500\Omega$、$R_4 = 1k\Omega$、$R_5 = 200\Omega$ 为固定电阻，精度为 1.0 级。实验时各条支路电流及总电流用电流表测量，在接线时每条支路可串联一个电流表插口，测量电流时只要把电流表所连接的插头插入即可读数，但要注意插头连接时的极性。

（1）电流定律。将测量结果记录于表 2.2 中。

表 2.2   电流定律数据

物 理 量	I_1	I_2	I_3
测量值			
计算值			

（2）电压定律。将测量结果记录于表 2.3 中。

表 2.3   电压定律数据

物 理 量	U_{BD}	U_{DC}	U_{AC}	U_{DF}	U_{EC}	E
测量值						
计算值						

【实验注意事项】

（1）测量直流电压和直流电流时一定要注意极性的连接和量程的选择及读数"+"、"−"值的含义。

（2）改接线路时要关掉电源。

（3）注意安全。

【实验思考】

（1）电压表如何接入电路？

（2）电流表如何接入电路？

（3）如何确定读数的"+"、"−"？

【实验报告】

（1）完成实验测试、数据记录。

（2）根据基尔霍夫定律及电路参数计算出各支路电流及电压。

（3）计算结果与实验结果进行比较，说明误差原因。

（4）小结对基尔霍夫定律的认识。

2.2.2　用叠加定理分析计算

除了基尔霍夫定律外，叠加定理也是一个求解线性复杂电路的基本定理，它反映了线性电路的基本性质。其内容是：线性电路中任一支路的电流（或电压），是每一个电源（指独立源）单独作用时在该支路中所产生的电流（或电压）的代数和。

定理中所说的电源单独作用，是指当这个电源单独作用于电路时，其他电源都要取零值，也就是电压源用短路代替，电流源用开路代替。

下面通过例题来说明应用叠加定理解题的方法。

例2.9　电路图 2.14 中，$R_1 = 10\Omega$，$R_2 = R_3 = 5\Omega$，$U_{S1} = 12V$，$U_{S2} = 6V$。求 R_1、R_2、R_3 所在的支路电流（用叠加定理）。

解　图 2.14 电路中含有两个电压源，第一步要选定电流的参考方向，见图 2.15。第二步画出每个电源单独作用时的电路图。U_{S1} 单独作用的电路图如图 2.23 所示，其中电源 U_{S2} 已用短路线代替，各电阻保留不动，各支路电流为 I'_1、I'_2 和 I'_3，称为电流分量。U_{S2} 单独作用的电路图如图 2.24 所示，其中电源 U_{S1} 已用短路线代替，各个电阻保留不变，电流分量为 I''_1、I''_2 和 I''_3，在图中标出它们的参考方向。然后分别对各分解的电路图进行计算，求出各电流分量的数值。

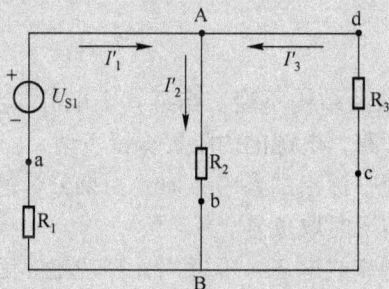

图 2.23　U_{S1} 单独作用的例 2.9 图　　　　图 2.24　U_{S2} 单独作用的例 2.9 图

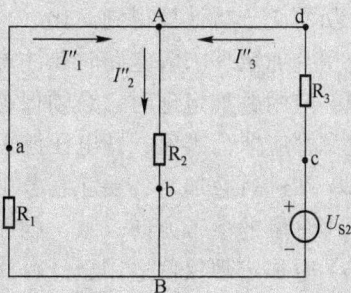

在图 2.23 中，对电源 U_{S1} 两端的等效电阻为

$$R' = R_1 + R_2 /\!/ R_3 = 10 + 5 /\!/ 5 = 12.5\Omega$$

电流

$$I'_1 = \frac{U_{S1}}{R'} = \frac{12}{12.5} = \frac{24}{25}A$$

由分流公式

$$I'_3 = -\frac{I'_1}{2} = -\frac{12}{25}A$$

在图 2.24 中，对电源 U_{S2} 两端的等效电阻为

$$R'' = R_3 + R_1 /\!/ R_2 = 5 + 10 /\!/ 5 = \frac{25}{3}\Omega$$

电流

$$I''_3 = \frac{U_{S2}}{R''} = 6 \times \frac{3}{25} = \frac{18}{25}\text{A}$$

由分流公式

$$I''_1 = -\frac{I''_3 R_2}{R_1 + R_2} = -\frac{18}{25} \times \frac{5}{15} = -\frac{6}{25}\text{A}$$

$$I''_2 = I''_3 + I''_1 = \frac{18}{25} - \frac{6}{25} = \frac{12}{25}\text{A}$$

最后将各对应支路的电流分量叠加，求出该支路的总电流。叠加时各电流分量的符号以原电路图，即以图2.15对应支路电流的参考方向为标准，相同取正，相反取负。这样各支路电流为

$$I_1 = I'_1 + I''_1 = \frac{24}{25} + \left(-\frac{6}{25}\right) = 0.72\text{A}$$

$$I_2 = I'_2 + I''_2 = \frac{12}{25} + \frac{12}{25} = 0.96\text{A}$$

$$I_3 = I'_3 + I''_3 = -\frac{12}{25} + \frac{18}{25} = 0.24\text{A}$$

这与前面用支路电流法求解的例2.8的结果一样。

由此例可知，应用叠加定理可以将一个多电源的复杂电路分解，化为几个单电源的简单电路，从而使分析计算得到简化。

应用叠加定理求解电路时要注意下面几点：

（1）应用叠加定理时，必须保持原电路的参数及结构不变。当某一个电源单独作用时，其他电源都应取为零值，即电压源短路，电流源开路，电源的内阻要保留不动。

（2）在进行叠加时，要注意各个分量在电路图中标出的参考方向。如果分量的参考方向与原图中总量的参考方向一致，叠加时取正号，相反时取负号。

（3）叠加定理仅仅适用于计算线性电路中的电流或电压，不适用计算功率。因为功率与电流或电压之间不是线性关系。例如，流过电阻 R 的总电流由两个分电流叠加，即

$$I = I' + I''$$

那么电阻消耗的功率

$$P = I^2 R = (I' + I'')^2 R \neq I'^2 R + I''^2 R$$

例2.10 求图2.25所示电路中的电流 I_1 和 I_2 及电流源两端的电压 U（用叠加定理）。

解 图2.25中含有一个电压源和一个电流源。要利用叠加定理计算，第一步正确画出一个电源单独作用的电路图。电流源单独作用的电路如图2.26所示，注意原电压源已短路；电压源单独作用的电路如图2.27所示，注意原电流源已被开路代替。

在图2.26中，由分流公式

$$I'_1 = -\frac{3 \times 6}{6 + 3} = -2\text{A}$$

$$I'_2 = \frac{3 \times 3}{6 + 3} = 1\text{A}$$

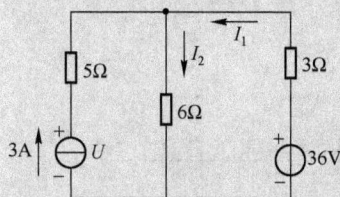

图 2.25 例 2.10 图

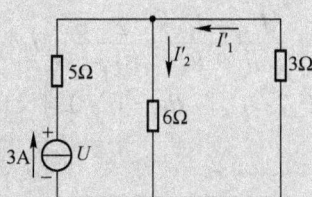

图 2.26 电流源单独
作用的例 2.10 图

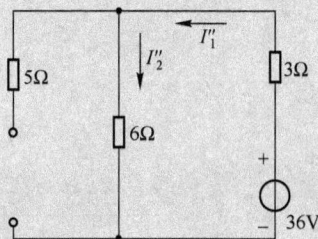

图 2.27 电压源单独
作用的例 2.10 图

在图 2.27 中，只有一个回路，电流

$$I''_1 = I''_2 = \frac{36}{6+3} = 4A$$

总电流

$$I_1 = I'_1 + I''_1 = -2 + 4 = 2A$$

$$I_2 = I'_2 + I''_2 = 1 + 4 = 5A$$

电流源的端电压

$$U = 5 \times 3 + 6I_2 = 15 + 6 \times 5 = 45V$$

利用叠加定理不仅可以简化线性电路的计算，而且它是所有线性电路基本性质的一个重要原理，它是分析研究线性电路的重要方法和理论依据，常用来推导线性电路的其他一些定理，同时它又是分析非正弦交流电路、电路过渡过程的基础。

2.2.3 用戴维南定理分析计算

在复杂电路的分析和计算中，往往碰到的是只需要研究某一支路的电流和电压，而不必把所有支路的电流、电压都计算出来，这时应用戴维南定理进行计算，就比较方便快捷。

1883 年法国工程师戴维南在多年实践的基础上提出：任何一个有源二端网络都可以用一个电压源与电阻相串联的等效电路来代替。这个电压源的电压就是有源二端网络的开路电压 U_{oc}，这个电阻就是该网络中所有电压源短路、电流源开路时的等效电阻 R_0，R_0 又称为输出电阻或内阻。我们称它为戴维南定理，又称等效电压源定理。

二端网络是指与外电路只有两个出线端相连接的电路。如果电路内部含有电源则称为有源二端网络，用标注 N 的大方框来表示，如图 2.28（a）所示。如果电路内部不含有电源则称为无源二端网络，用标注 N_0 的方框来表示，如图 2.28（b）所示。

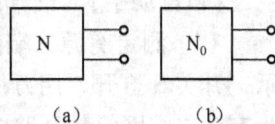

(a) (b)

图 2.28 二端网络

对于无源二端网络，如果内部是电阻电路，总能简化为一个等效电阻。

对于有源二端网络，不论它内部是简单电路还是任意复杂的电路，从外电路来看，仅相当于一个电源作用，它对接在两端的外电路提供电能，因此有源二端网络一定可以化简为一个等效电源。在经过这种等效变换后，接在两端的外电路中的电流和其两端的电压没有任何改变。

例 2.11 求如图 2.29 所示有源二端网络的戴维南等效电路。

解 先求有源二端网络的开路电压 U_{oc}，电流、电压的参考方向如图 2.30 所示，得

$$U_{S1} - U_{S2} = IR_1 + IR_2$$

$$I = \frac{U_{S1} - U_{S2}}{R_1 + R_2} = \frac{12 - 6}{10 + 5} = 0.4\text{A}$$

$$U_{oc} = U_{AB} = U_{S2} + IR_2 = 6 + 0.4 \times 10 = 10\text{V}$$

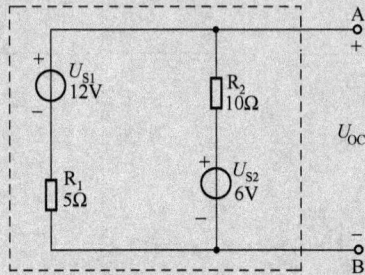

图 2.29　例 2.11 的开路电压等效图　　图 2.30　标有电流、电压的参考方向的
例 2.11 开路电压等效图

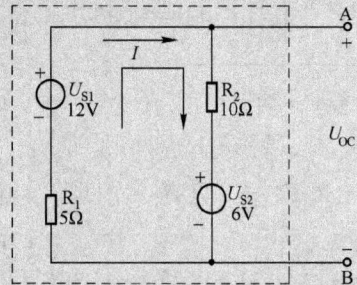

再求等效电阻 R_o，如图 2.31 所示，电压源短路，则有

$$R_o = R_{AB} = R_1 /\!/ R_2 = \frac{R_1 R_2}{R_1 + R_2} = \frac{10 \times 5}{10 + 5} = 3.3\Omega$$

因此，所求的戴维南等效电路如图 2.32 所示。

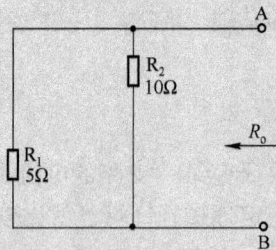

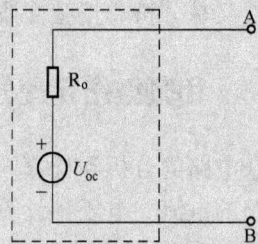

图 2.31　电压源短路的例 2.11 等效电阻图　　图 2.32　例 2.11 等效电路图

戴维南定理的突出优点是实践性强，其等效电路的参数 U_{oc} 与 R_o 可以直接测得。

【自己动手】　戴维南等效电路参数的测定（每人一块安全电压线路板，一块万用表）。

（1）测定有源二端网络的开路电压 U_{oc}，如图 2.33 所示，开关 S 打开，用万用表测出 A、B 两端的电压 U_1，即为有源二端网络的开路电压

$$U_{oc} = U_1$$

（2）测定内阻 R_o，如图 2.33 所示，开关 S 闭合，再用万用表测出接上负载后 A、B 两端的电压 U_2，由图可知

$$U_2 = \frac{R_L U_1}{R_o + R_L}$$

图 2.33　自己动手

将上式进行恒等变换得

$$R_o = R_L \frac{U_1}{U_2} - R_L$$

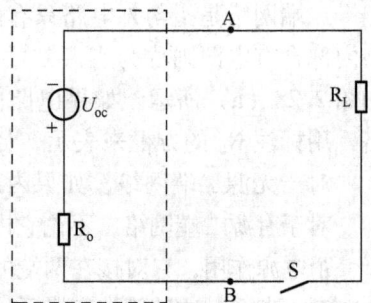

实验2 戴维南定理和电源等效变换定理实验

【实验目的 】

(1) 进一步掌握戴维南定理和有源二端网络等效参数的测量方法。

(2) 研究电源等效变换的条件。

(3) 进一步熟悉直流电压源、直流电流源、直流电压表和直流电流表的使用。

【实验原理】

任何一个有源二端网络都可以用一个电压源与电阻相串联的等效电路来代替。这个电压源的电压就是有源二端网络的开路电压 U_{oc}，这个电阻就是该网络中所有电压源短路、电流源开路时的等效电阻 R_o，R_o 又称为输出电阻或内阻。

【实验设备】

(1) 实验室提供实验用单相220V、50Hz 交流电源。

(2) 实验室提供设备见表2.4。

表2.4 设备明细

设 备 名 称	规格与型号	数 量
实验箱	带恒压源、恒流源	50 个
直流电流表	0mA～250mA～500mA～1000mA	50 块
直流电压表	0V～75V～150V～300V～600V	50 块

【实验内容】

(1) 戴维南定理的验证。

① 按图2.34 连接电路，恒压源 $U_S = 12V$，恒流源 $I_S = 20mA$。

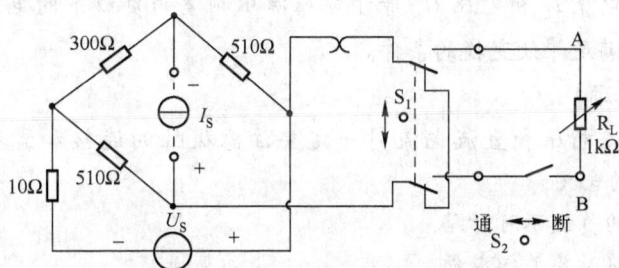

图2.34 戴维南定理验证接线图

② 测量该有源二端网络的外特性。负载电阻 R_L 的阻值在 $100 \sim 990\Omega$ 之间变化，测量 R_L 上的电压 U 和电流 I，填入表2.5 中。

表2.5 戴维南定理验证数据

$R_L(\Omega)$	990	900	800	700	600	500	400	300	200	100
$U(V)$										
$I(mA)$										

③ 测量有源二端网络的开路电压 U_{oc} 和等效内阻 R_o。

④ U_{oc} 和 R_o 相串联构成一个等效电压源图 2.35 所示，接入负载 R_L（100 ～ 990Ω）后测量其外特性，即测量 R_L 上的电压 U 和电流 I。与原有源二端网络进行比较，将结果填入表 2.6 中。

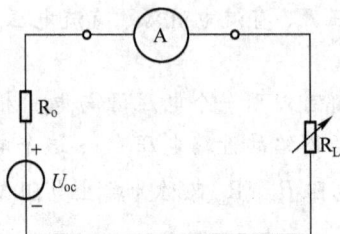

图 2.35　等效电路图

表 2.6　等效实验数据

$R_L(\Omega)$	990	900	800	700	600	500	400	300	200	100
$U(V)$										
$I(mA)$										

（2）电压源与电流源等效变换条件的研究。

① 测量电压源（$U_{oc}=6V$，$R_o=510\Omega$）外接负载 $R_L=200\Omega$ 时，电路中的电流 I_L 和负载上电压 U_L。

② 组成一个电流源（I_S 可调节，并联电阻 $R_o=510\Omega$）外接负载 $R_L=200\Omega$，调节 I_S 使负载中的电流 I_L 和电压 U_L 等于电压源中测量的负载中的电流 I_L 和电压 U_L，判别 I_S 的值是否满足等效变换的条件。

【实验注意事项】

（1）测量直流电压和直流电流时一定要注意极性的连接和量程的选择及读数 "＋"、"－" 值的含义。

（2）恒流源的负载不可开路。

（3）改接线路时要关掉电源。

（4）测量有源二端网络的等效内阻时，恒流源要开路，并将恒压源除去。除去恒压源时，应先将实验台上的恒压源去掉后，再将实验箱上线路图中的恒压源的输入端短接，且不可带着实验台上的恒压源直接短接实验箱上的恒压源。

【实验思考】

（1）电压源和电流源等效变换的条件是什么？

（2）恒压源和恒流源能否等效变换？为什么？

（3）如何测量有源二端网络的开路电压和短路电流？

（4）如何测量有源二端网络的等效内阻 R_o 的阻值？

【实验报告】
(1) 完成实验测试、数据列表。
(2) 根据戴维南定理及电路参数计算电阻 R_L 上的电流及电压。
(3) 计算结果与实验测量结果进行比较，说明误差原因。
(4) 小结对戴维南定理的认识。

任务2-3　热能的计算（焦耳—楞次定律）

电压使导体内电荷在电场力作用下定向运动，不断与原子发生碰撞而产生热量，并使导体温度升高，电能转化为热能，这种现象叫做电流的热效应，其原因是导体有电阻。由于电阻元件是耗能元件，它吸收功率常会引起温度升高。

英国物理学家焦耳和俄国科学家楞次各自做了大量的实验，证明了这种电流的热效应现象，焦耳和楞次指出：电流流过导体产生的热量 Q 与电流 I 的平方成正比，与导体的电阻 R 成正比，与通电的时间 t 成正比。人们称它为焦耳—楞次定律，即

$$Q = I^2Rt \quad 或 \quad Q = IUt, \quad Q = \frac{U^2}{R}t \tag{2.13}$$

式 (2.13) 中，电流的单位为安（培），用 A 表示；电压的单位为伏（特），用 V 表示；电阻的单位为欧（姆），用 Ω 表示；时间的单位为秒，用 s 表示；热量的单位是焦（耳），用 J 表示。

应当注意，焦耳—楞次定律只适用于纯电阻电路，此时电流所做的功将全部转变成热量 Q，即

$$Q = \frac{U^2}{R}t$$

如果不是纯电阻电路，例如，电路中还包含有电动机、电解槽等用电器，那么，电能除部分转化为内能使温度升高外，还要转化为机械能、化学能等其他形式的能，这时，电功仍等于 IUt，生成的热量也仍等于 I^2Rt，只是 $IUt > I^2Rt$，在这种情况下，不能再用 I^2Rt 或 $\frac{U^2}{R}t$ 来计算电功了。

电流的热效应有广泛的应用，例如，电炉、电烙铁、电烘箱等电热设备就是利用电流的热效应来产生足够的热量；白炽灯则是通过使钨丝发热到白炽状态而发光。但电流的热效应在很多情况下也是有害的，例如，电动机、变压器等在运行中会使通电导线温度升高，加速绝缘材料的老化变质，导致漏电，甚至烧毁设备等，所以应想方设法把产生的热量及时散发出来，以延长设备的使用寿命。

为了使电器元件和电器设备能长期、安全地工作，一般规定一个最高工作温度。其工作温度取决于热量，而热量是由电流、电压或电功率决定的。因而在使用电气设备时，要首先了解电气设备铭牌上标出的各种额定值，使运行中的实际值不超过额定值。当通过电气设备的电流或所加的电压超过额定值时，可能会造成电气设备的损坏；反之，当通过电气设备的电流或所加的电压比额定值小很多时，会使电气设备工作不正常（如电压过低，使电灯亮度

不够），不能充分利用电气设备的工作能力。

例2.12 有一功率为2000W的电炉，求其额定工作时10min产生的热量是多少？

解 $Q = IUt = Pt = 2000 \times 10 \times 60 = 1.2 \times 10^6 \text{J}$

任务2-4 电位的计算

在电路分析中经常用到电位这一物理量，有时根据电路中某些点电位的高低直接来分析电路的状态。

在如图2.36所示的电路中，任选一点为参考点，例如，选择O点为参考点，则某点（如A点）到参考点O点的电压就叫做这一点（A点）的电位（相对于参考点O点），用符号U_A表示，可知$U_A = U_{AO}$。

【自己动手】 在下列两种情况下，测量图2.37所示电路中U_{AO}和U_{BO}的电压（每人一块安全电压线路板，一块万用表。已知：（1）$U = 6\text{V}$，此时小灯泡亮；（2）$U = -6\text{V}$，此时小灯泡不亮）。

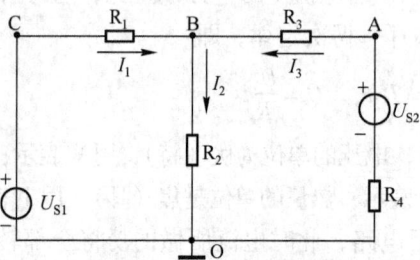

图2.36 电位的计算

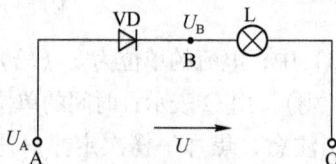

图2.37 测量图

测量结果：

（1）当$U = 6\text{V}$，灯泡亮时：$U_{AO} = 6\text{V}$，$U_{BO} = 5.7\text{V}$。

（2）当$U = -6\text{V}$，灯泡不亮时：$U_{AO} = -6\text{V}$，$U_{BO} = 0\text{V}$。

如果$U_O = 0\text{V}$，则可以认为：只有当二极管正极电位U_A大于二极管负极的电位U_B时，电路中才有电流通过，灯泡亮；反之，电路中没有电流通过，灯泡不亮。因此，根据电路中A点和B点电位大小就可以判断二极管电路中有无电流。利用电路中一些点的电位来分析电路的工作情况，在电子电路中是十分有用的。

电路中各点电位是相对的物理量，若不选定参考点，就无法确定各点的电位值。上述测量中，以O点为参考点，则A点和B点的电位分别为$U_A = 6\text{V}$，$U_B = 5.7\text{V}$。这里，参考点O的电位$U_O = 0\text{V}$，因此参考点又称为零电位点。零电位点可以任意选定，但一经选定其他各点电位的计算即以该点为准。如果换一个参考点，则各点电位也就不同，即电位随参考点的选择而变化。因此在电路中不指定参考点而谈论各点的电位是没有意义的。

在工程中常选大地作为参考点，电子线路常取公共点或机壳作为电位的参考点，参考点电位为0V。

电位虽然是指某一点而言，但实际上是两点之间的电压，只不过这第二点是已规定了的，是指参考点。例如，上述测量中，U_A实际上是指A点和O点之间的电压。因此会计算电路中任意两点的电压，也就会计算电路中任一点的电位。

要计算电路中某点的电位，就是从该点出发，沿着任意选定的一条路径到零电位点，则该点的电位就等于这条路径上全部电压的代数和。具体方法和步骤用下面的例题来说明。

例 2.13　在图 2.36 中，已知 $R_1 = 10\Omega$，$R_2 = 5\Omega$，$R_3 = 3\Omega$，$R_4 = 2\Omega$；$U_{S1} = 13V$，$U_{S2} = 6V$；$I_1 = 0.8A$，$I_2 = 1A$，$I_3 = 0.2A$。求 A、B、C 各点的电位。

解　各支路电流参考方向和电源电压参考极性见图 2.36。

（1）选取 O 点为参考点，即

$$U_O = 0V$$

（2）C 点的电位：可选定 C→U_{S1}→O 这条最简单的路径，由于只经过电源 U_{S1}，显然

$$U_C = U_{S1} = 13V$$

（3）B 点的电位：选取路径 B→R_2→O，得

$$U_B = I_2 R_2 = 1 \times 5 = 5V$$

（4）A 点的电位：选取路径 A→U_{S2}→R_4→O，得

$$U_A = U_{S2} - I_3 R_4 = 6 - 0.2 \times 2 = 5.6V$$

注意：参考点选定以后，电路中各点电位就有了确定的值，而且该电位值与计算时所选择的路径无关。因此，例 2.13 中 A、B、C 三点电位也可以经过其他路径计算，结果完全相同。例如，A 点电位可通过三条不同的路径来求出：

$$U_A = U_{S2} - I_3 R_4 = I_3 R_3 + I_2 R_2 = I_3 R_3 - I_1 R_1 + U_{S1} = 5.6V$$

从例 2.13 中还可以看出，电路中两点电压就等于该两端点的电位之差，如

$$U_{CB} = U_C - U_B = U_{CO} - U_{BO} = 13 - 5 = 8V$$

从上述分析也可以看出，电路中两点电压与所选路径无关，与参考点的选择也无关。

如果 A、B 两点的电位分别记为 U_A、U_B，则 $U_{AB} = U_A - U_B$。因此，两点间的电压，就是该两点的电位之差，电压的实际方向是由高电位点指向低电位点，所以电压又称为电压降。

【自己动手】　测量电路中某点的电位和两点间的电压（每人一个安全电压电路，一块万用表）。

知识梳理与总结

本章从任务入手，介绍了直流电路的基本概念、电阻的串联、并联和混联，电位、电能的计算。介绍了用基尔霍夫定律、叠加定理、戴维南定理计算复杂直流电路的基本方法。主要内容如下：

（1）直流电路的特征。

（2）电阻的串联计算。

（3）电阻的并联计算。

（4）电阻的混联计算。

（5）零电位的确定和其他点电位的计算。

（6）电能的计算（焦耳—楞次定律）。

（7）基尔霍夫电压、电流定律及使用条件。

（8）叠加定理及使用条件。

（9）戴维南定理及使用条件。

思考与练习2

2.1　简述串联电路的基本特点。

2.2　简述并联电路的基本特点。

2.3　如图 2.38 所示的电路，已知 $R_1 = 75\Omega$，$R_2 = 50\Omega$，如果总电流 $I = 1.25A$，求等效电阻 R_{AB}，电流 I_1 和 I_2。

2.4　简述基尔霍夫电流定律。

2.5　简述基尔霍夫电压定律。

2.6　对图 2.16 所示电路列出回路电压方程。

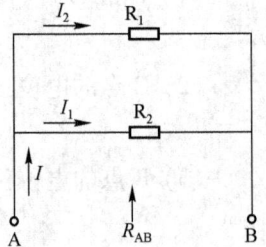

图 2.38　题 2.3 图

2.7　在图 2.39 所示电路中，已知：$R_1 = 20\Omega$，$R_2 = 10\Omega$，$R_3 = 10\Omega$，$U_{S1} = 24V$，$U_{S2} = 12V$。求 R_1、R_2、R_3 所在支路电流 I_1、I_2、I_3。

2.8　在图 2.40 所示电路中，已知电源电压 $U_{S1} = 12V$，$U_{S2} = 6V$，$U_{S3} = 3V$，电阻 $R_1 = R_2 = R_3 = 30\Omega$，$R_4 = 25\Omega$；求各支路电流 I_1、I_2、I_3、I_4 的值。

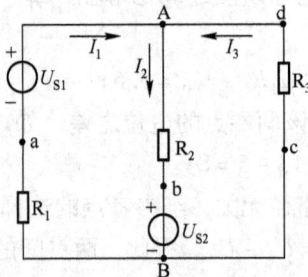

图 2.39　题 2.7 图

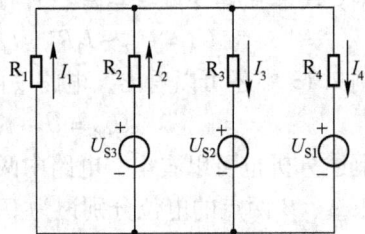

图 2.40　题 2.8 图

2.9　任何一个有源二端网络都可以用_____来代替，_____就是有源二端网络的开路电压 U_{oc}，_____等于该网络中所有电压源短路、电流源开路时的等效电阻。

2.10　将图 2.41 所示虚线框内的有源网络变换为一个等效的电压源。

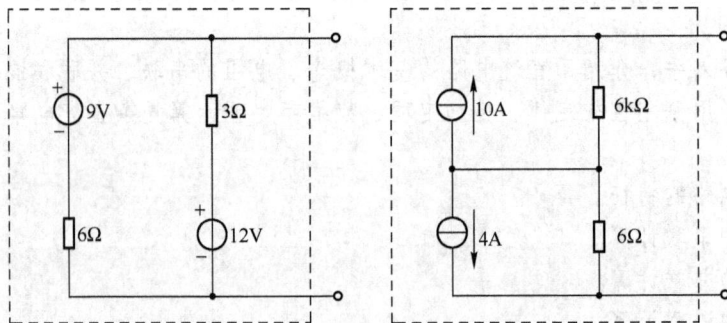

（a）　　　　　　　　　　　　　　　　（b）

图 2.41　题 2.10 图

2.11　试求图 2.42（a）、（b）所示有源二端网络的戴维南等效电路。

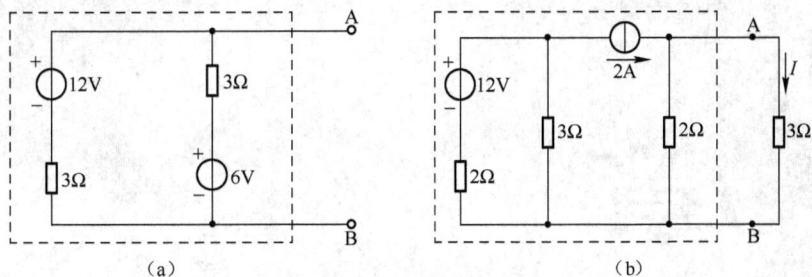

图 2.42　题 2.11 图

2.12　在图 2.33 所示电路中，若负载 R_L 开路时，A、B 两点间的电压为 12V，接上负载 R_L 时，A、B 两点间的电压为 10V；已知负载 $R_L = 1k\Omega$，求等效电压源的开路电压 U_{oc} 和内阻 R_o。

2.13　如图 2.43 所示电路中，已知电源端电压 $U = 12V$，$R_1 = 2\Omega$，$R_2 = 4\Omega$，$R_3 = 1\Omega$，$R_4 = 2\Omega$，$R_5 = 2\Omega$，$R_6 = 2\Omega$；试计算 A、B、C 三点的电位。

2.14　试求图 2.44 电路中，A 点的电位 U_A，B 点的电位 U_B 及 A 点和 B 点之间的电压 U_{AB}。

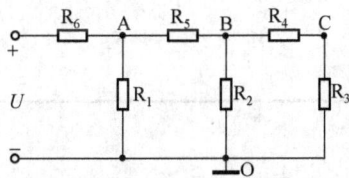

图 2.43　题 2.13 图

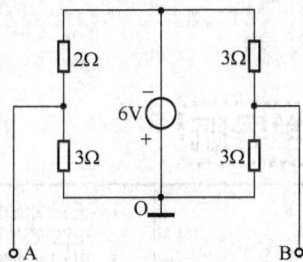

图 2.44　题 2.14 图

第3章

单相正弦交流电路的计算

教	知识重点	1. 正弦交流电的基本概念 2. 正弦交流电的三要素 3. 用相量表示正弦交流电 4. 正弦交流电路中电阻、电感、电容的电压、电流、功率关系
	知识难点	利用相量对正弦交流电路进行分析计算
	推荐教学方式	从正弦交流电的产生和应用入手，讲解正弦交流电的表示方法和正弦交流电路的分析
	建议学时	6 学时
学	推荐学习方法	查资料，看不懂的地方做出标记，听老师讲解，在老师指导下动手练习
	必须掌握的理论知识	1. 正弦交流电路的基本概念 2. 正弦交流电的三要素 3. 相量概念
	需要掌握的工作技能	1. 正确画相量图 2. 正确分析计算单相正弦交流电路

任务 3-1　认识正弦交流电

正弦交流电是指电压和电流的方向和大小都按正弦规律变化的交流电，它比直流电应用更为广泛。发电厂发出的多是正弦交流电，而工矿企业的用电也大多是正弦交流电，即使在大量使用直流电（如电解）的部门，所用的电大多数也是用整流装置从交流电网取得的。在电子技术中，最常用的信号发生器输出的信号是频率可调的正弦交流电，无线电通信和广播所用的"载波"是一种高频率的正弦交流电。

正弦交流电在其产生、输送和使用方面都有很大的优越性。例如，供电部门利用升压变压器可以很方便地将正弦交流电的电压升高，降低远距离输电时线路上的电能损耗，再用降压变压器把电压降低输送给用户，用户采用较低的电压，既安全又可降低对电气设备的绝缘要求。又如，与直流电动机相比，交流电动机具有结构简单、价格低廉、运行可靠和维修简便等优点，因此正弦交流电得到广泛应用。

3.1.1　用函数表示正弦交流电

正弦交流电的电动势、电压、电流的大小和方向都随时间做正弦规律变化，所以分析正弦交流电路一般采用"参考方向结合时间函数 $f(t)$"的方法。

如图 3.1（a）所示，在正弦交流电路中用实线箭头（或正负极性）表示所选定各物理量的参考方向，这样，时间函数 $e(t)$、$i(t)$、$u(t)$（可简写为 e、i、u）分别表示在 t 瞬间正弦交流电动势、电流、电压的瞬时值。数值表示它们在任一时刻正弦交流量的大小，其正负代表实际方向和参考方向是相同还是相反。瞬时值除用时间函数表示外，通常还可用随时间变化的波形图表示，如图 3.1（b）所示。

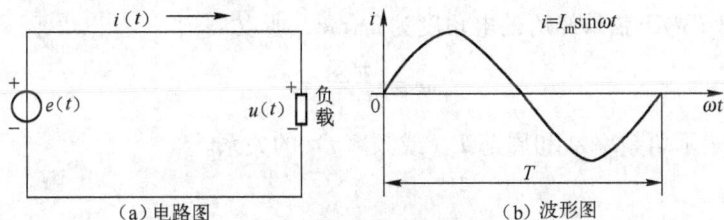

图 3.1　正弦交流电的表示

正弦交流电变化一周所用的时间称为周期，用 T 表示，单位为秒（s）。单位时间（即 1s）内包含的周期数称为频率，用 f 表示，单位为赫（兹），用 Hz 表示。由定义可知，频率和周期互为倒数，即

$$f = \frac{1}{T} \quad 或 \quad T = \frac{1}{f} \tag{3.1}$$

我国电网的正弦交流电（以下简称交流电）的频率是 50Hz，称为工业标准频率，简称工频，其周期为 0.02s。

在交流电路中，电流是时刻变化的。这时通过电路横截面的电荷量 q 与相应时间 t 的比值不是电流的瞬时值，而只是在时间 t 内电流的平均值。设在一段很短的时间 Δt 内有电荷量

Δq 通过电路的横截面，则比值 $\dfrac{\Delta q}{\Delta t}$ 是时间 t 内通过该截面的电流平均值。当 $\Delta \to 0$ 时，这个比值的极限就是通过该截面的电流在该时刻的瞬时值，简称电流，即

$$i = \frac{\mathrm{d}q}{\mathrm{d}t} \qquad (3.2)$$

正弦交流电动势、正弦交流电压、正弦交流电流统称为正弦交流量（简称正弦量）。

图 3.2 所示画出了正弦量（以电流 i 为例）的一般变化曲线。与图 3.1（b）不同之处在于计时起点（$t = 0$）的选定具有一般性。图 3.2 中横坐标为电角度 ωt，单位为弧度（rad）。

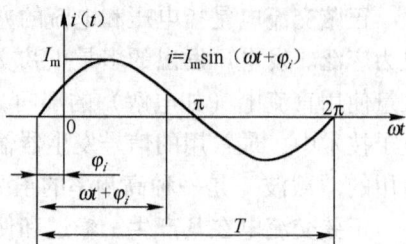

图 3.2　正弦交流电波形

对此，图 3.2 所示正弦交流电流的瞬时值 i 的函数式，即

$$i = I_{\mathrm{m}}\sin(\omega t + \varphi_i) \qquad (3.3)$$

1. 三要素

从式（3.3）中可以看出，正弦量都包含三个基本的要素：ω（角频率）、I_{m}（振幅值或最大值）以及 φ_i（初相位）。它们是正弦交流电的三要素或三特征量。

1）角频率

角频率 ω 表示在单位时间内正弦量所经历的电角度，即

$$\omega = \frac{\alpha}{t} \qquad (3.4)$$

式中，ω 的单位为弧度/秒，用符号 rad/s 表示；α 为 t 时间内正弦量经历的电角度，单位为弧度（rad）；t 的单位为秒（s）。

在一个周期 T 内正弦量经历的电角度为 $2\pi \mathrm{rad}$，所以

$$\omega = \frac{2\pi}{T} = 2\pi f \qquad (3.5)$$

式（3.5）表示角频率 ω 和周期 T（或频率 f）的关系。

2）振幅值

正弦量瞬时值中的最大值叫振幅值，也叫峰值，用大写字母加小写字母下标表示，如正弦交流电流的最大值用 I_{m} 表示。

3）初相位

在式（3.3）中，$(\omega t + \varphi_i)$ 是正弦量随时间变化的角度，称为相位，也称相位角。相位表示正弦量在某一时刻所处的状态，它不仅确定瞬时值的大小和方向，还能表示出正弦量变化的趋势。对于某一给定的时间 t 就有一对应的相位。开始计时（$t = 0$）的相位角（φ_i）称为初相角。它反映了正弦量在计时起点的状态。我们规定 $|\varphi_i| \leqslant \pi$，相位与初相位通常用"弧度"表示，但工程上也用"度"来表示。

注：本教材中 ω 和角度的单位省略。

【自己动手】 用示波器观察不同频率、不同幅值的正弦量（每人一个函数信号发生器、示波器）。

对于某一正弦交流电量，只要它的角频率、初相位和最大值这三个要素被确定下来，它在任一时刻的状态也就被确定了。所以计算正弦交流电的问题就是求它的三要素。实际上，在常见的交流电问题中，角频率是已知的常数，因此只要计算出最大值和初相位就可以了。图3.3所示为两个不同最大值和初相位的正弦交流电量的波形图。

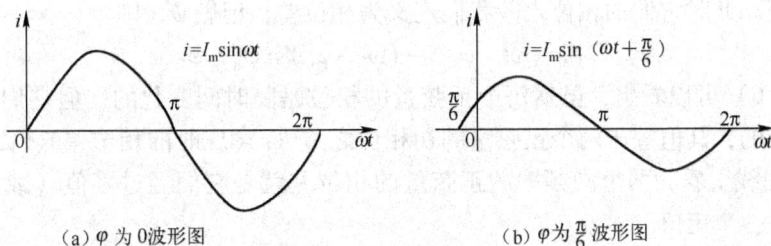

(a) φ 为 0 波形图   (b) φ 为 $\dfrac{\pi}{6}$ 波形图

图 3.3 自己动手

例 3.1 正弦交流电流的振幅值 $I_m = 10A$、频率 $f = 50Hz$、初相位 $\varphi_i = \dfrac{\pi}{6}$。试求

（1） $t = 0s$ 时，电流 i 的瞬时值。

（2） $t = 2ms$ 时，电流 i 的瞬时值。

解 （1） $t = 0s$ 时，$I = I_m \sin(\omega t + \varphi_i) = I_m \sin \varphi_i = 10 \sin \dfrac{\pi}{6} = 5A$

（2） $t = 2 \times 10^{-3}s$ 时，$\omega t = 2\pi f t = 2\pi \times 50 \times 2 \times 10^{-3} = 0.2\pi$

则 $$\omega t + \varphi_i = 0.2\pi + \dfrac{\pi}{6} = \dfrac{11\pi}{30}$$

所以 $$i = I_m \sin(\omega t + \varphi_i) = 10 \sin \dfrac{11\pi}{30} \approx 9.1A$$

2. 相位差

【自己动手】 用双踪示波器观察图3.4（a）R、C 串联电路中，R 的电压波形和 C 的电压波形（每人一个双踪示波器）。

观察结果：可以发现两路电压波形有一定的相位差，如图3.4（b）所示。

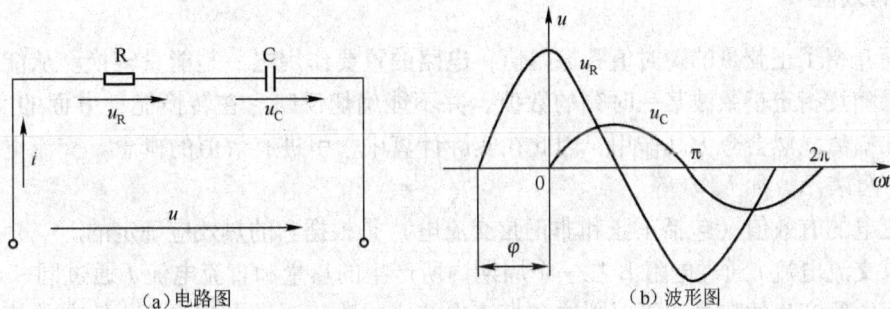

(a) 电路图   (b) 波形图

图 3.4 自己动手

在交流电路里两个同频率正弦量之间的相位差是一个关键数值。如图 3.4（a）所示负载中电压 u_R 和电压 u_C 是频率相同但相位不同（也即初相位不同）的两个电量，它们的表达式可以写成：

$$u_R = U_R \sin(\omega t + \varphi_R)$$

$$u_C = U_C \sin(\omega t + \varphi_C)$$

它们的变化曲线如图 3.4（b）所示，由于相位不同，它们将在不同的时刻经过各自的零值和最大值。此时它们的相位之差我们定义为相位差，记做 ψ，则

$$\psi = (\omega t + \varphi_R) - (\omega t + \varphi_C) = \varphi_R - \varphi_C \tag{3.6}$$

由式（3.6）可以看出，虽然每个正弦量的相位是随时间变化的，但它们在任意时刻的相位差是不变的，其值等于两个正弦量的初相位之差（$t = 0\text{s}$ 时的相位差）。因此，从图 3.4（b）的变化曲线上看，两个同频率的正弦量的相位差就是它们经过零值（或最大值）所间隔的角度，是一个定值。

分析交流电路时，常用超前和滞后两个术语来说明两个同频率正弦量经过零值点（或最大值点）的先后，即称先经过的为超前，后经过的为滞后。如图 3.4（b）中所示的电压曲线，在相位上 u_R 超前于 u_C 一个角度，或者说 u_C 滞后 u_R 一个角度。若相位差 $\psi = 0$，称为同相；$\psi = \pi$，称为反相。

例3.2　现在有两个同频率的正弦电压和正弦电流，即

$$u = 3\sin\left(100\pi t + \frac{\pi}{6}\right)\text{V}$$

$$i = 6\sin\left(100\pi t + \frac{\pi}{2}\right)\text{V}$$

求两个正弦量之间的相位差 ψ，并画出它们的时间变化曲线（波形图）。

解　已知　$\varphi_u = \dfrac{\pi}{6}$，　$\varphi_i = \dfrac{\pi}{2}$

$$\psi = \varphi_i - \varphi_u = \frac{\pi}{2} - \frac{\pi}{6} = \frac{\pi}{3}$$

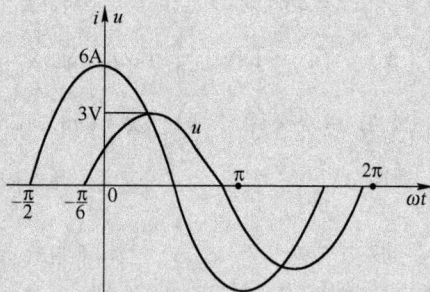

图 3.5　例 3.2 图

结果是电流超前电压 $\dfrac{\pi}{3}$，或电压滞后于电流 $\dfrac{\pi}{3}$，它们的波形图如图 3.5 所示。

3. 有效值

前面介绍了正弦量的瞬时值和振幅值，电路的重要作用之一是能量转换。从能量观点来看，如果随意指定正弦波某一时刻的数值，并不能确切反映它在转换能量方面的实际效果，若采用振幅值显然会夸大其作用，因此在实际计算中，引进有效值的概念。交流电的有效值用大写字母表示，如 I、U 等。

交流电的有效值（包括正弦和非正弦交流电）是根据它的热效应确定的。

如果交流电流 i 通过电阻 R 在一个周期内所产生的热量和直流电流 I 通过同一电阻 R 在相同时间内所产生的热量相等，则这个直流电流 I 的数值叫做交流电流 i 的有效值。根据计算，正弦交流电的有效值为

$$I = \frac{\sqrt{2}}{2}I_\mathrm{m} = I_\mathrm{m}\frac{1}{\sqrt{2}} \approx 0.707I_\mathrm{m}$$

$$U = \frac{\sqrt{2}}{2}U_\mathrm{m} = U_\mathrm{m}\frac{1}{\sqrt{2}} \approx 0.707U_\mathrm{m} \tag{3.7}$$

有效值是正弦交流电路中的一个重要参数。常用的测量交流电压和交流电流的各种仪表，所指示的读数均为正弦电压、电流的有效值。电动机和各种电器铭牌上标的也都是有效值。

我们平常所说的电灯的电压为 220V，就是指照明用电电压的有效值为 220V。在表达正弦交流电时，常用有效值 U 的 $\sqrt{2}$ 倍来代替最大值 U_m。如 $u = 220\sqrt{2}\sin\left(314t + \frac{\pi}{6}\right)$V 中，220V 是电压有效值，$220\sqrt{2}$V 是电压最大值。

例 3.3　设正弦交流电压的表达式 $u = 141.4\sin\left(314t + \frac{\pi}{6}\right)$V，求此电压的有效值。

解　电压的最大值为 141.4V，代入式（3.7），即得

$$U = U_\mathrm{m}\frac{1}{\sqrt{2}} = 141.4\frac{1}{\sqrt{2}} \approx 100\text{V}$$

例 3.4　已知一正弦交流电流的有效值 I 为 10A，$f = 50\text{Hz}$，初相位为零，求此电流的最大值及函数表达式。

解　电流有效值 I 为 10A，则

$$I_\mathrm{m} = 10\sqrt{2}\,\text{A}$$

$$\omega = 2\pi f = 2\pi \times 50 = 100\pi = 314$$

该电流的函数表达式可写为

$$t = 10\sqrt{2}\sin 314t\,\text{A}$$

3.1.2　用相量表示正弦交流电

在分析正弦交流电路时，经常会遇到同频率正弦电压（或电流）相加减的问题，例如，在某一串联电路中有两个同频率正弦电压，其函数表达为

$$u_1 = U_{\mathrm{m}1}\sin(\omega t + \varphi_1)$$
$$u_2 = U_{\mathrm{m}2}\sin(\omega t + \varphi_2)$$

现要求它们的和：$u_1 + u_2$。

对于这一类问题，当然可以利用三角函数公式进行计算，虽然计算结果可以得到准确的答案，但计算过程相当烦琐，一般不采用此法。

在电路理论中，正弦量可以用复数来表示，称为"相量"。引入"相量"不仅简化了正弦量的计算，而且对于复杂的正弦交流电路的计算会带来很大的方便。下面简单介绍正弦量的相量表示法。

设一个正弦电压为

$$u = U_m \sin(\omega t + \varphi_u)$$

在复数平面上做一个矢量，如图 3.6 所示。

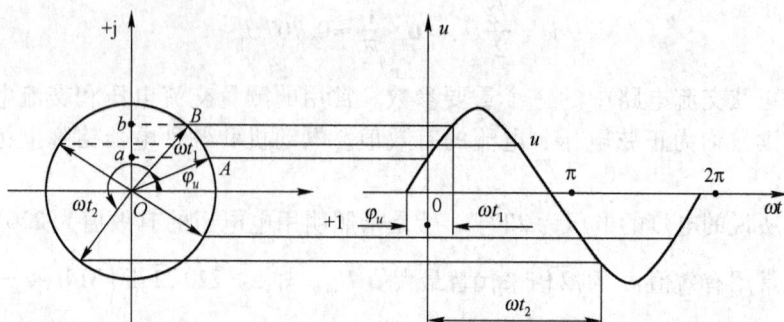

图 3.6　正弦量与矢量

（1）矢量 $\overrightarrow{OA}$ 长度 OA 按比例等于振幅值 U_m；

（2）矢量 $\overrightarrow{OA}$ 和横轴夹角等于初相角 φ_u；

（3）矢量 $\overrightarrow{OA}$ 绕坐标原点做逆时针旋转的角速度 ω。

当 $t = 0$s 时，该矢量在纵轴上投影 $Oa = U_m \sin\varphi_u$。经过时间 t_1 转过了角度 ωt_1 到达 B 的位置，和横轴夹角为 $\omega t_1 + \varphi_u$，在纵轴上投影 $Ob = U_m \sin(\omega t_1 + \varphi_u)$。以此类推，在任何时刻 t 纵轴上投影应为 $U_m \sin(\omega t + \varphi_u)$。可见上述的旋转矢量，既能反映正弦量的三要素，又能通过它在纵轴上的投影求出正弦量的瞬时值，所以复数平面上一个旋转矢量可以完整地表示一个正弦量。

在复数平面上的矢量可用复数来表示，上述矢量在起始位置时，可用复数 U_m 表示。

这个复数可以用复平面上一个长度为 U_m，起始位置与横轴夹角为 φ_u，以角速度 ω 逆时针旋转的矢量来表示。所以，一个复数可以相应地表示一个正弦量，如图 3.7 所示。但是，必须注意的是，复数本身并不能等于正弦函数，而仅仅是用来对应地表示一个正弦量。

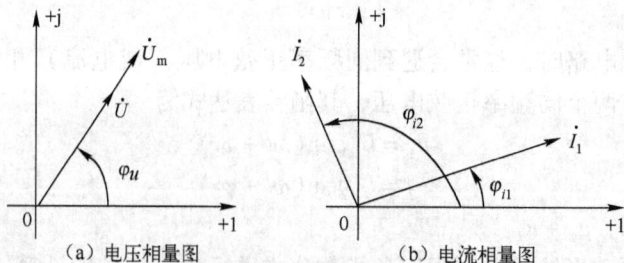

（a）电压相量图　　　　　　（b）电流相量图

图 3.7　正弦量与复数

由于同一正弦交流电路中所有的电动势、电压、电流都是同频率的正弦量，表示它们的那些旋转矢量的角速度相同，因此相对位置不变，可以不考虑它们的旋转，只用起始位置的矢量来表示正弦量。

这种与正弦量相对应的复数就称为"相量"。再强调一次，复数和正弦函数之间不能画等号。为了表示区别，我们在相量上加一小点，表示这个复数仅仅"代表"了一个正弦函数。这就是正弦量的相量表示法。

根据数学知识，一个复数可以表示为 $A = a + jb$，式中 A 为复数，a 为实部，b 为虚部，j 为虚数单位，即 $j = -1$，该式称为复数的代数式；也可表示为 $A = r \angle \theta$，式中 A 为复数，r 称为复数的模，θ 称为复数的幅角；该式称为复数的极坐标式。在电路理论中，常用复数的这两种形式，它们之间的换算为

$$a = r\cos\theta, \quad b = r\sin\theta$$

$$r^2 = a^2 + b^2, \quad \theta = \arctan\frac{b}{a}$$

正弦量 $i = I_m\sin(\omega t + \varphi_i)$ 的相量可以写成：

$$\dot{I}_m = I_m \angle \varphi_i \text{（极坐标式）} \tag{3.8}$$

相量 $\dot{I}_m$ 的模为正弦量的振幅值，故称振幅值相量，但是工程上更多的是使用有效值相量，有效值相量可写为

$$\dot{I}_m = I \angle \varphi_i \tag{3.9}$$

本书中如果不加特殊说明，"用相量表示正弦量"就是指有效值相量。

根据前面的介绍，一个复数还可以在复数平面上用一个矢量来表示，因此正弦量的相量也可以在复数平面上用一个矢量（相量）来表示。但是只有同频率的正弦量的相量才能画在同一个复数平面上，画在同一个复数平面上的表示相量的图称为相量图，如图 3.8 所示。

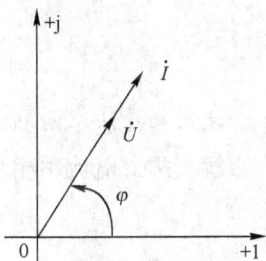

用相量表示正弦量进行正弦交流电路计算的方法称为相量法。

图 3.8 相量图

例 3.5 设已知正弦电流

$$i_1 = 141\sin\left(\omega t + \frac{\pi}{6}\right)\text{A}$$

$$i_2 = 70.7\sin\left(\omega t + \frac{2\pi}{3}\right)\text{A}$$

试写出 i_1 和 i_2 的相量，并画出相量图。

解 i_1 的相量为

$$\dot{I}_1 = \frac{141}{\sqrt{2}} \angle \frac{\pi}{6} \text{ A}$$

i_2 的相量为

$$\dot{I}_2 = \frac{70.7}{\sqrt{2}} \angle \frac{2\pi}{3} \text{ A}$$

相量图如图 3.9 所示。

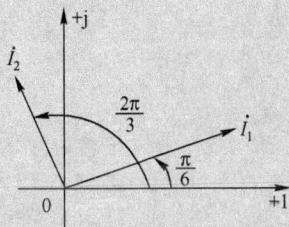

图 3.9 例 3.5 相量图

例3.6 已知电压、电流的频率均为50Hz，表示它们的相量分别为

$$\dot{U} = 220 \left/ \frac{\pi}{6} \right. \text{V}$$

$$\dot{I} = 5 \left/ -\frac{5\pi}{6} \right. \text{A}$$

求这两个正弦量的函数式。

解

$$\omega = 2\pi f = 2\pi \times 50 \approx 314$$

$$U_{\text{m}} = 220\sqrt{2}\,\text{V}$$

$$I_{\text{m}} = 5\sqrt{2}\,\text{A}$$

$$u = 220\sqrt{2}\sin\left(314t + \frac{\pi}{6}\right)\text{V}$$

$$i = 5\sqrt{2}\sin\left(314t - \frac{5\pi}{6}\right)\text{A}$$

例3.7 在图3.10所示电路中，设电流

$$i_1 = 100\sqrt{2}\sin\left(314t + \frac{\pi}{6}\right)\text{A}$$

$$i_2 = 60\sqrt{2}\sin\left(314t + \frac{2\pi}{3}\right)\text{A}$$

试用相量法求两电流之和 $i = i_1 + i_2$。

解 两个电流用相量表示

$$\dot{I}_1 = 100 \left/ \frac{\pi}{6} \right. \text{A}$$

$$\dot{I}_2 = 60 \left/ \frac{2\pi}{3} \right. \text{A}$$

图3.10 例3.7 图

两个电流相量之和

$$\dot{I} = \dot{I}_1 + \dot{I}_2 = 100\left(\cos\frac{\pi}{6} + \text{j}\sin\frac{\pi}{6}\right) + 60\left(\cos\frac{2\pi}{3} + \text{j}\sin\frac{2\pi}{3}\right)$$

$$\approx (87 + \text{j}50) + (-30 + \text{j}52)$$

$$= (87 - 30) + \text{j}(50 + 52)$$

$$= 57 + \text{j}102$$

$$I_{\text{m}}^2 = 57^2 + 102^2$$

$$I_{\text{m}} \approx 117\text{A}$$

$$\varphi = \arctan\frac{102}{57} \approx \frac{\pi}{3}$$

$$i = i_1 + i_2 = 117\sin\left(314t + \frac{\pi}{3}\right)\text{A}$$

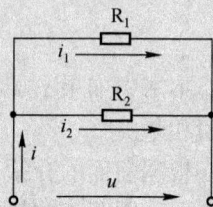

在例3.7中，为了求两个正弦量的和，先取正弦量的相量，即取正弦量的复数表示形式。然后再按复数的四则运算法则，求出两个复数的和，最后再从该复数的和找到对应的正弦量，从而完成这一计算。

交流电有多种表示方法，一定要注意：文字符号的大、小写要分清，瞬时值（时间函数）和相量不要混淆，虽然它们都代表同一个物理量，有着"对应"关系，但"对应"并不是直接"相等"。以电压为例，绝不可写成 $u(t) = U_m\sin(\omega t + \varphi) = \dot{U}_m = U_m\angle\varphi$，式中第二个"等号"是错误的，一定要分两步写，即

$$u(t) = U_m\sin(\omega t + \varphi), \qquad \dot{U}_m = U_m\angle\varphi$$

相量图中各相量的初相位与正弦量开始计时时刻的选择有关，但是各相量之间的相位差是固定的，为了方便，在画相量图时，往往选择其中一个相量作为参考相量，把它的初相位定为 0，其余各相量均按它们对参考相量的相位差定出它们的初相位。

基尔霍夫定律对交流电同样适用，用瞬时值表示为

$$\sum i = 0$$
$$\sum u = 0$$

但用相量表示时，就要考虑到大小和相位两方面的关系

$$\sum \dot{I} = 0$$
$$\sum \dot{U} = 0$$

$\qquad$(3.10)

必须注意：它们的有效值（或振幅值）则不能写成类似的形式

$$\sum I \neq 0$$
$$\sum U \neq 0$$

如例 3.7 所示，$\qquad I_1 = 100\text{A}, \; I_2 = 60\text{A}$
两正弦量相加后得到的总电流的有效值为 $I = 117\text{A}$，即 $I - I_1 - I_2 \neq 0$。

任务 3-2　电阻、电感、电容交流电路分析

一般正弦交流电路中除了电源外，还有三种具有不同电路参数的无源元件，即电阻、电感和电容。它们在能量转换上具有不同的物理性质。电阻的主要性质是电流通过它时，要消耗电能并转换成热量；电感的主要性质是电流通过它时，要产生磁场并存储磁场能量；电容的主要性质是电压加在它两端时，要产生电场并存储电场能量。

严格说来，只包含单一参数的理想电路元件是不存在的。但当某一部分电路只有一种参数起主要作用，而其余参数可以忽略不计时，就可以近似地把它视为理想元件。例如，白炽灯可视为纯电阻元件；大多数的电容器的介质损耗很小，可视为纯电容元件；电感线圈若有很集中的磁场而它的电阻又很小时，则可近似视为纯电感元件。

电阻、电感和电容各具有不同的物理性质，这决定了它们在交流电路中起不同的作用。下面分别加以讨论。

3.2.1　电阻交流电路分析

1．电阻元件的性质

【自己动手】　测量如图 3.11 所示的串联电路中两电阻上的电压（每人一个安全电压电

路，一块万用表。已知电阻 $R_1 = 60\Omega$、$R_2 = 30\Omega$ 串联接在 36V、50Hz 交流电源上，用万用表测 R_1 和 R_2 上的电压）。

测量结果：可发现电压读数（有效值）和电阻值成正比。

如果在某一部分电路内，只考虑电阻的作用，则可用欧姆定律描

图 3.11　自己动手

述电路中电压和电流的关系。当电阻 R 的电压和电流参考方向一致时，u_R 和 i_R 的关系表示为

$$u_R = Ri_R \quad 或 \quad i_R = \frac{u_R}{R} \tag{3.11}$$

当 R 为常数时，电流 i_R 和电压 u_R 总是成正比的。因为交流电路中电压和电流都是随时间变化的，所以它们的乘积即电阻所消耗的电功率也随时间变化，称为瞬时功率，用小写字母 p 表示，即

$$p_R = u_R i_R = Ri_R^2 = \frac{u_R^2}{R} \tag{3.12}$$

由于 i_R^2 和 u_R^2 总大于零，所以 p_R 总是正的。这说明不论电流的方向如何改变，电阻总要消耗电能。这些电能转变为热量散去，所以电阻消耗电能的过程是不可逆的。

2. 电阻元件电压、电流的相量关系

如图 3.12 所示为电阻电路，设电阻中的电流为

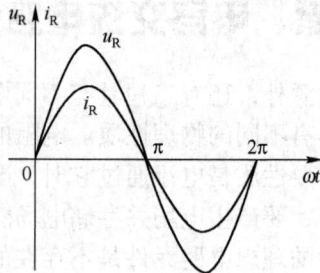

$$i_R = I_{Rm}\sin\omega t$$

根据式（3.11），得电阻上电压为

$$u_R = Ri_R = RI_{Rm}\sin\omega t = U_{Rm}\sin\omega t$$

由上两式可看出，电阻上的电压和电流是同频率的正弦量且相位相同（同相），如图 3.13、图 3.14 所示。

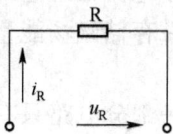

图 3.12　电阻电路　　　　图 3.13　波形图　　　　图 3.14　相量图

它们的数量大小关系为

$$U_{Rm} = RI_{Rm} \quad 或 \quad U_R = RI_R \tag{3.13}$$

若用相量表示，则为

$$\dot{U}_{Rm} = R\dot{I}_{Rm} \quad 或 \quad \dot{U}_R = R\dot{I}_R \tag{3.14}$$

3. 电阻元件的功率

把电压和电流的瞬时关系式代入式（3.12），可得电阻消耗的瞬时功率表达式为

$$p_R = u_R i_R = U_{Rm}I_{Rm}\sin^2\omega t = 2U_R I_R \sin^2\omega t = U_R I_R(1 - \cos2\omega t) \tag{3.15}$$

p_R 的变化曲线如图 3.15 所示。由于 $p_R \geq 0$，所以电阻总是在吸收功率，并不断地把电能转换为热量。

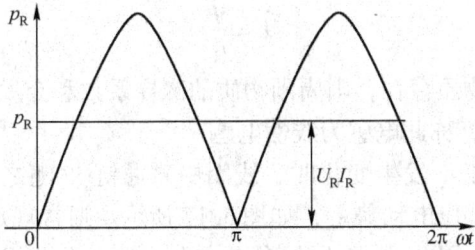

图 3.15 功率

由于瞬时功率是随时间做周期变化的，因此，电工技术上取它在一个周期内的平均值来表示交流电功率的大小，称为平均功率，用大写字母 P_R 表示，即

$$P_R = U_R I_R = i_R^2 R = \frac{U_R^2}{R} \tag{3.16}$$

由于平均功率是实际消耗的功率，故又称为有功功率。习惯上常把"平均"或"有功"二字省略，简称功率。例如，灯泡的功率为 60W，电炉的功率为 800W，电阻的功率为 5W，这些都是指平均功率。

例 3.8 一个额定值为 220V，1000W 的电炉，接在 220V 的交流电源上。求通过电炉的电流和电炉的电阻？若电炉通电 1h，所消耗的电能为多少？

解 电炉的电流为 $\qquad I = \dfrac{P}{U} = \dfrac{1000}{220} \approx 4.55\text{A}$

电炉的电阻为 $\qquad R = \dfrac{U}{I} = \dfrac{220}{4.55} \approx 48.4\,\Omega$

1h 消耗的电能为 $\quad W = Pt = 1000 \times 1 \times 60 \times 60 = 3.6 \times 10^6\text{J}$

或 $\qquad\qquad\qquad W = Pt = 1\text{kW} \times 1\text{h} = 1\text{kW} \cdot \text{h} = 1$ 度

3.2.2 电感交流电路分析

【自己动手】 观察通电线圈中产生的磁场（一人一个安全电压电路，足量铁屑）。

1. 电感元件的性质

当电流流过线圈时，能在线圈中产生较强的磁场，如图 3.16 所示。

设线圈的匝数为 N，产生的磁通中全部绕过线圈的匝数 N，则磁通 Φ 与匝数 N 的乘积为

$$\Psi = N\Phi \tag{3.17}$$

称为线圈的磁通链。它的单位和磁通相同叫韦伯，用 Wb 表示。

电流 i_L 和磁通链 Ψ 的方向应符合右手螺旋定则。

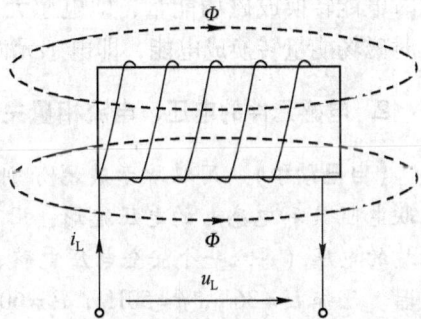

图 3.16 电感元件

磁通链 Ψ 和电流 i_L 的比值，定义为线圈的自感系数，简称自感，又称电感，用 L 表示，电感的单位是亨（利），用 H 表示。

$$L = \frac{\Psi}{i_L} \tag{3.18}$$

若线圈周围没有铁磁物质存在，则周围物质的磁导系数和介质电常数均为一常数，则 Ψ 和 i_L 成正比，即 L 为常数，称此电感为线性电感。

当通过电感线圈的电流 i_L 发生变化时，线圈中磁通链 Ψ 随之变化。根据法拉第电磁感应定律，线圈中将产生自感应电动势 e_L，如图 3.17 所示。通常规定 e_L 的参考方向和 Ψ 的参考方向符合右手螺旋定则。因此 e_L 和 i_L 的参考方向一致，在此规定下，自感应电动势可用下面的关系式表达

$$e_L = -\frac{\mathrm{d}\Psi}{\mathrm{d}t} = -\frac{\mathrm{d}(Li_L)}{\mathrm{d}t} = -L\frac{\mathrm{d}i_L}{\mathrm{d}t} \tag{3.19}$$

式（3.19）是电工学的一个重要公式。负号表示：当电流增大时，即 $\frac{\mathrm{d}i_L}{\mathrm{d}t} > 0$，则 $e_L < 0$，此时自感应电动势的实际方向和电动势的参考方向相反。而当电流减小时，即 $\frac{\mathrm{d}i_L}{\mathrm{d}t} < 0$，则 $e_L > 0$，表示

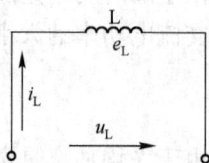

图 3.17　电感电路

自感电动势的实际方向和参考方向相同。若电流是恒定不变的，即 $\frac{\mathrm{d}i_L}{\mathrm{d}t} = 0$，则 $e_L = 0$。表示直流电流通过线圈时没有自感电动势产生。

对图 3.17 所示电路，应用基尔霍夫电压定律，可得

$$u_L = -e_L = -\left(-L\frac{\mathrm{d}i_L}{\mathrm{d}t}\right) = L\frac{\mathrm{d}i_L}{\mathrm{d}t}$$

这就是电感元件上电压和电流的瞬时值之间的基本关系式。怎样来理解这个关系式呢？可以理解为交变电流 i_L 流过电感 L 时，使电感两端出现交变的电感电压降 $u_L = L\frac{\mathrm{d}i_L}{\mathrm{d}t}$。也可以反过来理解为：为了驱使交变电流流过电感 L，必须外加一个交变电压 u_L，这个电压应与交变电流在线圈中引起的自感电动势 e_L 相平衡，即 $u_L = -e_L$；这两种理解实质是一回事。

可以证明电感元件中的磁场能量等于 $W_L = L\frac{i_L^2}{2}$。当电感元件中电流 i_L 增大时，W_L 增大，此时电能转换成磁场能量，即电感元件从电源吸取能量；反之当电流减小时，W_L 则变小，此时磁场能量转换成电能，即电感元件向电源输送能量，故电感元件是储能元件。

2. 电感元件的电压、电流相量关系

【自己动手】　用双踪示波器分别观察如图 3.18 所示电路中串联电阻 R 和电感 L 的电压波形，用万用表分别测定电阻和电感两端的电压（每人一个安全电压电路、一块万用表、一台双踪示波器。已知 $U = 36\mathrm{V}$，$f = 50\mathrm{Hz}$，$R = 60\Omega$，$L = 0.127\mathrm{H}$）。

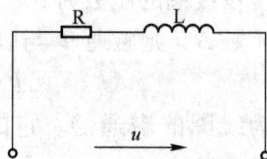

测量结果：可看到电阻和电感上的电压波形有 $\frac{\pi}{2}$ 相位差，当

图 3.18　自己动手

改变电压 u 的数值时，电感上电压的有效值和电流有效值成正比。

图 3.17 是电感电路，设电感中电流为

$$i_L = I_{Lm}\sin\omega t$$

可得

$$u_L = L\frac{di_L}{dt} = \omega L I_{Lm}\cos\omega t = X_L I_{Lm}\sin\left(\omega t + \frac{\pi}{2}\right)$$

即

$$u_L = U_{Lm}\sin\left(\omega t + \frac{\pi}{2}\right) \tag{3.20}$$

比较上面两式可见，正弦交流电流在线性电感中产生同频率的正弦交流电压。正弦交流电压在相位上超前正弦交流电流 $\frac{\pi}{2}$，在数量上可表示为

$$U_{Lm} = \omega L I_{Lm} = X_L I_{Lm} \quad 或 \quad U_L = \omega L I_L = X_L I_L \tag{3.21}$$

式中

$$X_L = \omega L = 2\pi f L \tag{3.22}$$

称为电感电抗，简称感抗，具有和电阻相同的量纲，单位为欧（姆），用 Ω 表示。

另外，$X_L = \dfrac{U_L}{I_L}$ 或 $I_L = \dfrac{U_L}{X_L}$。该式表明，电感电路中，电流有效值和电压有效值成正比，而与电路的感抗成反比，即符合欧姆定律。

电感中电流和电压的波形图如图 3.19 所示。

感抗是用来表示电感元件对正弦交流电流阻碍作用的一个物理量，在电压一定的条件下，X_L 越大，则电流越小。

感抗 X_L 的大小与电感 L 和频率成正比，因为电源频率越高，电流变化越快，产生的自感电动势也越大。通过同样的电流需要外加的电压就越大，也就是它对电流的阻碍作用大了，所以感抗越大。反之亦然。因此，电感线圈在电子线路中常用做高频扼流圈，用来限制高频电流。而在直流电路中，因电流不变，相当于频率为零，所以感抗等于零。

如果同时把电压和电流的数量关系和相位关系都考虑进来，并以电流为参考相量，则可得相量关系式为

$$\dot{I}_L = I_L\angle 0$$

$$\dot{U}_L = \omega L \dot{I}_L \angle\frac{\pi}{2} = jX_L \dot{I}_L \tag{3.23}$$

式中，jX_L 是电感交流电路的复感抗，其电压和电流相量图如图 3.20 所示。

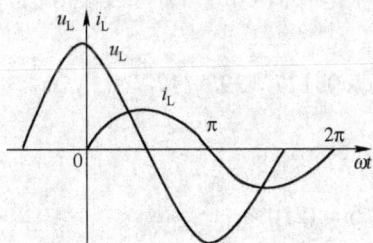

图 3.19　波形图

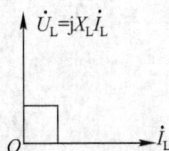

图 3.20　相量图

3. 电感元件的功率

知道了电压和电流的变化规律后，便可求得电感吸收的瞬时功率，即

$$p_L = u_L i_L = U_{Lm} \sin\left(\omega t + \frac{\pi}{2}\right) I_{Lm} \sin\omega t = U_{Lm} I_{Lm} \sin\omega t \cos\omega t = U_L I_L \sin2\omega t \tag{3.24}$$

电感电路的瞬时功率曲线与电压、电流的曲线如图 3.21 所示。

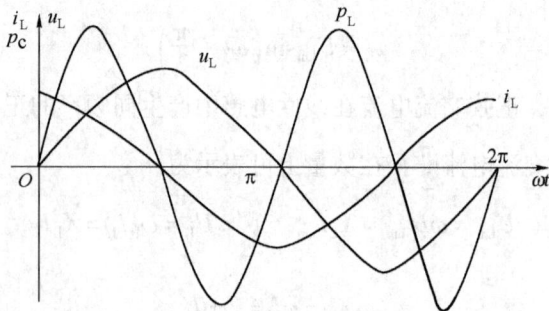

图 3.21　功率曲线

瞬时功率的最大值等于 $U_L I_L$，是以二倍于电流的频率按正弦规律变化的。在第一个与第三个 $\frac{1}{4}$ 周期内，由于 u_L 和 i_L 的方向相同，故乘积为正值，即 $p_L > 0$。在此期间 i_L 的绝对值增大，电感中存储的磁场能量增加。因此，要从电源吸取功率，以便把电能转换为磁场能量，此时电感相当于一个负载。在第二个与第四个 $\frac{1}{4}$ 周期，则 u_L 和 i_L 的方向相反，故乘积为负值，即 $p_L < 0$。在此期间，i_L 的绝对值减小，电感中存储的磁场能量减少。因此，要向电源发出功率，以便把磁场能量转换为电能。此时，电感元件相当于一个电源。

综上所述，电感时而吸收功率，时而发出功率，因此它是一个储能元件，一个周期的平均功率为零，即 $p_L = 0$，也就是说电感在正弦交流电路中不消耗有功功率。

我们把储能元件中瞬时功率的最大值称为无功功率，用字母 Q 来表示。它只反映储能元件和电源之间能量交换的规模。电感元件的无功功率为

$$Q_L = U_L I_L = X_L I_L^2 = \frac{U_L^2}{X_L} \tag{3.25}$$

为了与有功功率相区别，规定无功功率的单位是乏，用 var 表示。

例3.9　在电压为 220V，频率为 50Hz 的电源上接 $L = 0.127H$ 的电感。求线圈的感抗 X_L，线圈中电流的有效值 I_L 及无功功率 Q_L。

解　感抗　　　　　　　$X_L = 2\pi fL = 2 \times 3.14 \times 50 \times 0.127 = 39.9\Omega$

电流有效值　　　　　　　$I_L = \dfrac{U_L}{X_L} = \dfrac{220}{39.9} = 5.5A$

无功功率　　　　　　　　$Q_L = U_L I_L = 220 \times 5.5 = 1210var$

例 3.10　在一电感电路中 $u_L = 311\sin\left(100t + \dfrac{\pi}{6}\right)$ V，$L = 2$H。求电路中电流 i_L，并画出相量图。

解　先确定电流 i_L 和电压 u_L 的参考方向为关联参考方向。

$$\dot{U}_L = \frac{311}{\sqrt{2}}\Big/\underline{\frac{\pi}{6}} = 220\Big/\underline{\frac{\pi}{6}}\ \text{V}$$

$$X_L = \omega L = 100 \times 2 = 200\,\Omega$$

$$\dot{I}_L = \frac{\dot{U}_L}{jX_L} = \frac{220\Big/\underline{\dfrac{\pi}{6}}}{j200} = 1.1\Big/\underline{-\frac{\pi}{3}}$$

$$i_L = 1.1\sqrt{2}\sin\left(100t - \frac{\pi}{3}\right)\text{A}$$

相量图如图 3.22 所示。

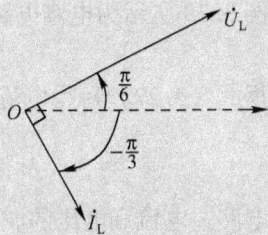

图 3.22　例 3.10 相量图

3.2.3　电容交流电路分析

【自己动手】　观察电容的充放电（每人一个安全电压电路）。

1. 电容元件的性质

电容是存储电荷的容器，在电路中也是一种储能元件。凡是用绝缘介质隔开而又相互邻近的两块金属板或金属箔片，就构成了一个电容器，如图 3.23 所示。当电容器的两极板间加上电压后，极板上将充有电荷，介质内出现较强的电场，存储着电场能量。绝大多数的电容器都是线性的。极板上的电荷正比于极板间的电压，即

$$q = Cu \tag{3.26}$$

式中，C 为电容器的电容量，简称电容，单位为法（拉），用字母 F 表示。实际应用时，法这个单位太大，通常用微法 μF（$1\,\mu\text{F} = 10^{-6}$ F）或皮法 pF（$1\,\text{pF} = 10^{-12}$ F）为单位。电容代表一个电容器存储电荷的能力。在相同的电压下，电容越大，电容器所存储的电荷越多。

图 3.23　电容元件

当电容器两端所加电压发生变化时，其连接线内将连续流过充电或放电电流（在绝缘介质内还有位移电流）。根据电流的定义 $i = \dfrac{dq}{dt}$，把式（3.26）代入可得

$$i_C = \frac{dq}{dt} = C\frac{du}{dt} \tag{3.27}$$

式（3.27）表明电容电流正比于电容电压的变化率。

2. 电容元件的电压、电流相量关系

【自己动手】　用双踪示波器分别观察如图 3.24 所示的电路中，串联电阻 R 和电容 C 的电压波形，并用万用表分别测定电阻和电容两端的电压（每人一个安全电压电路、一块万用表、一台双踪示波器。已知 $U = 36$V，$f = 50$Hz，$R = 60\,\Omega$，$C = 10\,\mu\text{F}$）。

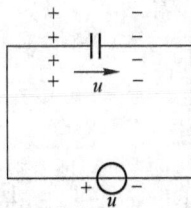

测量结果：可看到电阻和电容上的电压波形有 $\dfrac{\pi}{2}$ 的相位差，当改变电压 u 的数值时，电容上电压的有效值和电流有效值成正比。

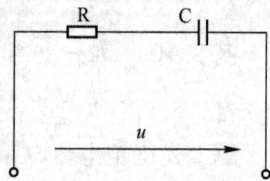

图 3.25 所示为电容电路，设电容两端的电压为

$$u_C = U_{Cm}\sin\omega t$$

则根据式（3.27）可得电流

图 3.24　自己动手

$$i_C = C\frac{\mathrm{d}u_C}{\mathrm{d}t} = \omega C U_{Cm}\cos\omega t = \omega C U_{Cm}\sin\left(\omega t + \frac{\pi}{2}\right) \tag{3.28}$$

电路中电流和电压的波形如图 3.26 所示。

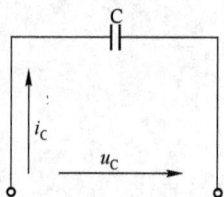

图 3.25　电容电路

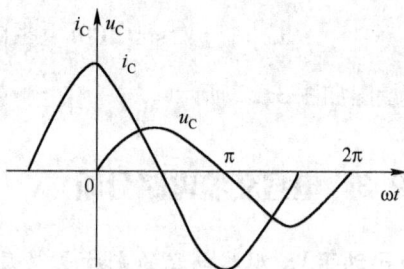

图 3.26　波形图

比较上面两式可见：正弦交流电压在电容中产生同频率的正弦交流电流。电流在相位上超前电压 $\dfrac{\pi}{2}$（或者电压滞后电流 $\dfrac{\pi}{2}$）。在数量上为

$$I_{Cm} = \omega C U_{Cm} \tag{3.29}$$

设

$$X_C = \frac{1}{\omega C} \tag{3.30}$$

则

$$U_{Cm} = X_C I_{Cm} \quad 或 \quad U_C = I_C X_C \tag{3.31}$$

式中，$X_C = \dfrac{1}{\omega C} = \dfrac{1}{2\pi f}$ 称为电容电抗，简称容抗。它具有和电阻相同的量纲，单位为欧（姆），用 Ω 表示。式（3.31）还表明，电容电路中，电流有效值 I_C 和电压有效值 U_C 成正比，与容抗 X_C 成反比，也符合欧姆定律。由式（3.30）可知，容抗 X_C 与电容 C 及角频率 ω（频率 f）都成反比。因为 C 越大，在相同电压下能容纳的电荷量越多，因而电流也越大，即容抗越小。而频率越高，电容器充放电的速度越快，在相同电压作用下，单位时间内移动的电荷量越多，即电流越大，容抗越小。因此，电容器对高频电流的阻碍作用小，这恰好与电感线圈相反。在电子线路中常用电容器作为高频电流的通路，对直流来说，因 $\omega = 0$，故 $X_C \to \infty$ 时，可看做断路，所以电容器有"隔直"作用。

如果同时把电压和电流之间的数量关系和相位关系都考虑进来，并以电压为参考相量，则可得相量关系式如下：

$$\dot{U}_C = U_C \angle 0$$

$$\dot{I}_{\mathrm{C}} = I_{\mathrm{C}} \underline{/\dfrac{\pi}{2}}$$

而 $$U_{\mathrm{C}} = I_{\mathrm{C}} X_{\mathrm{C}}$$

所以 $$I_{\mathrm{C}} = \dfrac{U_{\mathrm{C}}}{X_{\mathrm{C}}}$$

则 $$\dot{I}_{\mathrm{C}} = \dfrac{U_{\mathrm{C}}}{X_{\mathrm{C}}} \underline{/\dfrac{\pi}{2}}$$

即 $$\dot{U}_{\mathrm{C}} = -\mathrm{j} X_{\mathrm{C}} \dot{I}_{\mathrm{C}} \tag{3.32}$$

图 3.27　相量图

式中，$-\mathrm{j}X_{\mathrm{C}}$ 是电容交流电路的复容抗。其相量图如图 3.27 所示。

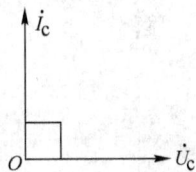

3. 电容元件的功率

知道了电容中电压和电流的变化规律后，便可以求得电容吸取的瞬时功率，即

$$p_{\mathrm{C}} = u_{\mathrm{C}} i_{\mathrm{C}} = U_{\mathrm{Cm}} \sin\omega t I_{\mathrm{Cm}} \sin\left(\omega t + \dfrac{\pi}{2}\right) = U_{\mathrm{Cm}} I_{\mathrm{Cm}} \sin\omega t \cos\omega t = U_{\mathrm{C}} I_{\mathrm{C}} \sin 2\omega t \tag{3.33}$$

它与电感电路中瞬时功率表达式（3.24）在形式上完全一样。可见，电容电路中的瞬时功率的频率二倍于电压频率，变化曲线如图 3.28 所示。

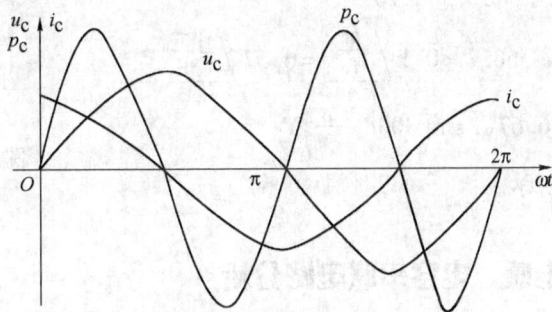

图 3.28　功率曲线

从瞬时功率的曲线图中可以看到，在第一和第三个 $\frac{1}{4}$ 周期内，u_{C} 和 i_{C} 同方向，$p_{\mathrm{C}} > 0$。表示电容从电源吸取能量并转换为电场能量存储起来，此时电容相当于负载。但在第二和第四个 $\frac{1}{4}$ 周期内 u_{C} 和 i_{C} 反向，$p_{\mathrm{C}} < 0$。这表示电容把存储的电场能量转换为电能，送回电源，这时电容相当于电源。

因此，电容电路的平均功率 P_{C} 和电感电路的平均功率 P_{L} 一样，即

$$P_{\mathrm{C}} = 0$$

这表示电容电路不消耗有功功率，只有电容和电源之间的能量交换。因此，电容 C 亦是一个储能元件。根据前一节电感元件中无功功率的定义，同样用无功功率 Q_{C} 来表示该储能元件的瞬时功率的最大值。电容元件的无功功率为

$$Q_{\mathrm{C}} = U_{\mathrm{C}} I_{\mathrm{C}} = I_{\mathrm{C}}^2 X_{\mathrm{C}} = \dfrac{U_{\mathrm{C}}^2}{X_{\mathrm{C}}} \tag{3.34}$$

式中，Q_{C} 的单位为乏（Var）。

例 3.11 将 $C = 10\mu F$ 的电容接在 $U = 220V$ 的工频电源上。求 X_C、I_C 及 Q_C。

解

$$X_C = \frac{1}{\omega C} = \frac{1}{314 \times 10 \times 10^{-6}} \approx 318\Omega$$

$$I_C = \frac{U_C}{X_C} = \frac{220}{318} \approx 0.69A$$

$$Q_C = U_C I_C = 220 \times 0.69 \approx 152var$$

例 3.12 流过 $50\mu F$ 电容的电流

$$i_C = 141\sin\left(300t + \frac{\pi}{6}\right)mA$$

求电容元件两端的电压 U_C，并画出相量图。

解 选定 u_C 的参考方向和 i_C 的参考方向为关联参考方向。

$$\dot{I}_C = \frac{141}{\sqrt{2}} \times 10^{-3} \underline{/\frac{\pi}{6}} = 0.1 \underline{/\frac{\pi}{6}} \; A$$

$$X_C = \frac{1}{\omega C} = \frac{1}{300 \times 50 \times 10^{-6}} \approx 66.7\Omega$$

$$\dot{U}_C = -jX_C \dot{I}_C = -j66.7 \times 0.1 \underline{/\frac{\pi}{6}} = 6.67 \underline{/-\frac{\pi}{3}} \; V$$

$$u_C = 6.67\sqrt{2}\sin\left(300t - \frac{\pi}{3}\right)V$$

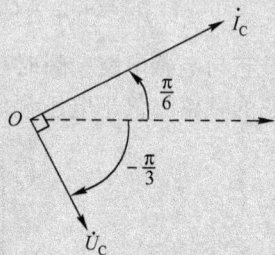

相量图如图 3.29 所示。

图 3.29 例 3.12 相量图

3.2.4 电阻、电感、电容串联电路分析

将交流电路中的三种基本元件 R、L、C 串联起来，就组成了一种具有普遍意义的电路。例如，一个实际线圈相当于元件 R 与 L 串联，把它和一个电容器 C 串联就组成 RLC 串联电路。

1. 电阻、电感、电容串联电路的电压和电流

【自己动手】 测量图 3.30 所示 RLC 串联电路中 R、L、C 上的电压和总电压（每人一个安全电压电路、一块万用表。已知 $R = 60\Omega$、$L = 0.001H$、$C = 10\mu F$、$f = 50Hz$、$U = 36V$）。

测量结果：可得各电压读数应满足

$$U^2 = U_R^2 + (U_L - U_C)^2$$

$$P = I^2 R = \frac{U_R^2}{R}$$

图 3.30 所示的电路为一个 RLC 串联电路，电压和电流的参考方向如图 3.31 所示。通过 R、L、C 的是同一个正弦电流，即

$$i = I_m\sin\omega t$$

在电阻 R 上产生的电压降为

$$u_R = RI_m\sin\omega t \tag{3.35}$$

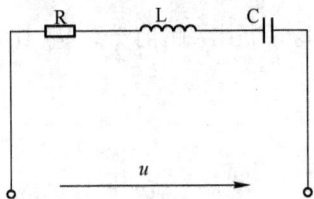

图 3.30　自己动手

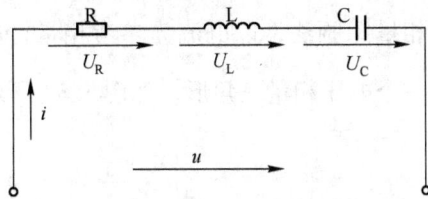

图 3.31　RLC 串联电路

u_R 与 i 同相位，它们的有效值之间的关系为

$$U_R = RI$$

在电感 L 上产生的电压降为

$$u_L = X_L I_m \sin\left(\omega t + \frac{\pi}{2}\right) \tag{3.36}$$

u_L 比 i 超前 $\frac{\pi}{2}$，其有效值之间的关系为

$$U_L = X_L I$$

在电容 C 上产生的电压降为

$$u_C = X_C I_m \sin\left(\omega t - \frac{\pi}{2}\right) \tag{3.37}$$

u_C 比 i 滞后 $\frac{\pi}{2}$，其有效值之间的关系为

$$U_C = X_C I$$

根据 KVL 定律，可写出电路中电压瞬时值的关系式为

$$u = u_R + u_L + u_C = RI_m \sin\omega t + X_L I_m \sin\left(\omega t + \frac{\pi}{2}\right) + X_C I_m \sin\left(\omega t - \frac{\pi}{2}\right)$$

用相量表示

$$\dot{U} = \dot{U}_R + \dot{U}_L + \dot{U}_C = R\dot{I} + jX_L\dot{I} - jX_C\dot{I}$$
$$= [R + j(X_L - X_C)]\dot{I}$$
$$= Z\dot{I} \tag{3.38}$$

式中

$$Z = R + j(X_L - X_C) = R + jX$$
$$= |Z|\angle\varphi \tag{3.39}$$

式中，$X = (X_L - X_C)$ 称为电路的电抗，X 可为正，也可为负。而 $Z = R + jX$ 称为电路的复阻抗，$|Z|$ 称为复阻抗 Z 的模，称为阻抗，单位为欧（姆），用 Ω 表示。φ 称为复阻抗 Z 的阻抗角。根据勾股定理可画出一直角三角形，以 R 为一直角边，$X = X_L - X_C$ 为另一直角边，则斜边即为 Z，称为阻抗三角形，如图 3.32 所示。阻抗表达式为

$$|Z|^2 = R^2 + (X_L - X_C)^2 = R^2 + X^2 \tag{3.40}$$

$$\varphi = \arctan\frac{X_L - X_C}{R} = \arctan\frac{X}{R} \tag{3.41}$$

根据相量图画法，以电流为参考相量，$\dot{U}_R$ 和 $\dot{I}$ 同相。$\dot{U}_L$ 比 $\dot{I}$ 超前 $\dfrac{\pi}{2}$，$\dot{U}_C$ 比 $\dot{I}$ 滞后 $\dfrac{\pi}{2}$，据此可得一个电压相量三角形，如图3.33所示。

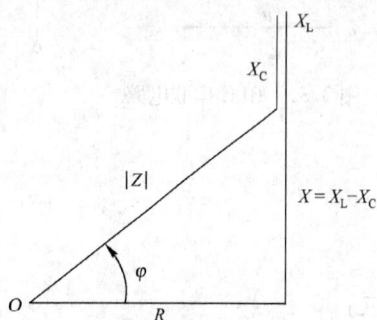

图3.32　阻抗三角形

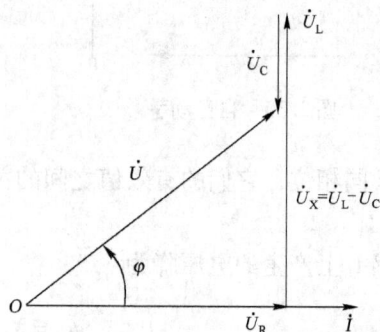

图3.33　电压相量三角形

在图3.33上，根据三角形关系可知：

$$U_R = U\cos\varphi \tag{3.42}$$

$$U_X = U_L - U_C = U\sin\varphi \tag{3.43}$$

则总电压

$$U^2 = U_R^2 + U_X^2 = U_R^2 + (U_L - U_C)^2 = I^2\left[R^2 + (X_L - X_C)^2\right] = I^2 Z^2$$

总电压的最大值 $U_m = \sqrt{2}\,U$。总电流和总电压的相位差可从上式求得

$$\varphi = \arctan\frac{U_L - U_C}{U_R} = \arctan\frac{X_L - X_C}{R} \tag{3.44}$$

即

$$u = \sqrt{2}\,I\,|Z|\sin(\omega t + \varphi) = \sqrt{2}\,U\sin(\omega t + \varphi)$$

从数量上说

$$U = |Z|\,I \tag{3.45}$$

式（3.45）说明电流的有效值 I 与电压的有效值 U 成正比，而与电路的阻抗 $|Z|$ 成反比。这条规律不仅适用于 RLC 串联电路，对于任何线性正弦交流电路也都适用，称为线性正弦交流电路的欧姆定律。相应地，$\dot{U} = \dot{I}Z$ 则称为欧姆定律的相量形式。

综上所述，我们得出结论：在 RLC 串联交流电路中，电流与电压是同频率的正弦量，它们的有效值符合欧姆定律

$$U = |Z|\,I \tag{3.46}$$

电压和电流的相位差为

$$\varphi = \arctan\frac{X}{R} = \arctan\frac{X_L - X_C}{R} \tag{3.47}$$

因此，RLC 串联电路的电压、电流波形图如图3.34所示。

当 $X_L > X_C$，即 $\varphi > 0$ 时，表示感抗占优势，电路呈电感性质，称为感性电路，这时总电压超前电流 φ 角。

当 $X_L < X_C$，即 $\varphi < 0$ 时，表示容抗占优势，电路呈电容性质，称为容性电路，这时总电

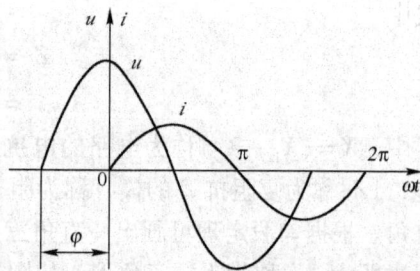

图3.34　电压、电流波形图

压滞后电流 φ 角。

当 $X_L = X_C$，即 $\varphi = 0$ 时，表示 $|Z| = R$，电路呈现纯电阻性质，称为阻性电路，这时总电压和电流同相。它又称为串联谐振电路，它的理论在无线电通信技术中有着广泛的用途。

作为 RLC 串联电路的特例，下面举 RL 串联电路和 RC 串联电路的两个例题。

例 3.13 一台小功率的单相交流电动机可等效为 RL 串联电路，设 $R = 50\Omega$，$L = 0.78H$，接在 220V 工频电源上（设电源电压的初相角为 0）。求通过电动机的电流。

解 电动机感抗
$$X_L = \omega L = 314 \times 0.78 \approx 245\Omega$$

$$Z = R + jX_L = 50 + j245 \approx 250 \underline{/1.37}\ \Omega$$

$$\dot{I} = \frac{\dot{U}}{Z} = \frac{220 \underline{/0}}{250 \underline{/1.37}} \approx 0.88 \underline{/-1.37}\ \text{A}$$

通过电动机的电流为 0.88A，滞后于电压 1.37 弧度，即 78.5°。

例 3.14 在图 3.35 的正弦交流电路中，已知电源频率 $f = 800\text{Hz}$，$C = 0.046\mu\text{F}$，$R = 2500\Omega$。求输出电压 u_2 与输入电压 u_1 之间的相位差。

解 由图 3.35 可知，输出电压 u_2 就是电阻 R 上的电压 u_R，输入电压 u_1 是 RC 串联电路的总电压。

由相量图 3.36 可知，u_R 超前 u_1 为 φ 角，即 u_2 超前 u_1 为 φ 角。

$$\varphi = \arctan \frac{X_C}{R} = \arctan \frac{1}{2\pi fCR} = \arctan \frac{1}{2\pi \times 800 \times 0.046 \times 10^{-6} \times 2500} = \frac{\pi}{3}$$

即输出电压 u_2 和输入电压 u_1 的相位差为 $\frac{\pi}{3}$，u_2 超前 u_1 为 $\frac{\pi}{3}$。

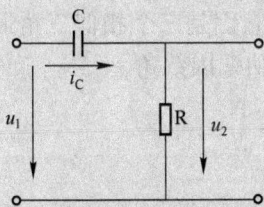

图 3.35 例 3.14 图　　　　　　图 3.36 相量图

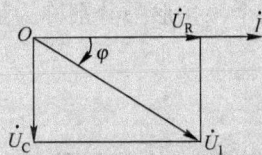

从例 3.14 可见，RC 串联电路可用做移相电路。移相电路在电子技术中有很广泛的应用，例如，可利用移相电路组成 RC 振荡器。

2. 电阻、电感、电容串联电路的功率

下面从电压三角形出发来分析 RLC 串联电路中的功率问题。

在电压相量三角形中（见图 3.33），根据三角函数的定义
$$U_R = U\cos\varphi$$
$$U_X = U_L - U_C = U\sin\varphi$$

则有功功率 　　　　　　　　$P = U_R I = UI\cos\varphi$ 　　　　　　　　(3.48)

无功功率 　　　　　　　　$Q = U_X I = UI\sin\varphi = Q_L - Q_C$ 　　　　　　(3.49)

总电压 U 和电流 I 的乘积称为视在功率，用 S 表示，视在功率 S 的单位为伏安（V·A）。即

$$S = UI$$

而

$$P^2 + Q^2 = (UI\cos\varphi)^2 + (UI\sin\varphi)^2 = (UI)^2 = S^2$$

$$S^2 = P^2 + Q^2 = (UI)^2 \qquad (3.50)$$

它们之间的关系也是一个直角三角形的关系，如图 3.37 所示。

有功功率 P 的一般公式

$$P = UI\cos\varphi \qquad (3.51)$$

式中，$\cos\varphi$ 是总电压 $\dot{U}$ 和电流 $\dot{I}$ 之间的相位差 φ 的余弦，称为电路的功率因数，用 $\lambda = \cos\varphi$ 来表示。它是交流电路运行状况的重要指标之一。功率因数 λ 的大小是由负载的性质决定的。

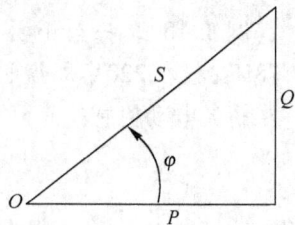

图 3.37　功率三角形

当功率 P 和电压 U 一定时，功率因数越高，电路中电流 I 就越小。电流 I 减小意味着输电线上的损失减小；输电线的截面积减小，从而节约电能和导线材料的用量。

用电设备的铭牌上标明的额定功率是指额定的有功功率 P_N，而电源设备（如发电机）的额定功率却是指额定的视在功率 S_N，又称为电源设备的容量。

$$S_N = U_N I_N \qquad (3.52)$$

即额定电压与额定电流的乘积。这是因为电路的功率因数不能由电源本身来决定，而由负载性质和用电状态来确定。因此，当电源供电的视在功率达到额定值 S_N 时，即在额定电压条件下输出额定电流，并不能说明电源的供电能力是否得到充分利用；此时，电路的功率因数 $\lambda = \cos\varphi$ 越大，电路获得的有功功率 P 越大，电源供电能力的利用越充分，即效率越高。反之，$\lambda = \cos\varphi$ 越小，则 P 越小，电源设备供电能力的利用就越差，即效率越低。

由以上分析可知，提高用电电路的功率因数有很高的经济意义。

比较阻抗、电压、功率这三个三角形，可以发现它们是三个相似三角形，它们的底角都是 φ，在三个三角形中分别称为阻抗角、相位差角、功率因数角。

$$\cos\varphi = \frac{R}{|Z|} = \frac{U_R}{U} = \frac{P}{S} \qquad (3.53)$$

实验3　单相正弦交流电路实验

【实验目的】

（1）通过对 RLC 的串联、并联及混联电路的实验，了解正弦交流电路中，总电压、电流和各部分电压、电流之间的相量关系。

（2）了解电容器与电感性负载并联提高功率因数的原理和意义。

（3）学习单相正弦交流电路中电压、电流及功率的测量方法。

【实验原理】

（1）RLC 串联电路。RLC 串联电路是一个典型的交流电路，它可以简单明了地说明交流电路中电压、电流及各部分电压之间的相量关系。其电路图及相量图如图 3.38（a）和（b）所示。其电压、电流关系为

$$\dot{U} = \dot{U}_R + \dot{U}_L + \dot{U}_C = R\dot{I} + jX_L\dot{I} - jX_C\dot{I} = \dot{I}(R + jX_L - jX_C) = \dot{I}Z$$

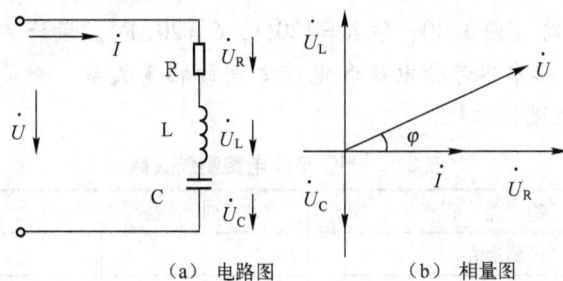

（a）电路图 （b）相量图

图3.38 RLC串联电路

（2）功率的测量。交流电路的有功功率不仅与电压、电流有效值的乘积有关，而且还与负载的功率因数有关，即

$$P = UI\cos\varphi$$

单相交流电路的功率一般用功率表测量，功率表的原理图如图3.39（a）所示。功率表内有两个线圈，一个是电流线圈，测量时与所测元器件串联，另一个是电压线圈，测量时与所测元器件并联。如图3.39（b）所示为单相功率测量的接线图，其电压、电流的量程均需选择大于实测电压、电流的大小。

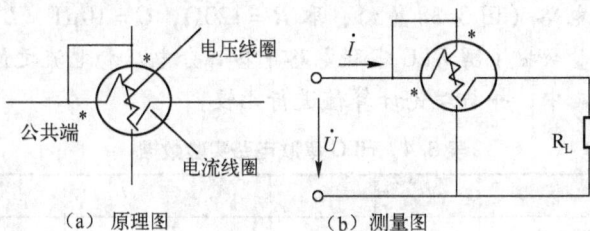

（a）原理图 （b）测量图

图3.39 单相功率测量接线图

【实验设备】

（1）实验室提供实验用单相220V、50Hz交流电源。

（2）实验室提供元件仪表如表3.1所示。

表3.1 元件仪表明细

设 备 名 称	规格与型号	数 量
电阻	120Ω，250W	100只
电感	0mH～50mH～100mH	50组
电容	1μF～2μF～4μF～8μF～10μF～20μF	50组
交流电流表	0mA～250mA～500mA～1000mA	50块
交流电压表	0V～75V～150V～300V～600V	50块
功率表	0V～75V～150V～300V～600V，0.5A～1A	50块

【实验内容】

根据实验室提供的实验设备完成以下实验内容：

（1）RC 串联电路（图 3.40，取 $R = 120\Omega$，$C = 20\mu F$）。设计实验方案，根据测量数据了解 RC 串联电路中各部分电压和电流之间的相量关系。测量数据记录在表 3.2 中，并与理论计算值进行比较。

表 3.2　RC 串联电路测量数据

物　理　量	U	I	U_R	U_C
测量值				
计算值				

（2）RL 串联电路（图 3.41，取 $R = 120\Omega$，$L = 100mH$）。设计实验方案，根据测量数据了解 RL 串联电路中各部分电压和电流之间的相量关系。测量数据记录在表 3.3 中，并与理论计算值进行比较。

表 3.3　RL 串联电路实验数据

物　理　量	U	I	U_R	U_L
测量值				
计算值				

（3）RLC 串联电路（图 3.38（a），取 $R = 120\Omega$，$C = 10\mu F$，$L = 100mH$）。设计实验方案，根据测量数据了解 RLC 串联电路中各部分电压和电流之间的相量关系。测量数据记录在表 3.4 中，并与理论计算值进行比较。

表 3.4　RLC 串联电路实验数据

物　理　量	U	I	U_R	U_L	U_C
测量值					
计算值					

（4）RLC 串、并联电路（图 3.42）。以（2）的电路为基础并联电容，电容容量分别选择 $4\mu F$、$8\mu F$、$10\mu F$、$20\mu F$，分别进行实验，观察电路中各个物理量的变化。

设计实验方案，记录并联电容后电压和电流测量结果，测量数据记录在表 3.5 中。

表 3.5　RLC 串、并联电路实验数据

物　理　量 ＼ 电容量	$4\mu F$	$8\mu F$	$10\mu F$	$20\mu F$
I				
I_C				
I_L				
U				

采用图 3.42 的电路，测量电路的总功率、电阻上的功率、电感上的功率和电容上的功率，测量数据记录在表 3.6 中，并分析并联电容后对电路总有功功率的影响。

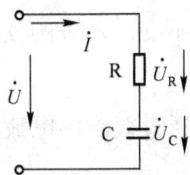

图 3.40　RC 串联电路　　　图 3.41　RL 串联电路　　　图 3.42　RLC 串并联电路

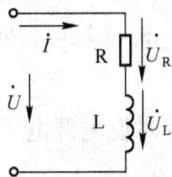

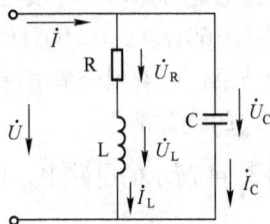

表 3.6　功率测量数据

次 序 物 理 量	1 $C=0\mu F$	2 $C=8\mu F$	3 $C=12\mu F$	4 $C=20\mu F$
P				
P_R				
P_L				
P_C				

【实验注意事项】

（1）电流表串联在被测电路中，电压表并联在被测电路中，禁止用电流表测量电压、用电压表测量电流。

（2）实验中每次电源开关合闸前，电压表与电流表要脱离实验线路，防止电压或电流冲击电压表与电流表。

（3）接线、拆线、改换电路时，须先断开电源和对电容进行放电。

（4）注意功率表的正确使用方法。

【实验思考】

（1）实验内容（4）中，当电容量增加时，总电流怎样变化？为什么？RL 支路的电流变化吗？为什么？

（2）并联电容可提高功率因数，而电路的有功功率是否改变？为什么？

【实验报告】

（1）写清实验题目、目的、内容（包括设计的实验电路和实验数据表格等）。

（2）整理实验数据，填入各个表格中，根据要求进行计算，并画出相应的相量图，分析实验的准确性。

（3）对实验中出现的不符合理论上的现象进行分析说明。

3.2.5　电阻、电感、电容并联电路分析

图 3.43　自己动手

电感与电容并联，也是一种常用的电路。例如，为了提高线路的功率因数，往往将电容与日光灯或异步电动机并联运行。在电子线路中用这种电路组成 LC 振荡电路等。

【自己动手】　测量图 3.43 电路中 LC 并联时 L 和 C 支路中

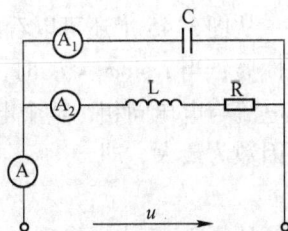

的电流和总电流（每人一个安全电压电路、一块万用表，三块电流表。已知有效值 $U=36\mathrm{V}$、$f=50\mathrm{Hz}$，$R=60\Omega$、$L=0.001\mathrm{H}$ 和 $C=120\mu\mathrm{F}$ 并联，在电压 u 一定时，改变电容 C 大小）。

测量结果：可看到交流电流表 A 和 A_2 的读数均会变化，而 A_1 不变。A 表的读数可能会比 A_1 和 A_2 的读数都小。

在图 3.44 所示的电路中，用相量表示时设电源电压 $\dot{U}$ 为已知，通过线圈的电流为

$$\dot{I}_L = \frac{\dot{U}}{R+jX_L} = I_L \underline{/-\varphi_1}$$

$$I_L = \sqrt{\frac{U^2}{R^2+X_L^2}}$$

$$\varphi_1 = \arctan\frac{X_L}{R} \tag{3.54}$$

通过电容支路的电流

$$\dot{I}_C = \frac{\dot{U}}{-jX_C} \tag{3.55}$$

则总电流 $\dot{I} = \dot{I}_L + \dot{I}_C$，用相量图来分析总电流和各分支电流的关系。以电压 $\dot{U}$ 为参考相量，$\dot{I}_L$ 滞后电压 φ_1 角，$\dot{I}_C$ 超前电压 $\frac{\pi}{2}$，相量图如图 3.45 所示。而 $\dot{I} = \dot{I}_L + \dot{I}_C$，把 $\dot{I}_C$ 平移到 $\dot{I}_L$ 处，则连接 $\dot{I}_L$ 的始端和 $\dot{I}_C$ 的终端就是总电流 $\dot{I}$ 的相量，如图 3.45 所示。相量 $\dot{I}_L$ 分解成沿 x、y 两个方向的两个分量，分别称为有功分量和无功分量，记为 $\dot{I}_{L有}$ 和 $\dot{I}_{L无}$，则 $\dot{I}_{L有} = \dot{I}_L\cos\varphi_1$，$\dot{I}_{L无} = \dot{I}_L\sin\varphi_1$。

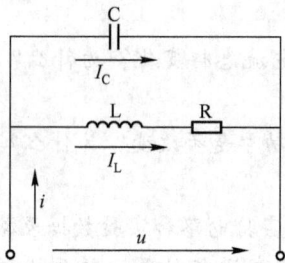

图 3.44　线圈与电容器并联电路　　　　图 3.45　相量图

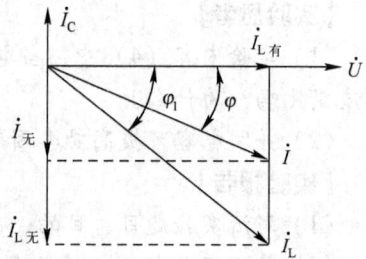

从图 3.45 可知，$I_L\cos\varphi_1$ 和（$I_L\sin\varphi_1 - I_C$）组成一个直角三角形的两条直角边，而总电流 I 为斜边。

从图 3.45 上还可以看出：当 $I_L\sin\varphi_1 > I_C$ 时，总电流滞后于电压，此时整个电路呈现电感性质；当 $I_L\sin\varphi_1 < I_C$ 时，总电流超前于电压，整个电路呈现电容性质；当 $I_L\sin\varphi_1 = I_C$ 时，总电流与电压同相，整个电路呈现电阻性质，此时总电流 I 最小，即 $I=I_L\cos\varphi_1$，而总的功率因数为最大，即

$$\cos\varphi = 1, \varphi = 0$$

从图 3.45 中还发现，并联电容后电路的总电流 I 比线圈支路的电流 I_L 要小，即并联电容后电路的功率因数 $\cos\varphi$ 比原先的线圈支路的功率因数 $\cos\varphi_1$ 要大。这给了我们一个启示：

若感性电路中功率因数 $\cos\varphi_1$ 太小，可在该感性电路两端并联一个适当的电容 C，使得总电路的功率因数 $\cos\varphi$ 比较大，这就是提高功率因数的方法。提高功率因数有着现实意义，它可以提高发电设备的利用率及减小输电线路上的损耗。一般来说，电感性负载并联适当的电容，可以提高电路总的功率因数。并联电容的大小可由公式（3.56）决定，即

$$C = P\frac{\tan\varphi_1 - \tan\varphi}{\omega U^2} \tag{3.56}$$

式中，P 为电感负载的有功功率；U 为电源电压；ω 为角频率；φ_1 为电感性负载的功率因数角；φ 为电路总的功率因数角。

用并联电容的方法提高功率因数，一般提高到 0.9 左右即可。

例 3.15 有一感性负载，额定电压为 $U = 220\text{V}$，$f = 50\text{Hz}$，额定功率 $P = 3.3\text{kW}$，功率因数 $\lambda = \cos\varphi_1 = 0.75$，若此负载并联一个 $C = 100\text{pF}$ 的电容，求

（1）总功率因数 $\cos\varphi$；

（2）若要将功率因数提高到 0.95，所并联的电容 C。

解 （1）$\varphi_1 = \arccos 0.75 \approx 0.72$

$$\tan\varphi = \tan\varphi_1 - \frac{\omega C U^2}{P} = \tan 0.72 - \frac{314 \times 100 \times 10^{-6} \times 220^2}{3300}$$

$$\approx 0.882 - 0.461 = 0.421$$

$$\varphi \approx 0.389$$

所以总功率因数 $\lambda = \cos 0.389 \approx 0.93$。

（2）若要将功率因数提高到 0.95，则

$$\varphi_1 = \arccos 0.75 \approx 0.72, \quad \varphi = \arccos 0.95 \approx 0.32$$

$$C = P\frac{\tan\varphi_1 - \tan\varphi}{\omega U^2} = 3300 \times \frac{\tan 0.72 - \tan 0.32}{314 \times 220^2} \approx 120\mu\text{F}$$

实验 4 日光灯电路及功率因数的提高实验

【实验目的】

（1）验证单相交流电路中的电流、电压和功率的关系。

（2）了解日光灯电路的组成，工作原理和安装方法。

（3）了解用电容改善功率因数的方法和意义。

（4）学习功率表的使用方法。

【实验原理】

电力系统中的负载大部分是感性负载，功率因数低，为提高电源的利用率和减小供电线路的损耗，往往采用在感性负载两端并联电容的方法来进行无功补偿，以提高线路的功率因数。日光灯电路为感性负载，其功率因数一般为 $0.3\sim0.4$，在本实验中，利用日光灯电路来模拟实际的感性负载观察交流电路的各种现象。

日光灯电路如图 3.46 所示，启辉器的结构如图 3.47 所示，可以看成 R、L 串联的感性电路（见图 3.48）。以电流 I_L 为参考相量，则电压、电流关系为

$$\dot{U} = \dot{U}_r + \dot{U}_L + \dot{U}_R = \dot{I}(r + jX_L + R) = \dot{I}Z$$

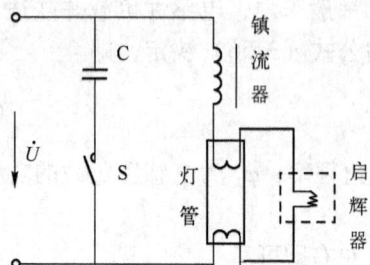

图 3.46　日光灯电路　　　　图 3.47　启辉器的结构　　　图 3.48　日光灯等效电路

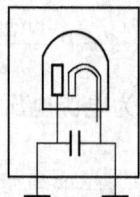

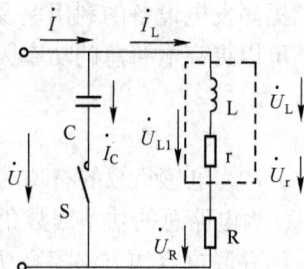

日光灯电路相量图如图 3.49 所示。

如果负载功率因数低（日光灯电路的功率因数为 0.3～0.4），其原因一是电源利用率不高，二是供电线路损耗加大。因此供电部门规定，当负载（或单位供电）的功率因数低于 0.85 时，必须对其进行改善或提高。

提高功率因数的方法，除改善负载本身的工作状态、改进设计外，由于工业负载基本都是感性负载，因此常用的方法是在负载两端并联电容（接线方法见图 3.46），补偿无功功率，以提高线路的功率因数。提高功率因数相量图如图 3.50 所示。

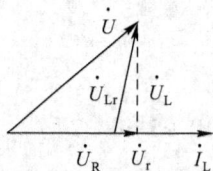

图 3.49　日光灯电路相量图　　　　　　图 3.50　提高功率因数相量图

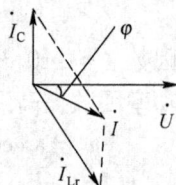

【实验设备】

（1）实验室提供实验用 220V、50Hz 单相交流电源。

（2）实验室需提供的元件及仪表如表 3.7 所示。

表 3.7　元件及仪表明细

元件及仪表名称	规格与型号	数　量
日光灯管	220V，40W	50 支
镇流器	40W	50 个
启辉器	40W	50 个
电容	1μF，2μF，4μF，8μF	200 个
交流电流表	0mA～500mA～1000mA	50 块
交流电压表	0V～600V	50 块
功率表	600V，1A	50 块

【实验内容】

根据实验室提供的实验元件及仪表完成以下实验内容：

（1）设计一个日光灯的照明电路，测量电路中的各物理量，并记录在表3.8中。根据测量数据了解交流电路中各部分电压和电流之间的相量关系。

表3.8 测量数据

物 理 量	U	U_R	U_{Lr}	I	I_{Lr}	I_C	P	P_{Lr}	P_C
测量值									

（2）在实验内容（1）的基础上设计一个利用并联电容来提高功率因数的电路，记录各部分电流、电压和功率测量结果的实验数据于表3.9中。电容变化范围为 $1 \sim 10\mu F$，要求选择五个不同的电容值来观察电路中各个物理量的变化，并与实验内容（1）的数据进行比较与分析，了解并联交流电路中，电压、电流及各部分电压之间的相量关系。

表3.9 测量数据

	U	U_R	U_{Lr}	I	I_{Lr}	I_C	P	P_{Lr}	P_C
并联 C 前									
$C = 1\mu F$									
$C = 2\mu F$									
$C = 4\mu F$									
$C = 8\mu F$									
$C = 10\mu F$									

（3）在实验内容（2）的基础上测量日光灯管、镇流器、电容及整个电路的功率，设计实验方案，测量电路中的各参量的数据，并记录在表3.10中。

表3.10 测量数据

物 理 量	P	P_{Lr}	P_C	P_R
测量值				

【实验注意事项】

（1）灯管一定要与镇流器串联后接到电源上，切勿将灯管直接接到220V电源上。

（2）日光灯启动时，启动电流很大，为防止过大启动电流损坏电流表，电流表不能直接连接在电路中。实验时，用电流插孔盒替代电流表接入电路；日光灯亮后，再接入电压表与电流表进行测量。

（3）测功率时分清功率表的电压线圈和电流线圈。电压线圈要并联在被测电路两端，而电流线圈要接电流插头，测量时把插头插在被测功率的线路中串接的电流插孔盒中。

（4）在做功率因数提高实验时，仔细观察电路总电流的变化规律并做好记录。

【实验思考】

（1）把电容与RL电路并联可改善负载的功率因数，如果把电容与RL电路串联起来能否改善负载功率因数？为什么？实际中能否采用？为什么？

（2）在做功率因数提高实验时，随着电容容量的不断增加，电路总电流的变化规律为由大变小再变大，分析原因。

（3）由实验说明提高功率因数的意义。

（4）分析电路的功率平衡关系。

【实验报告】

（1）写清实验题目、目的、内容（包括设计的实验电路和实验数据表格）。

（2）整理测量数据，填入各个表格中。

（3）分析测量数据，得出结论。

知识梳理与总结

本章从任务入手，介绍了单相正弦交流电的产生、单相正弦交流电路的基本概念、利用相量表示单相正弦交流电、用相量图分析计算单相正弦交流电路；分析单相正弦交流电路中电阻、电感、电容的电压、电流、功率的关系。主要内容如下：

（1）单相正弦交流电产生的条件。

（2）单相正弦交流电的三要素。

（3）用相量表示单相正弦交流电（相量图）。

（4）单相正弦交流电路的基本概念。

（5）用相量图分析计算单相正弦交流电路，确定正弦量的超前、滞后关系。

（6）计算单相正弦交流电路中电阻、电感、电容的电压、电流及功率。

思考与练习3

3.1　某一正弦交流电流的有效值为 10A，频率 $f = 60\text{Hz}$，在 $t = t_1 = \dfrac{1}{360}$s 时，$i(t_1) = 2\sqrt{6}$ A。

试求：

（1）角频率；

（2）最大值；

（3）初相位；

（4）i 的函数式。

3.2　某设备上交流电供电频率 $f = 800\text{Hz}$。试求：

（1）角频率；

（2）周期。

3.3　写出下列正弦量对应的相量。

（1）$i = 110\sqrt{2}\sin\left(\omega t + \dfrac{\pi}{4}\right)$A

（2）$u = 220\sqrt{2}\sin\left(\omega t - \dfrac{\pi}{6}\right)$A

（3）$i_1 = 200\sin\left(314t + \dfrac{\pi}{6}\right)$A

(4) $i_2 = 100\sin\left(314t + \dfrac{2\pi}{3}\right)$A

3.4 写出下列相量对应的正弦量。

(1) $\dot{I} = 200 \angle \dfrac{\pi}{3}$ V

(2) $\dot{U}_1 = -30 + j40$V

(3) $\dot{U}_2 = 100 \angle -\dfrac{\pi}{4}$ V

(4) $\dot{I} = 3 \angle \dfrac{\pi}{6}$ A

(5) $\dot{U}_m = 100 \angle -\dfrac{2}{3}\pi$V

3.5 已知某电路中电流 $i = 3.5\sin\left(314t - \dfrac{\pi}{6}\right)$A，参考方向从 a 指向 b。试求：

(1) I_m、ω、f、T、φ 各是多少？

(2) 若参考方向从 b 指向 a，则 I_m、ω、f、T、φ 各是多少？

3.6 有一电容器耐压为 220V，问能否接到民用电（电压为 220V）的电路中？

3.7 照明用电的电压通常为 220V，动力用电的电压通常为 380V。求它们的最大值分别为多少？

3.8 已知某一阻抗 Z 的电压、电流分别为 $\dot{U} = 220 \angle \dfrac{\pi}{6}$ V，$\dot{I} = 5 \angle -\dfrac{\pi}{6}$ A（关联参考方向）。试求：

(1) 阻抗 Z；

(2) 等效电阻 R；

(3) 等效电抗 X；

(4) 有功功率 P；

(5) 无功功率 Q；

(6) 视在功率 S。

3.9 一台电源变压器给 $P = 10$kW，$\cos\varphi = 0.8$ 的感性负载供电。试求：

(1) 变压器视在功率 S；

(2) 当负载的 $\cos\varphi$ 提高到 0.9 时的变压器视在功率 S'。

3.10 已知 $i = I_m\sin\left(\omega t - \dfrac{\pi}{4}\right)$A，$u = U_m\sin\left(\omega t + \dfrac{3\pi}{4}\right)$V，$f = 50$Hz。试求：

(1) i 与 u 的相位差，并指出它们超前、滞后的关系；

(2) 当 $t = 0.005$s 时，i 与 u 各处于什么相位？

3.11 已知正弦电流 $i = \sin314t$A，正弦电压 $u_1 = 120\sin\left(314t - \dfrac{\pi}{2}\right)$V，$u_2 = 110\sin$

$\left(314t + \dfrac{\pi}{2}\right)$V。试求：

(1) 作出它们的相量图；

(2) 并由图求出合成电压 $u = u_1 + u_2$ 的函数式。

3.12　已知 $u_1 = 2\sqrt{2}\sin\left(\omega t + \dfrac{\pi}{4}\right)$ V，$u_2 = 5\sqrt{2}\sin\left(\omega t + \dfrac{\pi}{6}\right)$ V。试求：

（1）$u_1 + u_2$；

（2）画出相量图。

3.13　在 $R = 22\Omega$ 电阻的两端，外加电压 $u_R = 220\sin\left(314t + \dfrac{\pi}{3}\right)$ V。试求：

（1）电阻中电流的函数式；

（2）电阻消耗的平均功率。

3.14　一电感 $L = 0.1$H，$u_L = 110\sqrt{2}\sin\left(314t + \dfrac{\pi}{3}\right)$ V。试求：

（1）电流 I_L；

（2）有功功率 P_L；

（3）无功功率 Q_L；

（4）写出电流 i_L 的函数式。

3.15　某教学楼共有功率 60W、功率因数为 0.5 的日光灯 200 只，并联在 220V、50Hz 的电源上。试求：

（1）此时的总电流；

（2）若要把功率因数提高到 0.9，应并联多大的电容？

3.16　将一个白炽灯接在 $u = 311\sin\left(314t + \dfrac{\pi}{3}\right)$ V 的交流电源上，灯丝炽热时电阻为 484Ω。试求：

（1）流过灯丝的电流瞬时值表达式；

（2）白炽灯消耗的功率。

3.17　一线圈在工频电压作用下，感抗为 60Ω。试求：

（1）线圈的电感；

（2）当通过此线圈的电流频率为 100Hz 时的感抗。

3.18　为了测定一个空心线圈的参数，在线圈的两端接入正弦交流电压，今测得电压 $U = 220$V，电流 $I = 1$A，功率 $P = 40$W，电压频率 $f = 50$Hz。试求：

（1）线圈的电感；

（2）线圈的电阻。

3.19　如图 3.51（a）、（b）所示，伏特表 V_1 和 V_2 的读数都是 10V。试求两图中伏特表 V 的读数。

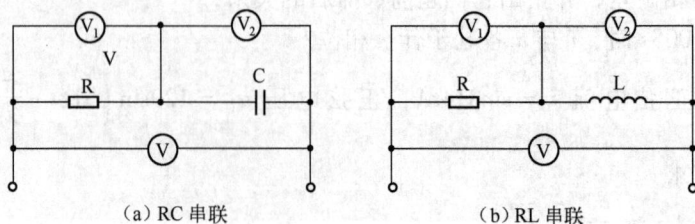

（a）RC 串联　　　　　　（b）RL 串联

图 3.51　题 3.19 图

3.20　已知各并联支路中电流表的读数分别为：第一只 10A，第二只 20A，第三只 30A，如图 3.52 所示。试求电流表 A 的读数。

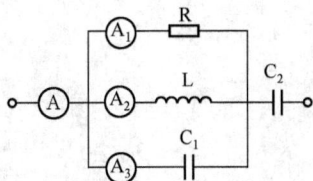

图 3.52　题 3.20 图

3.21　如图 3.53 所示的电路中，利用功率表、电流表、电压表测量交流电路参数的方法，现测出功率表读数为 470W，电压表读数为 220V，电流表读数为 10A，电源频率为 50Hz。试求：

（1）线圈的 R；

（2）线圈的 L。

3.22　有一并联电路如图 3.54 所示，已知 $I_1 = 6A$，$I_2 = 8A$。试求：

（1）总电流 I；

（2）总电流 I 函数式。

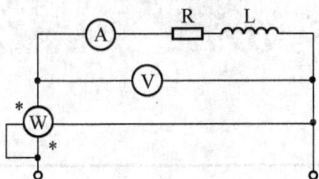

图 3.53　题 3.21 图

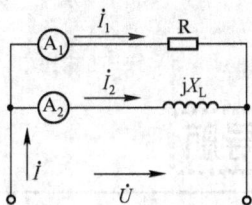

图 3.54　题 3.22 图

第4章

三相正弦交流电路的计算

教	知识重点	1. 三相正弦交流电的产生 2. 三相正弦交流电源的连接 3. 三相负载的连接 4. 三相功率的计算
	知识难点	三相正弦交流电的产生
	推荐教学方式	从三相正弦交流电的产生和应用入手，讲解三相正弦交流电的连接和三相负载的连接与计算
	建议学时	6 学时
学	推荐学习方法	查资料，看不懂的地方做出标记，听老师讲解，在老师指导下动手练习
	必须掌握的 理论知识	三相正弦交流电路的基本概念
	需要掌握的 工作技能	1. 三相负载的连接 2. 画相量图 3. 分析计算三相正弦交流电路

三相正弦交流电路的应用非常广泛。目前世界各国的电力系统，电能的生产、输送和分配，几乎都采用三相制正弦交流电。

三相制正弦交流电是指以三个频率相同而相位不同的电动势作为电源供电体系，这三个电动势的最大值相同，但相位上互差 $\dfrac{2\pi}{3}$。三相正弦交流电路可以看做由三个单相正弦交流电路所组成的电路系统。

三相制正弦交流电得以广泛应用，主要是它与单相正弦交流电相比具有不少优点。单相正弦交流电路瞬时功率随时交变，而对称三相正弦交流电路总的瞬时功率恒定，三相电动机比单相电动机性能平稳可靠；在输送功率相同、电压相同以及距离、线路损失相等的情况下，采用三相制正弦交流电输电系统可以比单相制节约材料。

任务 4–1　三相正弦交流电的产生

通常把三相电源及负载的三相正弦交流电动势、电压和电流称为三相正弦交流电，简称三相交流电而把大小相等、频率相同、相位上互差 $\dfrac{2\pi}{3}$ 的三相交流电动势、电压和电流称为对称三相交流电。把组成三相电路的每一单相电路称为一相。

用来产生对称三相电动势的电源称为对称三相电源。

三相对称电动势是由三相正弦交流发电机产生的。ax、by、cz 是完全相同而彼此相隔 $\dfrac{2\pi}{3}$ 的三个定子绕组，分别称为 A 相、B 相和 C 相绕组，其中 a、b、c 分别为始端，x、y、z 分别为末端。当转子（磁铁）以角速度 ω 匀速旋转时，在三个定子绕组中都会感应出随时间按正弦规律变化的电压。这三个电压的振幅和频率相同，彼此间相位差 $\dfrac{2\pi}{3}$。

这三个绕组的电压分别是：

$$u_{\mathrm{a}} = \sqrt{2}\,U_{\mathrm{P}}\sin\omega t \tag{4.1}$$

$$u_{\mathrm{b}} = \sqrt{2}\,U_{\mathrm{P}}\sin\left(\omega t - \frac{2\pi}{3}\right) \tag{4.2}$$

$$u_{\mathrm{c}} = \sqrt{2}\,U_{\mathrm{P}}\sin\left(\omega t + \frac{2\pi}{3}\right) \tag{4.3}$$

U_{P} 表示一相电压有效值，如图 4.1 所示，用相量表示分别为

$$\dot{U}_{\mathrm{a}} = U_{\mathrm{P}}\underline{/0}\,, \ \dot{U}_{\mathrm{b}} = U_{\mathrm{P}}\underline{/-\frac{2}{3}\pi}\,, \ \dot{U}_{\mathrm{c}} = U_{\mathrm{P}}\underline{/\frac{2}{3}\pi}$$

三相交流电在相位上的先后次序称为相序。当图 4.1 所示发电机以角速度 ω 顺时针方向旋转时，相序为 a–b–c；以逆时针旋转时，相序为 a–c–b。

在三相绕组中，把哪一个绕组当 A 相绕组是无关紧要的。但是当把 A 相绕组确定后，则比电压 U_{A} 滞后 $\dfrac{2\pi}{3}$ 的那个绕组就是 B 相，滞后 $\dfrac{4\pi}{3}$ 的那个绕组就是 C 相。

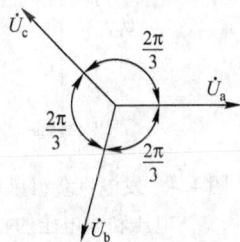

图 4.1　相量图

任务4-2 三相正弦交流电源的连接

三相正弦交流电源的连接有星形连接和三角形连接两种，星形连接用得最为广泛，下面主要介绍三相正弦交流电源的星形连接。

4.2.1 三相正弦交流电源的星形连接

如果把三相正弦交流发电机绕组的末端连接在一起，成为一个公共点N，这种连接就称为星形连接，如图4.2所示。

公共点N就称为中点或零点，A、B、C三端与输电线连接，输送电能到负载，这三根输电线称为相线，俗称火线。从中点N引出的导线称为中线，俗称零线。有时为了简化电路，可以省略发电机不画，而用简化图4.3来代替图4.2。

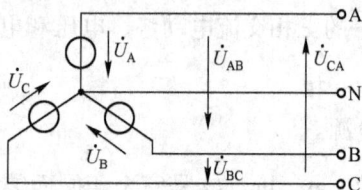

图4.2 电源采用星形连接 　　　图4.3 简化的电源线路

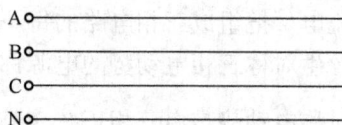

在图4.2中，相线与中线之间的电压称为相电压，其有效值分别用 U_A、U_B、U_C 表示，一般用 U_P 表示。任意两根相线之间的电压称为线电压，有效值用 U_{AB}、U_{BC}、U_{CA} 表示，一般用 U_L 表示。线电压的瞬时值等于有关的两个相电压的瞬时值之差。因此，如图4.4所示，三个线电压有效值等于有关的两个相电压有效值的 $\sqrt{3}$ 倍，即

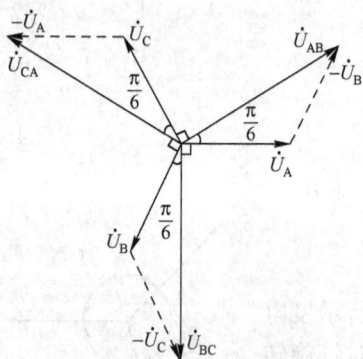

$$\dot{U}_{AB} = \dot{U}_A - \dot{U}_B$$

$$\dot{U}_{BC} = \dot{U}_B - \dot{U}_C$$

$$\dot{U}_{CA} = \dot{U}_C - \dot{U}_A$$

可见，相电压是对称的，线电压也是对称的。

对称的三相电源，线电压有效值为相电压有效值的 $\sqrt{3}$ 倍。同样可得，线电压比相应的相电压超前 $\dfrac{\pi}{6}$。

三相四线制正弦交流电源可以为负载提供两种电压。例如，相电压等于 220V 时，线电压等于 $220\sqrt{3} = 380V$。能同时得到两种电压是三相四线制正弦交流电源供电的优点之一。如图4.5所示就是既有动力又有照明的三相四

图4.4 发电机绕组星形连接时相电压和线电压的相量图

线制正弦交流电源低压配电线路。接到照明负载是一根相线和一根中线，相电压是220V。

三相正弦交流电源的星形连接还有一种不引出中线的连接，构成三相三线制电源，为负载提供一种电压，即三相对称的相电压。

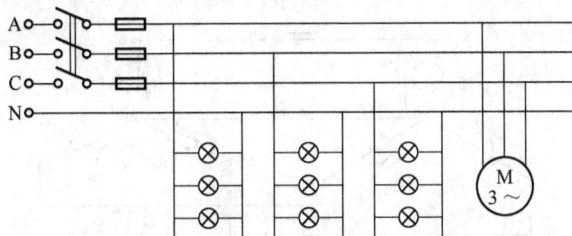

图 4.5　动力和照明混用的配电线路

4.2.2　三相正弦交流电源的三角形连接

三角形连接时，电源仅能提供一种电压，如图 4.6 所示。

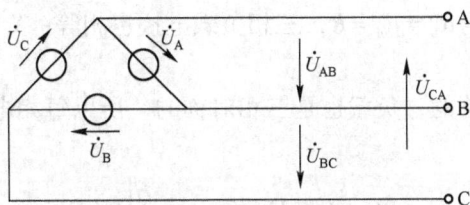

图 4.6　电源三角形连接

从图中可以看出

$$\dot{U}_A = \dot{U}_{AB} \quad \dot{U}_B = \dot{U}_{BC} \quad \dot{U}_C = \dot{U}_{CA}$$

即相电压等于线电压，电源内部不存在环流。

任务 4-3　三相负载的连接

使用正弦交流电的用电器种类很多。白炽灯、日光灯、电热器等常见用电器属于单相负载，是接在三相电源中的任意一相上工作的。还有一类负载，它必须接上三相电压才能正常工作，如三相交流异步电动机等。

接在三相电路中的三相用电器，或分别接在各相电路中的三组单相用电器，都称为三相负载。三相电路中的负载连接的方式也有两种：星形连接和三角形连接。

4.3.1　三相负载的星形连接

三相负载星形连接的三相四线制电路如图 4.7 所示。

三相负载 Z_a、Z_b、Z_c 的末端连成一点 N′，称负载中点，接在电源中线上。首端分别与三相相线相连。流过各相负载的电流称为相电流，用 $\dot{I}_a$、$\dot{I}_b$、$\dot{I}_c$ 表示，参考方向与对应相电压参考方向相同。流过相线的电流称线电流，用 $\dot{I}_A$、$\dot{I}_B$、$\dot{I}_C$ 表示，参考方向从电源指向负载。

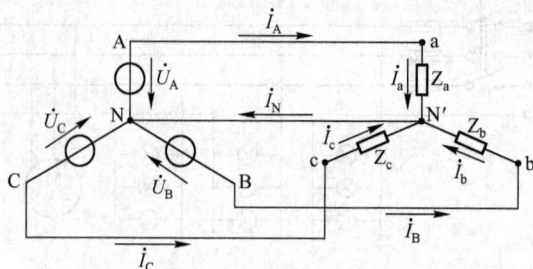

图 4.7　三相负载星形连接的三相四线制电路

显然，各相负载所承受电压是电源相电压，而线电流等于相电流。

1. 三相对称负载星形连接

三相负载的阻抗相等时的连接称为负载对称连接，即 $Z_a = Z_b = Z_c = R + jX$。具体地说，是三相负载电阻相等：$R_a = R_b = R_c = R$，三相负载电抗也相等：$X_a = X_b = X_c = X$，并且性质相同（同为感抗或容抗）。

由于相电压是三相对称的，负载也是三相对称的，所以每相电流的大小及每相电流与电压的相位差是相等的，即

$$I_a = I_b = I_c = I_P = \frac{U_P}{\sqrt{R^2 + X^2}}$$

$$\varphi_a = \varphi_b = \varphi_c = \varphi = \arctan \frac{X}{R}$$

如图 4.8 所示，在对称负载的三相电路中，三相电流也是对称的。各相电流的计算可简化为一相（单相电路）的计算，其他两相电流可根据对称关系推出。

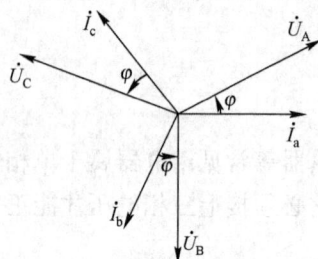

需要注意的是：图 4.8 中的 φ 表示各相电流与相应相电压间的相位差，而不是表示每相电流的初相位。每相电流的初相位应是各相电流对统一的直角坐标的相位角。

根据基尔霍夫定律，对 N′点可列出节点电流方程：

$$\dot{I}_{N'} = \dot{I}_a + \dot{I}_b + \dot{I}_c = 0$$

因为三个相电流对称，所以中线电流为零。

中线无电流则可省去中线，成为星形连接的三相三线制电路，如图 4.9 所示。三个相电流便借助于各相相线及各相

图 4.8　对称负载的相量图

负载互成回路。

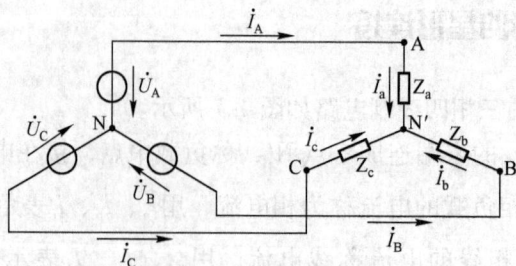

图 4.9　三相三线制电路

例如，图 4.10 中标出了在 t_1，t_2 瞬间各相电流的流通情况。

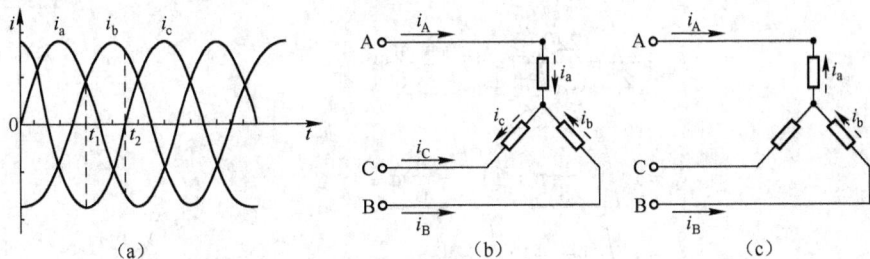

图 4.10　瞬间各相电流

图 4.10 中实线箭头为电流的参考方向，虚线箭头为电流实际方向。在 t_1 时刻，i_a 和 i_b 都为正，即均从相线流向负载，其大小各等于 $\dfrac{I_m}{2}$。但此时 i_c 为负，即从负载流出，其大小恰好等于 I_m，因此 $i_a + i_b = -i_c$，这样，便构成两条电流回路。在 t_2 时刻，i_b 为正，即从相线流向负载，而 i_a 为负，即从负载流出，其大小各等于 $\dfrac{\sqrt{3}}{2}I_m$，但 i_c 为零，因此 $i_b = -i_a$，正好构成一条电流回路。

由此可见，在任意瞬间，三相电流在负载中性点上流进的相电流之和等于流出的相电流之和。

三相三线制虽无中性线，但与三相四线制一样，每相负载上所承受的电压是电源相电压，即 $U_P = \dfrac{U_L}{\sqrt{3}}$。

【自己动手】　连接一个负载对称的安全电压的星形连接电路，并观察测量。（每人连接一个，每人一块万用表）。

例 4.1　如图 4.11 所示为星形接法三相对称负载，负载的阻抗 $Z = 20\underline{/\dfrac{\pi}{6}}\ \Omega$，电源线电压 $u_{AB} = 380\sqrt{2}\sin\left(\omega t + \dfrac{\pi}{6}\right)$ V，试求负载各相电流 i_A，i_B，i_C，$\dot{I}_A$，$\dot{I}_B$，$\dot{I}_C$，并画出相量图。

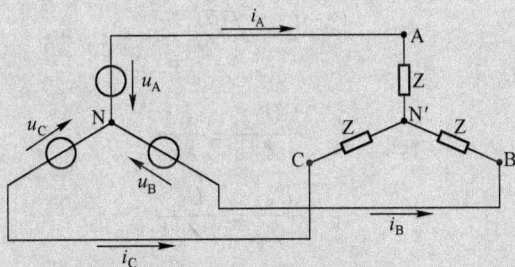

图 4.11　例 4.1 附图

解　因为三相负载对称星形连接，相电流等于线电流，负载每相电压等于电源相电压，在对称三相电路中，只需计算一相即可：

$$\dot{U}_{AB} = \sqrt{3}\,\dot{U}_A\underline{/\dfrac{\pi}{6}} = 380\dfrac{\sqrt{2}}{\sqrt{2}}\underline{/\dfrac{\pi}{6}}\ \text{V}$$

$$\dot{U}_A = 220\underline{/0}\,V$$

$$\dot{I}_A = \frac{\dot{U}_A}{Z} = \frac{220\underline{/0}}{20\underline{/\dfrac{\pi}{6}}} = 11\underline{/-\dfrac{\pi}{6}}\,A$$

$$\dot{I}_B = \dot{I}_A\underline{/-\dfrac{2}{3}\pi} = 11\underline{/-\dfrac{5}{6}\pi}\,A$$

$$\dot{I}_C = \dot{I}_A\underline{/\dfrac{2}{3}\pi} = 11\underline{/\dfrac{\pi}{2}}\,A$$

$$i_A = 11\sqrt{2}\sin\left(\omega t - \frac{\pi}{6}\right)A$$

$$i_B = 11\sqrt{2}\sin\left(\omega t - \frac{5\pi}{6}\right)A$$

$$i_C = 11\sqrt{2}\sin\left(\omega t + \frac{\pi}{2}\right)A$$

相量图如图 4.12 所示。

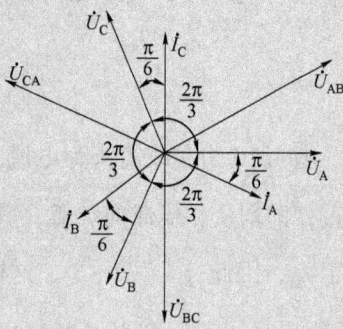

图 4.12

2. 不对称负载星形连接

当各相负载的阻抗大小或性质不相同时，三相负载是不对称的。

在有中线的情况（三相四线制电路中）下，每相负载所承受的电压仍然为电源相电压，线电流等于负载的相电流。

由于负载不对称，各相电流的大小及与相应相电压的相位差也不同，应按单相电路的计算方法，分别对每相进行计算，画出相量图，然后计算中线电流。

分相计算，用阻抗三角形可求得各相负载的阻抗为

$$|Z_a| = \sqrt{R_a^2 + X_a^2}$$

$$|Z_b| = \sqrt{R_b^2 + X_b^2}$$

$$|Z_c| = \sqrt{R_c^2 + X_c^2}$$

各相负载电流的大小为

$$I_a = \frac{U_A}{|Z_a|} = \frac{U_P}{|Z_a|}$$

$$I_b = \frac{U_B}{|Z_b|} = \frac{U_P}{|Z_b|}$$

$$I_c = \frac{U_C}{|Z_c|} = \frac{U_P}{|Z_c|}$$

各相负载的电流与电压间的相位差可用下列公式求得，即

$$\varphi_a = \arccos\frac{R_a}{|Z_a|}$$

$$\varphi_b = \arccos\frac{R_b}{|Z_b|}$$

$$\varphi_c = \arccos\frac{R_c}{|Z_c|}$$

然后计算中线电流。因为三相电流$\dot{I}_A$，$\dot{I}_B$，$\dot{I}_C$是不对称的，此时中线电流$\dot{I}_N$不等于零。由于中线为三相电路的公共线，所以中线电流的瞬时值应为三个相电流瞬时值的代数和，即

$$i_N = i_a + i_b + i_c$$

由此得出，中性线电流的有效值为三个相电流有效值的矢量和，即

$$\dot{I}_N = \dot{I}_A + \dot{I}_B + \dot{I}_C = I_N\underline{/\varphi_N}$$

通常情况下，中性线电流总小于线电流，而且各相负载越接近对称，中性线电流就越小。

例4.2 某电阻性的三相负载作星形连接，其各相电阻分别为$R_a = R_b = 20\Omega$，$R_c = 10\Omega$，已知电源的线电压$U_L = 380V$，求相电流、线电流。

解 每相负载所承受的相电压为：$U_P = \dfrac{U_L}{\sqrt{3}} = \dfrac{380}{\sqrt{3}} = 220V$

各相电流为：$I_a = I_b = \dfrac{U_P}{R_a} = \dfrac{220}{20} = 11A$

$$I_c = \frac{U_P}{R_c} = \frac{220}{10} = 22A$$

因为线电流等于相电流，即$I_A = I_B = 11A$，$I_C = 22A$

由于各相电流与相电压同相，所以三个相电流之间的相位差互为$\dfrac{2\pi}{3}$。

【自己动手】 连接一个负载不对称的安全电压的星形连接电路，并观察测量。（每人连接一个，每人一块万用表）。

在三相不对称负载的星形连接中，中线的作用是能使三相负载成为三个互不影响的独立回路。因此，不论负载有无变动，每相负载均承受对称的电源相电压，从而能保证负载正常工作。

如果中线断开，线电压虽然对称，但中线电流无法通过，各相负载所承受的对称相电压则受到破坏，强迫负载改变原来工作状态，这样会使某一相（或两相）的负载电压升高，而另两相（或一相）的负载电压降低。严重时会使电压高的负载损坏，而电压低的负载不能正常工作。

对低压配电系统来说，负载对称是特殊情况，而负载不对称则是一般情况，所以中线就很重要。为了避免中线断开，需要采用机械强度较高的导线做中线，并且中线上不允许安装熔断器及开关。因为熔断器一旦熔断，中线就失去了作用。此外，在设计时应尽量考虑三相负载平衡，因为如果三相负载很不平衡的话，会出现比较大的中线电流，使中线上产生较大的阻抗压降，就会导致三相负载上电压的不对称。

例4.3 如图4.13所示，三相负载为$Z_a = 5\underline{/0}\Omega$，$Z_b = 5\underline{/\dfrac{\pi}{6}}\Omega$，$Z_c = 5\underline{/-\dfrac{\pi}{6}}\Omega$，三相负

载做星形连接后,接在线电压为380V的三相四线制电源上,为分析方便,电路在中线上设置开关S。求开关闭合时各相电流$\dot{I}_A$,$\dot{I}_B$,$\dot{I}_C$及中线电流$\dot{I}_N$,并画出各相电压及电流的相量图。

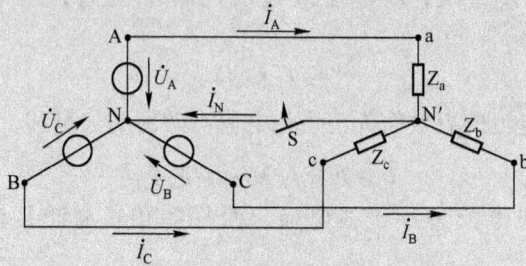

图 4.13　例 4.3 的电路图

解　开关闭合时,即有中线,此时负载各相电压等于电源相电压。电源相电压是对称的。

负载各相电压为

$$\dot{U}_a = \dot{U}_A = 220\underline{/0}\,\text{V}$$

$$\dot{U}_b = \dot{U}_B = 220\underline{\left/-\dfrac{2\pi}{3}\right.}\text{V}$$

$$\dot{U}_c = \dot{U}_C = 220\underline{\left/\dfrac{2\pi}{3}\right.}\text{V}$$

负载各相电流为

$$\dot{I}_A = \frac{\dot{U}_a}{Z_a} = \frac{220\underline{/0}}{5\underline{/0}} = 44\underline{/0}\,\text{A}$$

$$\dot{I}_B = \frac{\dot{U}_b}{Z_b} = \frac{220\underline{\left/-\dfrac{2\pi}{3}\right.}}{5\underline{\left/\dfrac{\pi}{6}\right.}} = 44\underline{\left/-\dfrac{5\pi}{6}\right.}\text{A}$$

$$\dot{I}_C = \frac{\dot{U}_c}{Z_c} = \frac{220\underline{\left/-\dfrac{4\pi}{3}\right.}}{5\underline{\left/-\dfrac{\pi}{6}\right.}} = 44\underline{\left/-\dfrac{7\pi}{6}\right.} = 44\underline{\left/\dfrac{5\pi}{6}\right.}\text{A}$$

中线电流为

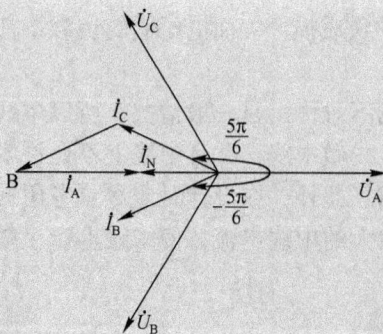

图 4.14

$$\dot{I}_N = \dot{I}_A + \dot{I}_B + \dot{I}_C = 44\underline{/0} + 44\underline{\left/-\dfrac{5\pi}{6}\right.} + 44\underline{\left/\dfrac{5\pi}{6}\right.}$$

$$= 44 + 44\cos\left(-\frac{5\pi}{6}\right) + j44\sin\left(-\frac{5\pi}{6}\right) +$$

$$44\cos\frac{5\pi}{6} + j44\sin\frac{5\pi}{6}$$

$$= 44 - j44\sqrt{3}$$

$$\approx -32.2 = 32.2\underline{/\pi}\,\text{A}$$

中线电流不为零,但每相负载电压均为电源相电压,负载正常工作,相量图如图 4.14 所示。

4.3.2　三相负载的三角形连接

将三相负载首、末端依次连成一个闭合回路，然后将三个连接点与三相电源的相线连接构成负载三角形连接的三相电路，如图 4.15 所示。不论负载对称与否，每相负载所承受的电压均为电源线电压。线电流、相电流的参考方向如图 4.15 所示。三相负载三角形连接只能构成三相三线制电路。

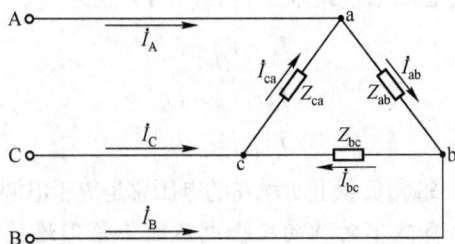

图 4.15　三相负载的三角形连接

1.　对称负载三角形连接

因为三相负载对称，每相负载都承受电源线电压，因此，相电流和线电流也是三相对称的。

每相电流的有效值为
$$I_{ab} = I_{bc} = I_{ca} = I_P = \frac{U_L}{|Z|}$$

负载相电流与负载相电压的相位差是：$\varphi_{ab} = \varphi_{bc} = \varphi_{ca} = \varphi = \arctan \frac{X}{R}$

相电流与线电流的关系，由基尔霍夫定律可得：
$$\dot{I}_A = \dot{I}_{ab} - \dot{I}_{ca}$$
$$\dot{I}_B = \dot{I}_{bc} - \dot{I}_{ab}$$
$$\dot{I}_C = \dot{I}_{ca} - \dot{I}_{bc}$$

相量图如图 4.16 所示。由图可见，线电流为
$$\dot{I}_L = \sqrt{3} \dot{I}_P \left| -\frac{\pi}{6} \right.$$

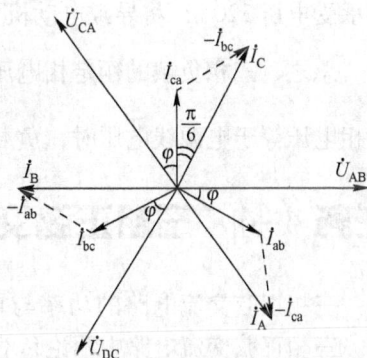

图 4.16　三角形对称负载相量图

可见，当负载对称做三角形连接时，具有以下特点：

（1）相电压等于线电压；

（2）线电流为相电流的 $\sqrt{3}$ 倍，相位上线电流滞后于相应的相电流 $\frac{\pi}{6}$。

【自己动手】　连接一个负载对称的安全电压的三角形连接电路，并观察测量。（每人连接一个，每人一块万用表）。

2.　不对称负载三角形连接

由于负载不对称，相电流及线电流是不对称的。因此，需要对每相电路分别进行计算。

$$\dot{I}_{ab} = I_{ab} \underline{/\varphi_{ab}} = \frac{U_{AB}}{\sqrt{R_{ab}^2 + X_{ab}^2}} \underline{\Big/ \arctan \frac{X_{ab}}{R_{ab}}}$$

$$\dot{I}_{bc} = I_{bc} \underline{/\varphi_{bc}} = \frac{U_{BC}}{\sqrt{R_{bc}^2 + X_{bc}^2}} \underline{\Big/ \arctan \frac{X_{bc}}{R_{bc}}}$$

$$\dot{I}_{ca} = I_{ca} \underline{/\varphi_{ca}} = \frac{U_{CA}}{\sqrt{R_{ca}^2 + X_{ca}^2}} \underline{\Big/ \arctan \frac{X_{ca}}{R_{ca}}}$$

然后通过基尔霍夫电流定律相量式求出各相的线电流为

$$\dot{I}_A = \dot{I}_{ab} - \dot{I}_{ca}$$

$$\dot{I}_B = \dot{I}_{bc} - \dot{I}_{ab}$$

$$\dot{I}_C = \dot{I}_{ca} - \dot{I}_{bc}$$

尽管负载不对称，但由于每相负载上所承受的电压总是等于电源线电压，负载总能正常工作。

【自己动手】 连接一个负载不对称的安全电压的三角形连接电路，并观察测量。（每人连接一个，每人一块万用表）。

4.3.3 负载星形连接和三角形连接的选择

三相负载选择星形连接或三角形连接是根据电源的线电压和负载的额定相电压确定的。

负载无论是星形连接还是三角形连接都必须保证每相负载的相电压等于负载的额定相电压，从而保证每相负载都能正常工作。

例如，民用照明灯具额定电压是220V，如采用线电压是380V的三相四线制电源时，灯具应该采用星形连接，而不能用三角形连接。又如，对于线电压是380V的三相电源，当三相电动机绕组额定相电压是220V时，应接成星形，这时每相绕组承受的相电压是220V。如果接成三角形，每相绕组承受的相电压为380V，会超过它的额定相电压，导致电动机损坏。当三相电动机绕组额定相电压是380V时，负载应该接成三角形。如果错接成星形，每相绕组承受电压220V，将导致电动机无法正常工作。

总之，三相负载的额定相电压是电源线电压的 $\dfrac{1}{\sqrt{3}}$ 时，负载应该接成星形。三相负载的额定相电压等于电源线电压时，负载应该接成三角形。

任务 4–4 三相正弦交流电路功率的计算

三相正弦交流电路的功率与单相正弦交流电路一样，分无功功率、有功功率和视在功率。三相正弦交流电路中不论负载如何连接，三相无功功率、有功功率和视在功率分别等于各相负载无功功率、有功功率和视在功率之和。

4.4.1 三相对称负载功率的计算

三相负载对称时，每相负载的有功功率、无功功率和视在功率相等。即

$$P = 3P_\text{P} = 3U_\text{P}I_\text{P}\cos\varphi_\text{P}$$

上式中，P_P、U_P、I_P、$\cos\varphi_\text{P}$ 分别是指相功率、相电压、相电流和功率因数。

一般来说，测量线电压和线电流比较方便。

星形接法时：

$$I_\text{a} = I_\text{b} = I_\text{c} = I_\text{P} = I_\text{L}$$

$$U_\text{A} = U_\text{B} = U_\text{C} = U_\text{P} = \frac{U_\text{L}}{\sqrt{3}}$$

$$P = 3U_\text{P}I_\text{P}\cos\varphi_\text{P} = 3\frac{U_\text{L}}{\sqrt{3}}I_\text{L}\cos\varphi_\text{P} = \sqrt{3}\,U_\text{L}I_\text{L}\cos\varphi_\text{P}$$

三角形接法时：

$$I_\text{ab} = I_\text{bc} = I_\text{ca} = I_\text{P} = \frac{I_\text{L}}{\sqrt{3}}$$

$$U_\text{AB} = U_\text{BC} = U_\text{CA} = U_\text{P} = U_\text{L}$$

$$P = 3U_\text{P}I_\text{P}\cos\varphi_\text{P} = 3U_\text{L}\frac{I_\text{L}}{\sqrt{3}}\cos\varphi_\text{P} = \sqrt{3}\,U_\text{L}I_\text{L}\cos\varphi_\text{P}$$

可见，无论负载是星形接还是三角形连接，对称三相电路的有功功率均为

$$P = \sqrt{3}\,U_\text{L}I_\text{L}\cos\varphi_\text{P}$$

无功功率：$Q = \sqrt{3}\,U_\text{L}I_\text{L}\cos\varphi_\text{P}$

视在功率：$S = \sqrt{3}\,U_\text{L}I_\text{L}$

4.4.2　三相不对称负载功率的计算

三相负载不对称时，每相负载的有功功率、无功功率和视在功率均不相等，要分别进行计算。

三相负载星形接法时：

$$P = P_\text{A} + P_\text{B} + P = U_\text{A}I_\text{a}\cos\varphi_\text{a} + U_\text{B}I_\text{b}\cos\varphi_\text{b} + U_\text{C}I_\text{c}\cos\varphi_\text{c}$$

三相负载三角形接法时：

$$P = P_\text{A} + P_\text{B} + P_\text{C} = U_\text{AB}I_\text{ab}\cos\varphi_\text{ab} + U_\text{BC}I_\text{bc}\cos\varphi_\text{bc} + U_\text{CA}I_\text{ca}\cos\varphi_\text{ca}$$

例 4.4　三相对称负载，每相负载 $R = 6\Omega$，感抗 $X_\text{L} = 8\Omega$，接入三相三线制电源，$U_\text{L} = 380\text{V}$，试比较在星形连接和三角形接两种情况下的三相功率。

解　每相负载阻抗：$|Z| = \sqrt{R^2 + X^2} = \sqrt{6^2 + 8^2} = 10\Omega$

负载星形连接时：

$$U_\text{P} = \frac{U_\text{L}}{\sqrt{3}} = \frac{380}{\sqrt{3}} \approx 219\text{V}$$

$$I_\text{P} = I_\text{L} = \frac{U_\text{P}}{|Z|} = \frac{219}{10} = 21.9\text{A}$$

$$\cos\varphi_\text{P} = \frac{R}{|Z|} = \frac{6}{10} = 0.6$$

$$P = \sqrt{3}\,U_\text{L}I_\text{L}\cos\varphi_\text{P} \approx 8.6\text{kW}$$

负载三角形连接时：

$$U_P = U_L = 380V$$

$$I_P = \frac{U_P}{|Z|} = \frac{380}{10} = 38A$$

$$I_L = \sqrt{3} I_P = \sqrt{3} \times 38 \approx 65.8A$$

$$\cos\varphi_P = \frac{R}{|Z|} = \frac{6}{10} = 0.6$$

$$P = \sqrt{3} U_L I_L \cos\varphi_P \approx 26kW$$

由计算可知，当电源线电压不变时，三角形接法负载所吸收的功率是星形接法的 3 倍。这是由于三角形接法时，负载的相电压比星形接法时大 $\sqrt{3}$ 倍，相电流也增加了 $\sqrt{3}$ 倍，而此时线电流又是相电流的 $\sqrt{3}$ 倍，因此，实际上三角形接法时比星形接法时的线电流大了 3 倍，所以功率也就为星形接法的 3 倍。

例 4.5　　三相电动机有三相绕组，每相绕组的额定电压为 220V，每相绕组复阻抗 $Z = (30 + j20)\,\Omega$。

（1）要使电动机接于线电压 380V 或线电压 220V 电源上，三相绕组应该如何连接？

（2）求两种情况下线电流和输入功率。

解　　（1）当电源线电压为 380V 时，三相负载应该接成星形；当电源线电压为 220V 时，三相负载应该接成三角形，以保证每相电源相电压等于负载的额定相电压。

（2）星形连接时：

$$I_L = I_P = \frac{U_P}{|Z|} = \frac{220}{\sqrt{30^2 + 20^2}} \approx 6.1A$$

$$\cos\varphi_P = \frac{R}{|Z|} = \frac{30}{\sqrt{30^2 + 20^2}} \approx 0.83$$

$$P = \sqrt{3} \times 380 \times 6.1 \times 0.83 \approx 3.3kW$$

三角形连接时：

$$I_P = \frac{U_P}{|Z|} = \frac{220}{\sqrt{30^2 + 20^2}} \approx 6.1A$$

$$I_L = \sqrt{3} I_P = \sqrt{3} \times 6.1 \approx 10.56A$$

$$P = \sqrt{3} \times 220 \times 0.83 \times 10.56 \approx 3.3kW$$

上述结果表明，三相对称负载，无论做星形连接还是三角形连接，只要负载相电压不变，负载相电流及功率均不变，只是线电压、线电流改变了。

知识梳理与总结

本章从任务入手，介绍了三相正弦交流电的电源的产生和连接、三相负载的连接及三相功率的计算等内容。主要内容如下：

（1）三相正弦交流电的产生条件。

（2）三相正弦交流电源的两种连接方式及相电压、相电流与线电压、线电流之间的关系。

（3）三相负载的两种连接方式及计算。

（4）三相功率的计算公式。

思考与练习 4

4.1　一台三相交流异步电动机有三个绕组，每个绕组的额定电压是 220V。现有两种电源，其中一种的线电压是 380V，另一种的线电压是 220V，问在这两种电源下，三相交流异步电动机的绕组应如何连接？

4.2　在（1）星形负载，供电线路有中线；（2）星形负载，供电线路无中线；（3）三角形负载，这三种电路中，一相负载的改变对其他两相有无影响？

4.3　把额定功率为 2.2kW 的三相交流异步电动机连接在线电压为 380V 的三相对称交流电源上，此时电动机工作正常，$I_L = I_P = 4.8A$，求电动机每相绕组所承受的电压。

4.4　某楼有三层，每一层的照明分别由三相对称交流电源的一相供电，电源线电压为 380V，每层都装有 220V，100W 的白炽灯 10 盏。试求：

（1）绘出全部线路图；

（2）在全部满载时中线电流和线电流分别为多少？

（3）若第一层白炽灯全部关闭，第二层白炽灯全部开亮，第三层只开了一盏白炽灯，而电源中线因故断掉，这时第二、三层白炽灯电压为多少？白炽灯的工作情况如何？

4.5　负载星形连接的三相四线制电路，电源线电压为 380V，三个电阻性负载电阻值为 $R_A = 11\Omega$，$R_B = R_C = 22\Omega$。求负载相电压、相电流及中线电流，并作相量图。

4.6　已知三相电源星形无中线连接对称负载时，相电压是 220V，负载阻抗 $Z = (3 + j4)\Omega$。求电源线电流及其功率，并作相量图。

第5章

常用变压器

教学导航

教	知识重点	1. 变压器的结构 2. 变压器的运行原理 3. 变压器的使用 4. 特殊变压器的应用
	知识难点	变压器的运行原理
	推荐教学方式	从变压器的应用入手，讲解结构、原理、使用和应用
	建议学时	4 学时
学	推荐学习方法	自己先找个变压器分析，但不要盲目拆卸或通电，不懂的地方做出记录，查资料，听老师讲解，在老师指导下动手练习
	必须掌握的 理论知识	变压器的结构和运行原理
	需要掌握的 工作技能	1. 变压器的检测 2. 变压器的接线 3. 变压器的维护、维修

变压器是根据电磁感应原理将某一种交流电压、电流的电能转变成另一种交流电压、电流的电能的静止电气设备。

任务 5-1　变压器结构

变压器结构比较简单，主要包括铁芯和绕组两大部分，如图 5.1 所示。

1. 铁芯

铁芯是变压器的基本部分，变压器的原、副绕组都是绕在铁芯上的。它的作用是在交变的电磁转换中，提供闭合的磁路，让磁通绝大部分通过铁芯构成闭合回路，所以变压器的铁芯多采用硅钢片叠压而成。

变压器的铁芯分为芯式和壳式两种：芯式变压器多用于高压的大、中型供电变压器；壳式变压器大多用于大电流的特殊变压器或用于电子仪器、电视机、收音机的小型、微型电源变压器。

2. 绕组

绕组由绝缘铜线或铝线绕制而成，有同心式和交叠式两种，如图 5.2 所示。

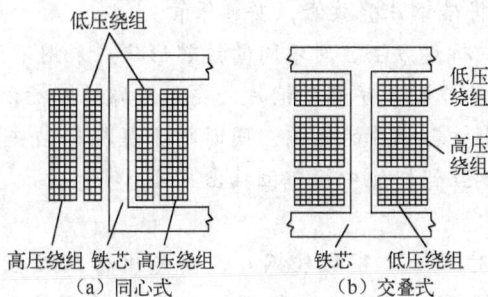

图 5.1　变压器　　　　　　图 5.2　变压器结构

【自己动手】　观察实际变压器的结构、特点和所用材料（每人一个变压器）。

实训3　小型变压器的拆装

【实训目的】

（1）了解小型变压器绕组的基本结构和特点。

（2）掌握小型变压器绕组的基本制作工艺和方法。

（3）了解绕制小型变压器绕组的常用材料。

【实训内容】　绕制一个单相小型变压器(220V/36V)绕组。

【实训原理】

低频范围工作的单相电源变压器、控制变压器、行灯变压器等统称为小型变压器。

当小型变压器发生绕组烧毁、引出线断裂、匝间短路等故障时，可对绕组进行拆除重绕。修理过程一般为：记录原始数据→拆卸铁芯→制作模芯及骨架→绕制绕组→绝缘处理→铁芯装配→检查和试验。

1. 记录原始数据

在拆卸小型变压器前及拆卸过程中，要记录下列原始数据，作为重绕变压器的依据。

（1）铭牌数据：型号、额定功率（容量）、原副边电压、绝缘等。

（2）绕组数据：绕组用导线规格、匝数、尺寸、引出线规格与长度等。

（3）铁芯数据：铁芯形状、铁芯尺寸、铁芯片数、铁芯厚度、叠压顺序、叠压方式等。

2. 拆卸铁芯

（1）拆卸步骤。

① 拆除外壳、接线柱。

② 拆除铁芯夹板。

③ 用螺丝刀把粘合在一起的硅钢片插松。

④ 用钢丝钳将硅钢片一一拉出。

⑤ 对硅钢片进行表面处理。

⑥ 将硅钢片叠放好，妥善保管。

（2）拆卸方法。对不同的铁芯形状应采用不同的拆卸方法。

① 对"E"字形硅钢片，要先用螺丝刀插松并拆卸两端横条（横轭），再用螺丝刀顶住中柱硅钢片的舌端，同时用小锤轻轻敲击，使舌片后推，待推出3～4片后，即可用钢丝钳钳住中柱部位抽出"E"字形片。当拆出5～6片后，可用钢丝钳或手逐片抽出。

② 对"F"字形硅钢片，要先用螺丝刀在两侧已插松的硅钢片接口处分别顶开，使被顶硅钢片推出即可。当每侧拆出5～6片后，即可用钢丝钳或手逐片抽出。

③ 对"C"字形硅钢片，在拆除夹紧箍后先把一端横头夹在台虎钳上，用小锤左右轻敲另一个横头，使整个铁芯松动，然后再用钢丝钳或手逐片抽出。

④ 对"日"字形硅钢片，先插松第一、二片，把铁轭开口一端掀起绕组骨架二面，再用螺丝刀插松中柱硅钢片，并从舌端向后推出几毫米，然后再用钢丝钳拉出硅钢片。当拉出十余片后，即可用钢丝钳或手逐片抽出。

（3）拆卸注意事项。

① 用螺丝刀插松硅钢片时，动作要轻，用力要均匀，入刀位置要常换。

② 用钢丝钳拉出硅钢片时，要多次试拉，不能硬抽。对拉不出的硅钢片，一方面要继续插松，另一方面可适当左右摆动几下或用木锤轻击，以加速松动，但不要使硅钢片变形。

③ 拆下的硅钢片不要乱放，要保持硅钢片完整、无损伤、无丢失。

3. 制作模芯及骨架

在绕制变压器绕组前应根据旧绕组和旧骨架的尺寸制作模芯和骨架。

模芯是绕组绕制过程中的支撑体。将模芯套在绕线机的转轴上，转动绕线机，导线可方便地绕制在模芯上。

(1) 制作模芯。

① 制作材料多为干燥硬木，如杨木、杉木等。

② 为使绕组绕好后脱模方便，模芯通常做成两个45°对半开的楔形。

③ 中心孔要平直居中。

④ 4个矩形面要平行，边角要圆滑。

⑤ 模截面要比铁芯的中心柱截面稍大：对于有骨架的模芯，其长度一般要比铁芯的中心柱长10mm；对于无骨架的模芯，其长度一般要比铁芯的中心柱略短些。

(2) 制作骨架。骨架主要起支撑绕组和对地绝缘的作用。骨架要求具有一定的机械强度和绝缘性能，尺寸与铁芯、绕组相符合。骨架分为无框骨架（也称绕线芯）和有框骨架。无框骨架一般采用弹性纸或红钢纸制成，其厚度由变压器的容量决定。有框骨架一般采用红钢纸或层压板制成，也可采用塑料、尼龙或其他绝缘材料。制作时骨架的边沿应平整、垂直，长度应比铁芯窗口高度小2mm左右。

4. 绕制绕组

变压器绕组一般是用铜线和铝线制作而成的，绕组的制作一般都用专用的电动排线机或绕线机，或用手动绕线机进行绕制。绕组绕制的工艺质量是决定变压器性能的关键。

(1) 对绕组的基本要求。

① 导线规格符合要求。

② 绕组尺寸与匝数正确。

③ 导线排列整齐、紧密，绝缘良好。

(2) 绕制步骤。

① 检查模芯与骨架尺寸，并将模芯安装在绕线机的转轴上。

② 在骨架上垫上绝缘衬垫，并校对计数器。

③ 起绕时，在导线引线头上压入一条绝缘带折条。待绕几匝后抽紧起始线头。

④ 绕线时，通常按照原边绕组、静电屏蔽、副边高压绕组、副边低压绕组的顺序依次叠绕。当副边绕组匝数较多时，每绕好一组后，用万用表测量是否有断线。

⑤ 每绕完一层导线，应安放层间绝缘。根据变压器绕组要求，做好中间抽头。导线自左向右排列整齐、紧密，不得有交叉或叠线现象，直至绕到规定匝数为止。

⑥ 当绕组绕至靠近末端时，先垫入固定出线用的绝缘带折条，待绕至末端时，把线头穿入折条内；然后抽紧末端线头。

⑦ 拆下模芯，取出绕组，包扎绝缘，并用绝缘胶粘牢。

（3）绕制工艺要点

① 绝缘导线的选用要符合规格。小型变压器绕组一般采用缩醛漆包圆铜线或聚酯漆包圆铜线。导线截面积大小乘以导线匝数应小于铁芯窗口截面积的 30%，否则线包就可能装不进铁芯。

② 绝缘材料的选用必须考虑耐压要求和允许厚度。层间绝缘的厚度应按 2 倍电压的绝缘强度选用；对于 1000V 以下的变压器也可采用电压的峰值，即按 1.4～1.5 倍来选用。

③ 当线径不小于 0.35mm 时，绕组的引出线可用原线；当线径小于 0.35mm 时，应另用多股软线作为引出线。绕线时通常用最后一层的导线将引出线压紧。

④ 导线起绕点不可过于靠近无框骨架边沿，以防导线滑出。

⑤ 绕线时，应使导线的移动速度与绕线机的转速相适应，使导线排齐、排紧。

⑥ 安放层间绝缘时，必须从骨架所对应的铁芯舌宽面开始安放。

⑦ 应放置静电屏蔽层，以减弱外来电磁场对电路的干扰。静电屏蔽层的材料为紫铜皮，其宽度应略小于骨架宽度，长度应略小于绕组一周，不能构成闭合电路，避免造成短路。

⑧ 绕组绕制完成后，应进行匝数检查、尺寸检查和外观检查。

5. 绝缘处理

绕制完成后，应进行绝缘处理。

（1）预烘。将绕组放在电热干燥箱中，加热温度至 110℃ 左右，3～4h。

（2）浸漆。将预烘干燥的绕组取出，放入树脂漆中浸泡约 0.5h，然后取出绕组滴干余漆。

（3）烘干。放入电热干燥箱中，按绝缘漆的工艺要求烘干。

6. 铁芯装配

将规定数量的硅钢片与绕组装配成完整的变压器。要求紧密、整齐，铁芯截面积大小应符合设计要求。

（1）准备工作。

① 检查硅钢片平整度，去除毛刺并剔除不平整的硅钢片。

② 硅钢片表面不能有锈蚀。

③ 硅钢片表面应绝缘良好，绝缘不良要重新涂刷绝缘漆。

（2）装配步骤。

① 在绕组两边，两片两片地交叉对插，插到较紧时，一片一片地交叉对插。

② 当绕组中插满硅钢片时，余下约 1/6 硅钢片比较难插时，用螺丝刀撬开硅钢片夹缝插入。

③ 镶插条形片（横条），按铁芯剩余空隙厚度叠好插入。

④ 镶片完毕后，将变压器放在平板上，两头用木锤敲打平整，然后用螺钉或夹板紧固铁芯，并将引出线连到焊片或接线柱上。

7. 检查和试验

变压器重新绕制后还应进行检查和试验。

(1) 外观检查：检查外观有无异常或破损。

(2) 绕组的通断检查：用万用表或电桥检查各绕组的通断及直流电阻。

(3) 绝缘电阻的测定：用兆欧表测量各绕组间、绕组与铁芯间及绕组与屏蔽层间的绝缘电阻。对于 400V 以下的变压器，其绝缘电阻值不应小于 90MΩ。

(4) 空载电压的测试：当原边电压加到额定值时，副边各绕组的空载电压允许误差为 ±5%；中心抽头电压误差为 ±2%。

(5) 空载电流的测试：当原边电压加到额定值时，空载电流约为额定电流的 5% ～ 8%。若大于 10%，它的损耗将很大；若超过 20%，它的温升将超过额定值，不能继续使用。

【实训要求】

(1) 绕组绕制时要仔细，避免损伤绝缘和导线。

(2) 绕组的绕制匝数要准确。

(3) 装配要仔细。

【实训器材】

实训器材如表 5.1 所示。

表 5.1　实训器材

名　　称	手动绕线机	塑料骨架与铁芯	铜 导 线	绝缘材料	常用工具	万用表
数　　量	50 台	50 套	足量	足量	50 套	50 块

【实训程序】

(1) 清点发放的设备器件、工具和材料。

(2) 按顺序逐一进行检查、识别和登记。

(3) 进行变压器绕组的绕制。

(4) 进行变压器绕组组装。

(5) 进行变压器绕组的检查和测试。

(6) 浸漆。

【实训评价】

实训评价如表 5.2 所示。

表 5.2　实训评价

序　　号	评 价 内 容	配　　分
1	绝缘纸的裁剪	15%
2	绕线机的使用	40%
3	绕组绕制	30%
4	线尾的紧固与引线	15%

【实训小结】

（1）总结小型变压器线圈的绕制方法。

（2）总结绕线机的使用方法。

【实训思考】

（1）变压器绕组绕制时需要什么材料？

（2）变压器绕制时应注意些什么问题？

（3）变压器线圈绕完后应检查什么内容？

（4）维修变压器时应做好哪些记录？为什么？

（5）维修变压器时铁芯拆卸应注意哪些事项？

（6）维修变压器时绕线的工艺要点是什么？

任务 5-2 变压器的运行原理

如图 5.3（a）所示为变压器运行原理，原绕组的匝数为 N_1，副绕组的匝数为 N_2，输入电压 u_1、电流为 i_1；输出电压 u_2、电流为 i_2；负载为 Z_L。在电路中，变压器用图 5.3（b）表示，变压器的符号用字母 T 表示。

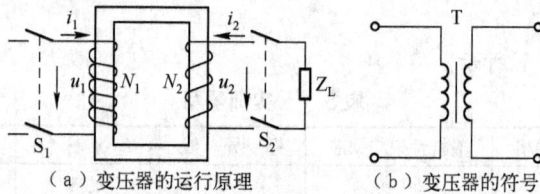

（a）变压器的运行原理　　　（b）变压器的符号

图 5.3　变压器的运行原理

5.2.1　空载运行和变压比

在图 5.3（a）中，如果分断负载 Z_L，则 $i_2 = 0$，这时原绕组有电流 i_0，该电流叫空载电流，是维持原、副绕组产生感应电动势 E_1，E_2 的电流。要比额定运行时的电流小得多。由于 u_1，i_0 是按正弦规律交变的，所以在铁芯中产生的磁通 $\varPhi$ 也是正弦交变的。在交变磁通的作用下，原、副绕组将产生正弦交变感应电动势。可以计算出原、副绕组感应电动势的有效值为

$$E_1 = 4.44 f N_1 \varPhi_m \tag{5.1}$$

$$E_2 = 4.44 f N_2 \varPhi_m \tag{5.2}$$

由于采用了铁磁材料作为磁路，所以漏磁很小，可以忽略。空载电流很小，原绕组的压降也可以忽略，这样，原副绕组两边的电压近似等于原副绕组的电动势，即

$$U_1 \approx E_1$$

$$U_2 \approx E_2$$

$$\frac{U_1}{U_2} = \frac{E_1}{E_2} = \frac{4.44 N_1 \varPhi_m}{4.44 N_2 \varPhi_m} = \frac{N_1}{N_2} = K \tag{5.3}$$

式中，K 称为变压器的变压比。

当 $K>1$ 时，$U_1>U_2$，$N_1>N_2$，变压器为降压变压器；反之，$K<1$ 时，$U_1<U_2$，$N_1<N_2$，变压器为升压变压器。

在一定的输出电压范围内，从副绕组上抽头，可输出不同的电压，得到多输出变压器。

5.2.2　负载运行和变流比

当变压器接上负载 Z_L 后，副绕组中的电流为 i_2，原绕组的电流将变为 i_1，原、副绕组的电阻、铁芯的磁滞损耗、涡流损耗都会消耗一定的能量，但该能量通常都远小于负载消耗的电能，在分析计算时，可把这些消耗忽略。这样，可以认为变压器输入功率等于负载消耗的功率，即

$$U_1 I_1 = U_2 I_2 \tag{5.4}$$

由上式可得

$$\frac{I_1}{I_2} = \frac{U_2}{U_1} = \frac{N_2}{N_1} = \frac{1}{K} \tag{5.5}$$

由式（5.5）可知，变压器带负载工作时，原、副边的电流有效值与它们的电压或匝数成反比。变压器在变换了电压的同时，电流也跟着变换。变压器除了变换电压、电流外，还可以变换阻抗。

5.2.3　变换阻抗的作用

我们可以把变压器 T 及负载 Z_L 看做原边电压 U_1 的负载 Z_1。那么 Z_1 等于什么呢？

根据交流电路的欧姆定律和电流、电压的有效值关系，Z_1 可表示为

$$Z_1 = \frac{U_1}{I_1}$$

把 $U_1 = KU_2$，$I_1 = \frac{1}{K}I_2$，代入上式，可得

$$Z_1 = K^2 \frac{U_2}{I_2} = K^2 Z_2 \tag{5.6}$$

上式表示的是副边阻抗等效到原边时的等量关系，只要改变 K，就可以得到不同的等效阻抗。阻抗变换有什么意义呢？

对于电子线路，如收音机电路，可以把它看成一个信号源加一个负载。要使负载获得最大功率，其条件是负载的电阻等于信号源的内阻，此时，称之为阻抗匹配，但实际电路中，负载电阻并不等于信号源内阻，这时我们就需要用变压器来进行阻抗变换。

【自己动手】　测量变压器原、副边的电压和电流（每人一个安全电压变压器、一块万用表）。

实验 5　变压器空载、短路实验

【实验目的】

（1）通过空载和短路实验，掌握单相变压器的参数及工作特性测定方法。

（2）通过空载和短路实验，测定三相变压器的变比、参数和运行特性。

【实验原理】

1. 单相变压器空载实验

变压器的空载实验可以在任何一侧做实验，但考虑到空载实验时所加电压较高，且电流较小（为空载电流），通常在低压侧加电压实验，高压侧开路。空载实验可以测得空载电流 I_0 和空载损耗 P_0，求得变压器的电压比和励磁参数 R_m、X_m 和 Z_m。由于实验时，外施电压为额定值，感应电动势和铁芯中的磁通密度也达到正常运行时的数值，此时铁芯损耗 P_{Fe} 相当于正常运行时的数值。变压器空载运行时的输入功率 P_0 为铁芯损耗 P_{Fe} 与空载铜耗 P_{Cu} 之和，由于低压侧绕组电阻 R_1 可忽略不计，故可以认为变压器空载时的输入功率 P_0 完全用来抵偿变压器的铁芯损耗。

另外，由于空载实验是在低压侧进行的，故测得的励磁参数是低压侧的数值，如果需要得到高压侧的数值，还必须乘以系数 K^2，K 是高压方对低压方的变比。

2. 单相变压器短路实验

短路实验时电流较大（额定电流），而所加电压却很低，一般为额定电压的 $4\% \sim 10\%$，因此，一般在高压侧加电压，低压侧短路。通过短路实验，可以测得短路电流 I_K、短路电压 U_K 和短路损耗 P_K，计算出短路参数 Z_K、R_K、X_K。短路实验时，当一次电流达到额定值 I_{1N}，二次电流也接近于额定值 I_{2N}，这时绕组中的铜损耗就相当于额定负载时的铜损耗。当二次侧短路而一次侧通入额定电流时，一次侧的端电压仅用来克服变压器中的漏阻抗压降，故所加的电压很低。因此，铁芯中的主磁通也很小，仅为额定工作时主磁通的百分之几，故励磁电流和铁芯损耗都很小，可以忽略不计，这时输入的功率可认为完全消耗在绕组的铜损耗上。短路实验由于是在高压侧进行的，故测得的短路参数属于高压侧的数值，若需要折算到低压侧时，应除以系数 K^2。

【实验设备】

（1）实验室提供实验用220V、50Hz单相交流电源。

（2）实验室需提供的设备如表5.3所示。

表5.3 设备明细

设备与仪表名称	规格与型号	数　　量
单相变压器	220V/36V，1000V·A	50 台
调压器	380V，1500V·A	50 台
交流电流表	0mA～500mA～1000mA	100 块
交流电压表	0～600V	100 块
功率表	600V，1A	100 块

【实验内容】

1. 空载实验

变压器空载实验时，一般将变压器 T 低压绕组接电源，高压绕组开路。

1）测变比

① 按图5.4所示接线。

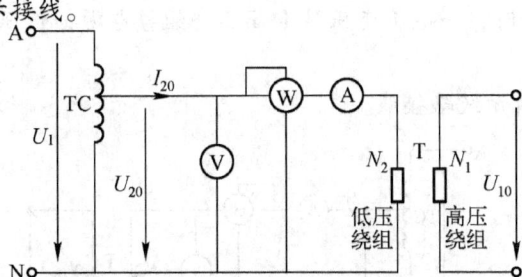

图5.4　空载实验接线图

② 调压器TC接至变压器T低压绕组，将变压器T高压绕组开路。

③ 调节变压器的低压绕组外施电压U_1，使$U_{20} = 0.5U_{2N}$。

④ 对应于不同的外施电压U_1，测量变压器低压绕组侧电压U_{20}及高压绕组侧电压U_{10}，共取3组数据，记录在表5.4中。

表5.4　测变比实验数据

测　量　值 ＼ 序　号	1	2	3
U_1（V）			
U_{20}（V）			
U_{10}（V）			

2）测损耗

变压器的铁耗与电源的电压频率及波形有关，本实验要求电源频率等于或接近被测试变压器的额定频率（允许偏差不超过±1%），电源电压的波形应为正弦波。

① 按图5.4接线。

② 调压器TC接至变压器T低压绕组，将变压器T高压绕组开路。

③ 选择电流表与功率表的量程。通常情况下，中小型电力变压器空载电流I_{20}为（4% ～ 16%）I_{2N}。

④ 接通电源，调节调压器TC，使变压器T低压侧外施电压至$1.2U_{2N}$。

⑤ 逐次降低外施电压，在（1.2 ～ 0.5）U_{2N}范围内，测量空载电压U_{20}、空载电流I_{20}、空载损耗P_0，共取6组（包括$U_{20} = 0$，$U_{20} = U_{2N}$点，在该点附近测点应较密）数据，记入表5.5中。

表5.5　空载实验数据

测　量　值 ＼ 序　号	1	2	3	4	5	6
U_{20}（V）						
I_{20}（A）						
P_0（W）						

2. 短路实验

变压器短路实验时，一般将变压器 T 高压绕组接电源，低压绕组直接短路（或接一电流表短路）。

① 按如图 5.5 所示线路接线。

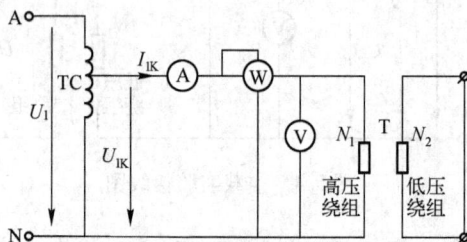

图 5.5　短路实验接线图

② 测量被测试变压器 T 的周围环境温度，作为实验时绕组的实际温度。

③ 接通电源，逐渐增大外施电压，使短路电流 I_{1K} 升至 $1.1I_{1N}$。

④ 在 $(1.1 \sim 0.5)I_{1N}$ 范围内，测量短路功率 P_K、短路电流 I_K 和短路电压 U_{1K}。

⑤ 共取 6 组（包括 $I_{1K} = I_{1N}$）数据，记入表 5.6 中。

表 5.6　短路实验数据

测量值　　　序号	1	2	3	4	5	6
U_{1K}（V）						
I_{1K}（A）						
P_K（W）						

【实验注意事项】

（1）空载实验时，变压器功率因数很低，一般在 0.2 以下。选用低功率因数功率表测量功率，以减小功率测量误差。

（2）空载实验时，变压器接通电源前，调压器 TC 应调在最小输出电压位置，以避免电流表和功率表可能被合闸瞬间冲击电流损坏。

（3）短路实验时，为避免产生过大的短路电流，在接通电源前，需将调压器 TC 调至输出电压为零的位置。

（4）短路实验时，低压绕组短路导线要接牢，其截面积应较大。

【实验思考】

（1）根据变压器的空载和短路实验数据能否得到变压器的输出特性？

（2）变压器的空载和短路实验应注意哪些问题？

【实验报告】

（1）根据测变比实验所得 3 组数据（表 5.4 中记录数据），分别计算变比 K，取其平均值作为被测试变压器的变比。

（2）根据空载实验数据（表5.5中记录数据），作空载特性曲线 $I_{20}=f(U_{20})$、$P_0=f(U_{20})$，并计算励磁参数。

（3）根据短路实验数据（表5.6中记录数据），作短路特性曲线 $P_K=f(I_{1K})$、$U_{1K}=f(I_{1K})$，并计算短路参数。

① 计算在实验温度下的短路参数。

② 计算在基准工作温度下的短路参数 $R_{K75℃}$ 和 $Z_{K75℃}$。

③ 计算短路电压（阻抗电压）百分数。

④ 计算短路电流为额定电流时的短路损耗。

（4）根据空载和短路实验测定的参数，画出被测试变压器的"T"形等数电路图。

实训4 变压器绕组极性的测定

【实训目的】 通过测定练习，掌握变压器绕组极性测定方法。

【实训内容】 测定变压器绕组的极性。

【实训原理】

在使用变压器或磁耦合的互感线圈时，要注意绕组的连接。例如，一台变压器有两个相同的原绕组，它们的端子分别用1、2和3、4表示。两绕组串联（2、3端相连）可接于较高电压，并联（1、3相连和2、4相连）可用于较低电压。若连接错误，两绕组磁通势方向相反，铁芯磁通减少，绕组中电流很大，会把绕组绝缘烧坏。

为正确接线，绕组需标以同极性端子的标记"·"。所谓同极性端子，是指当电流从同极性端子流入时，其产生磁通方向就相同。显然端子1、3（或2、4）为同极性端子。

若把图5.6下面绕组反绕，如图5.7所示，显然此时端子1、4（或2、3）为同极性端子。

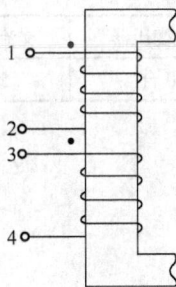

图5.6 绕组同向绕　　　　　图5.7 绕组反向绕

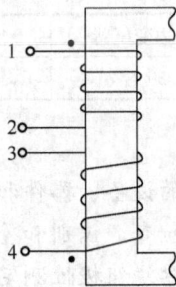

可见，同极性端子与绕组绕向有关。因此，只需根据绕组绕向来确定同极性端子。若无法辨认绕向时，需要通过测定变压器绕组的极性来确定。

1. 直流法（三"正"法）测极性

接线如图5.8所示，当开关S合闸瞬间，若直流毫安表"正"指，则接"正"电源端子1与接"正"表头端子3为同极性端子。

2. 交流法测极性

接线如图 5.9 所示，用导线将两绕组 1、2 和 3、4 中的任一端子（如 2 和 4）连在一起（成等电位点），将较低的电压加于任一绕组（如 1、2 绕组），然后用电压表分别测出 U_{12}，U_{34} 及 U_{13}，若满足

$$U_{13} = U_{12} - U_{34}$$

则不连导线的两端子 1 和 3 为同极性端子。

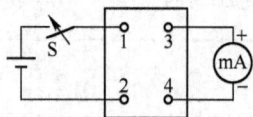

图 5.8　直流法测极性　　　　　　图 5.9　交流法测极性

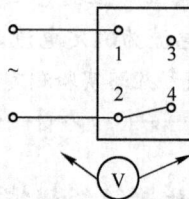

若
$$U_{13} = U_{12} + U_{34}$$

则 1、4（或 2、3）端为同极性端子。

【实训要求】

（1）了解变压器绕组的结构及特点。

（2）正确测定变压器绕组极性。

（3）按程序操作，注意安全。

【实训器材】

实训器材如表 5.7 所示。

表 5.7　实训器材

名　　称	电力变压器	仪用互感器	自耦变压器	交流电焊机	万用表
数　　量	50 台	50 个	50 台	50 台	50 块

【实训程序】

（1）清点发放的设备、器件和工具。

（2）逐一进行检查、识别和登记。

（3）进行变压器绕组极性测定。

【实训评价】

实训评价如表 5.8 所示。

表 5.8　实训评价

序　号	评价内容	配　分
1	正确使用仪表	30%
2	直流法测定	30%
3	交流法测定	40%

【实训小结】

(1) 总结测定变压器绕组极性的方法。

(2) 说明仪表的使用注意事项。

【实训思考】

(1) 常见变压器有哪些种类?

(2) 分析变压器绕组的结构特点。

任务5-3 变压器的种类

变压器按用途分为电力变压器、仪用互感器、自耦变压器和交流电焊机等。

5.3.1 电力变压器

在生产和人们的日常生活中,经常会碰到各种不同的供用电设备,它们所需的电源电压也是不同的。例如,在工厂中常用的三相异步电动机,其额定电压为 380V 或 220V,而日常生活中的照明电压一般为 220V,机床照明或低压电钻等只需 36V,24V,12V 等。因发电厂所输出的电压一般为 6.3kV 和 10.5kV,最高不超过 20kV,而电能要经过很长的输电线才能送到各用电单位。为了减少输送过程线路上的电能损失,就必须采用高压输送,需要将电压升到 10kV、35kV、110kV、220kV、330kV 或 500kV 等高电压或超高压,所以为了输配电和用电的需要,就要使用升压变压器或降压变压器,将同一交流电压变换成同频率的各种不同电压等级,以满足各类负荷的需要,如图 5.10 所示。

(a) 油浸式电力变压器外形   (b) 干式电力变压器外形

图 5.10   电力变压器

5.3.2   仪用互感器

在电工测量中,被测量的电量经常是高电压或大电流,为了保证安全,必须将待测电压或电流按一定比例降低,以便于测量。用于测量的变压器称为仪用互感器,按用途可分为电流互感器和电压互感器,如图 5.11 所示。

（a）电流互感器外形　　　　　　　　　（b）电压互感器外形

（c）电压互感器外形　　　　　　　　　（d）三相电压互感器外形

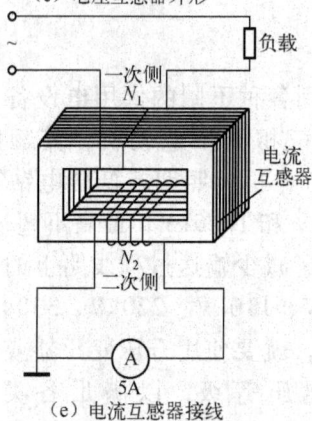

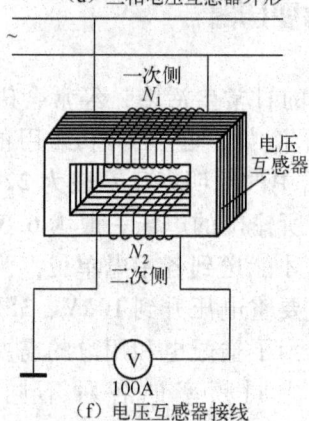

（e）电流互感器接线　　　　　　　　　（f）电压互感器接线

图 5.11　仪用互感器

5.3.3　自耦变压器

自耦变压器的原、副绕组共用一部分绕组，原、副绕组之间不仅有磁的耦合，还有电的直接联系。如图 5.12 和图 5.13 所示，自耦变压器主要用于实验室和交流异步电动机的降压启动中。

（a）单相电动机降压自耦变压器外形　　　（b）三相电动机降压自耦变压器外形

图 5.12　抽头式自耦变压器

（a）电压可调自耦变压器外形图　　　　（b）电压可调自耦变压器结构图

（c）电压可调自耦变压器接线图　　　　（d）可调自耦变压器原理图

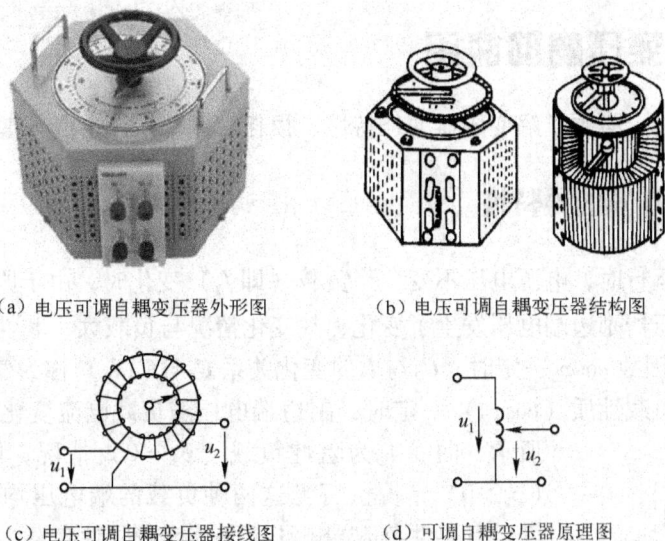

图 5.13　连续可调自耦变压器

5.3.4　交流电焊机

目前广泛使用的交流电焊机，实际上是一台特殊的降压变压器，又称电焊变压器。电焊变压器必须保证在焊条与焊件之间燃起电弧，用电弧的高温使金属熔化进行焊接，如图 5.14（a）、（b）所示。

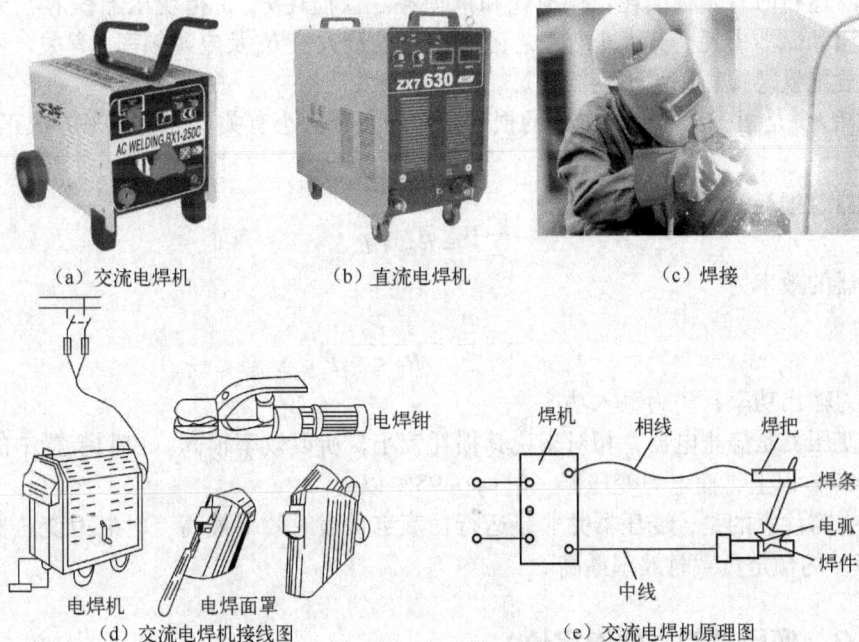

（a）交流电焊机　　　　（b）直流电焊机　　　　（c）焊接

（d）交流电焊机接线图　　　　（e）交流电焊机原理图

图 5.14　交流电焊机

任务 5-4　变压器的使用

使用变压器时，必须了解变压器的外特性、损耗、效率和额定值等基本内容。

5.4.1　变压器的外特性

变压器负载运行时，电源电压不变，当负载（即 I_2）变化时，由于原、副绕组漏阻抗压降的存在，使变压器副边端电压发生了变化，其变化情况与负载大小和性质有关。当电源电压 U_1 和负载功率因数 $\cos\varphi_2$ 一定时，U_2 与 I_2 的变化关系 $U_2 = f(I_2)$ 称为变压器的外特性，它反映了当变压器负载性质（$\cos\varphi_2$）一定时，副边端电压随负载电流变化的情况，如图 5.15 所示，曲线 1 为阻性负载（$\varphi_2 = 0$）情况，曲线 2 为感性负载（$\varphi_2 > 0$）情况。可见这两种负载的端电压均随负载的增大而下降，且感性负载端电压下降程度较阻性负载大。为反映电压波动（变化）的程度，引入电压变化率 ΔU，即有

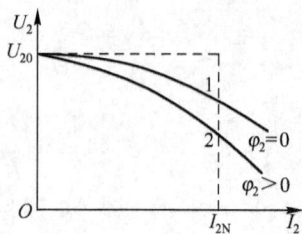

图 5.15　变压器外特性曲线

$$\Delta U = \frac{U_{20} - U_2}{U_{20}} \times 100\% \tag{5.7}$$

显然 ΔU 越小越好，其值越小，说明变压器副边端电压越稳定。一般变压器的漏阻抗很小，故电压变化率不大，约在 5% 左右。

5.4.2　变压器的损耗和效率

变压器运行时有两种损耗：铁损耗和铜损耗。铁损耗 P_{Fe} 是指变压器铁芯在交变磁场中产生的涡流和磁滞损耗，其大小与铁芯磁感应强度最大值 B_m 及电源频率 f 有关，而与负载大小无关，故把铁芯损耗称为不变损耗。

铜损耗 P_{Cu} 是指变压器绕组电阻的损耗，它与负载大小有关（与电流平方成正比），故称可变损耗。

变压器总损耗为

$$\sum P = P_{Fe} + P_{Cu} \tag{5.8}$$

变压器的效率为

$$\eta = \frac{P_2}{P_1} = \frac{P_2}{P_2 + \sum P} \tag{5.9}$$

式中，P_2 为输出功率，P_1 为输入功率。

由于变压器是静止电器，相对来说其损耗较小，所以效率很高。控制装置中的小型变压器效率在 80% 以上，而电力变压器一般均在 95% 以上。

运行中需注意的是，变压器并非是运行在额定负载时效率最高，对电力变压器，一般在 50% ～ 75% 的额定负载时效率最高。

5.4.3　变压器的主要额定值

变压器运行的依据是铭牌上的额定值。额定值是制造厂根据设计或试验数据，对变压器

正常运行状态所做的规定值。

1. 额定容量

额定容量 S_N（单位为 VA 或 kV·A）是指铭牌规定在额定运行状态下所能输送的容量（视在功率）。它等于变压器副边绕组的额定电压和额定电流的乘积，即

$$S_N = U_{2N}I_{2N} \tag{5.10}$$

当变压器有多个副边绕组时，它的额定容量应为所有副边绕组视在功率之和，即

$$S_N = \sum U_{2N}I_{2N} \tag{5.11}$$

需强调的是变压器的额定容量是视在功率，它与输出功率（单位为 W）不同，因输出功率的大小还与负载功率因数有关。

2. 额定电压

原边额定电压（单位为 V 或 kV）是根据绝缘强度而定的，指变压器长时间运行所能承受的工作电压。副边额定电压（单位为 V 或 kV）定义为：原边加额定电压，副边绕组开路（空载）时的端电压。三相变压器额定电压一律指线电压。

3. 额定电流

额定电流（单位为 A）是指变压器在额定容量和允许温升条件下长时间通过的电流。三相变压器额定电流一律指线电流。

例 5.1　一台如图 5.16 所示的电源变压器，原边额定电压 $U_{1N} = 220V$，匝数 $N_1 = 550$ 匝，它有两个副绕组，一个电压 $U_{2N} = 36V$，负载功率 $P_2 = 180W$，另一个电压 $U_{3N} = 110V$，负载功率 $P_3 = 550W$。试求：

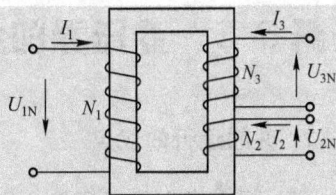

(1) 副边两绕组匝数 N_2 和 N_3；

(2) 原边电流 I_1（忽略漏阻抗压降和损耗）。

图 5.16　例 5.1 图

解　(1)

$$\frac{N_1}{N_2} = \frac{U_{1N}}{U_{2N}}$$

$$N_2 = U_{2N} \times \frac{N_1}{U_{1N}} = 36 \times \frac{550}{220} = 90 \text{ 匝}$$

$$\frac{N_1}{N_3} = \frac{U_{1N}}{U_{3N}}$$

$$N_3 = U_{3N} \times \frac{N_1}{U_{1N}} = 110 \times \frac{550}{220} = 275 \text{ 匝}$$

(2)

$$I_2 = \frac{P_2}{U_{2N}} = \frac{180}{36} = 5A$$

$$I_3 = \frac{P_3}{U_{3N}} = \frac{550}{110} = 5A$$

$$I_1 N_1 = I_2 N_2 + I_3 N_3$$

$$I_1 = \frac{I_2 N_2 + I_3 N_3}{N_1} = \frac{5 \times 90 + 5 \times 275}{550} = 3.32A$$

例5.2 已知某收音机输出变压器的原绕组匝数 $N_1 = 600$ 匝，副绕组匝数 $N_2 = 30$ 匝，原接阻抗为 16Ω 的扬声器。现要改接成 4Ω 的扬声器，试问副绕组匝数该如何改变？

解 原变比
$$K = \frac{N_1}{N_2} = \frac{600}{30} = 20$$

原边阻抗
$$Z_1 = K^2 Z_2 = 20^2 \times 16\Omega = 6400\Omega$$

现
$$Z_1 = \left(\frac{N_1}{N_2'}\right)^2 Z_2'$$

$$6400 = \left(\frac{600}{N_2'}\right)^2 \times 4$$

所以
$$N_2' = 15 \text{ 匝}$$

【自己动手】 观察各种变压器的结构特点，了解其用途和使用注意事项，测定绕组极性（每人一个变压器、一块电压表、一块毫安表、两节电池）。

任务5-5 变压器的并联运行

1. 并联运行的优点

（1）提高供电的可靠性。当一台变压器发生事故或需要维护时，可将其从电网中切除，不必因此停止向负载供电。

（2）实现经济运行。我们知道，变压器在轻载运行时的功率因数和效率都比较低，如果在负载较轻时切除并联运行的其中一、两台变压器，可使还在运行的变压器的负载量较为合理。

（3）减小变压器的初装容量。可随生产的发展、在要求更大的供电容量时，再并联更多的变压器。

（4）减小变压器的备用容量。即变压器的备用容量可小于正在运行的变压器总容量。备用容量通常为总容量的1/2或2/3等。

2. 并联运行的条件

（1）变压器并联运行的理想情况。

① 空载时，各变压器绕组之间没有环流，以防因并联运行带来附加的铜损耗。

② 负载时，各变压器应按各自的额定容量成正比地分担负载，使各台变压器的容量都得到充分的利用，不出现有的变压器过载而有的变压器轻载的现象。

③ 负载时，各变压器中同一相的副边电流同相位，使各变压器的副边电流在总负载电流一定时均为最小值。

（2）要实现变压器的理想并联运行，并联的变压器必须满足下列条件：

① 各变压器的原、副边额定电压对应相等，即变比 K 相等。

② 各变压器的连接组别必须相同。

③ 各变压器的短路阻抗的标幺值应相等。

实际并联运行时，各变压器的容量最好相同或相近，最大容量与最小容量之比不得超过 3:1。

如果不满足上列三个条件，将给并联运行的变压器带来不良的影响，甚至于损坏变压器，现就此分析如下：

① 如果变比 K 不相等，各并联变压器绕组之间将出现环流，使各变压器的损耗增加。

② 如果连接组别不相同，各并联变压器绕组之间将产生很大的环流，变压器绕组将因此损坏。

③ 如果短路阻抗标幺值不相等，则可能使并联运行的一些变压器因严重过载而损坏，另一些变压器轻载而在低效率和低功率因数下运行。

只要并联运行的各变压器的短路阻抗标幺值相等，则并联运行的各变压器的电流标幺值相等，说明各变压器能按各自额定电流的大小成正比地分担负载。

任务 5-6　变压器的维护

为了保证变压器能安全可靠地运行，在变压器发生异常情况时，能及时发现事故苗头，做出相应处理，将故障消除在萌芽状态，达到防止严重故障出现的目的。因此，对变压器应该做定期巡回检查，严格监察其运行状态，并做好数据记录。

1. 变压器声响是否正常

变压器的正常声响应是均匀的嗡嗡声。如果声响较正常时大，说明变压器过负荷；如果声响尖锐，说明电源电压过高。

2. 变压器油是否正常

（1）油温是否正常。油浸变压器上层油温一般不应超过 85℃，最高不应超过 95℃。油温过高可能是变压器过负荷引起的，也可能是变压器内部故障引起的。

（2）油位和油色是否正常。检查各密封处有无渗油和漏油现象。油面过高，可能是冷却装置运行不正常或变压器内部故障等所引起的；油面过低，可能有渗油漏油现象。变压器油正常时应为透明略带浅黄色。如油色变深变暗，则说明油质变坏。

（3）瓷套管是否正常。瓷套管是否清洁，有无破损裂纹和放电痕迹；高低压接头的螺栓是否紧固，有无接触不良和发热现象。

3. 防爆膜是否正常

防爆膜是否完整无损，吸湿器是否畅通，硅胶是否吸湿饱和。

巡视中发现的异常情况，应记入专用记录本，重要情况应及时向上级汇报，请示处理。

任务 5-7　变压器故障分析

在运行过程中，变压器可能发生各种不同的故障。而造成变压器故障的原因是多方面

的，要根据具体情况进行细致分析，并加以恰当处理。变压器常见的故障主要有线圈故障、铁芯故障及分接开关、瓷套管故障等。其中，变压器绕组故障最多，变压器绕组故障主要有匝间（或层间）短路、对地击穿和线圈相间短路等。其次是铁芯故障，约占15%，铁芯故障主要有铁芯片间绝缘损坏、铁芯片局部短路或局部熔毁、钢片有不正常的响声或噪声等。

5.7.1　绕组故障

1. 匝间短路故障

（1）故障现象。

① 变压器异常发热。

② 气体继电器内气体灰白色或蓝色，有跳闸回路动作。

③ 油温增高，油有时发出"咕嘟"声。

④ 一次电流增高。

⑤ 各相直流电阻不平衡。

⑥ 故障严重时，差动保护动作，供电侧的过电流保护装置也动作。

（2）故障产生的可能原因。

① 变压器进水，水浸入绕组。

② 自然损坏，散热不良或长期过负荷造成绝缘老化，过电流引起的电磁力造成匝间绝缘损坏。

③ 绕组绕制时导线有毛刺，导线焊接不良、导线绝缘不良或线匝排列与换位、绕组压装等不正确，使绝缘受到损坏。

④ 变压器发生短路或其他故障，线圈受到振动与变形，损坏匝间绝缘。

（3）检查与处理方法。

① 吊出器身、进行外观检查。

② 测量直流电阻。

③ 将器身置于空气中，在绕组上加20%额定电压，若有损坏点则会冒烟。

④ 重绕绕组。

2. 线圈断线故障

（1）故障现象。

① 断线处发生电弧使变压器内有放电声。

② 断线的相没有电流。

（2）产生的原因。

① 由于连接不良或安装套管时使引线扭曲断开。

② 导线内部焊接不良或短路应力造成断线。

（3）检查与处理方法。

① 吊出器身进行检查，若因短路造成，则应查明原因，消除故障，重新绕制线圈。②

若引线断线则重新接线。

3. 对地击穿或相间短路故障现象

（1）故障现象。

① 过电流保护装置动作。

② 安全气道爆破、喷油。

③ 气体继电器动作。

④ 无安全气道与气体继电器的小型变压器油箱变形受损。

（2）产生的原因。

① 主绝缘因老化而有破裂、折断等严重缺陷。

② 绝缘油受潮，使绝缘能力严重下降。

③ 短路时造成绕组变形损坏。

④ 绕组内有杂物落入。

⑤ 由过电压引起。

⑥ 引线随导电杆转动造成接地。

（3）检查与处理方法。

① 吊出器身检查。

② 用绝缘电阻表（兆欧表）测绕组对油箱的绝缘电阻。

③ 将油进行简化试验（试验油的击穿电压）。

④ 应立即停止运行，重绕绕组。

5.7.2　分接开关故障

1. 触头表面熔化或灼伤故障

（1）故障现象。

① 油温升高。

② 气体继电器动作。

③ 过电流保护装置动作。

（2）产生原因。

① 分接开关结构与装配上存在缺陷，造成接触不良。

② 触点压力不够，短路时触点过热。

（3）检查及处理方法。测量各分接头的直流电阻，保证良好接触。

2. 相间触点放电或各分接头放电故障

（1）故障现象。

① 高压熔丝熔断。

② 气体继电器动作，安全气道爆破。

③ 变压器油发出"咕嘟"声。

（2）产生原因。

① 过电压引起。

② 变压器有灰尘或受潮。

③ 螺钉松动，触点接触不良，产生爬电烧伤绝缘。

（3）检查及处理方法。吊出器身，用绝缘电阻表进行检查，保证触头间良好接触。

5.7.3 套管故障

1. 对地击穿高压熔丝熔断故障

（1）故障现象。

① 套管发黑。

② 高压侧无电压。

（2）产生原因。

① 套管有裂纹或有碰伤。

② 套管表面较脏。

（3）检查与处理方法。平时应注意套管的整洁，故障后必须更换套管。

2. 套管间放电高压熔丝熔断故障

（1）故障现象。

① 套管发黑。

② 套管烧伤。

③ 高压侧无电压。

（2）产生原因。套管间有杂物存在。

（3）检查与处理方法。

① 请理杂物。

② 更换套管。

5.7.4 变压器油变暗故障

（1）故障现象。

① 变压器油颜色不正。

② 变压器油中有杂质。

（2）产生原因。

① 变压器故障引起放电，造成油分解。

② 变压器油长期受热，氧化严重，使油质恶化。

（3）检查与处理方法。分析油质，进行过滤或换油。

知识梳理与总结

本章从任务入手，介绍了变压器是一种以电磁感应原理为基础的常见电气设备；介绍了变压器的结构、运行原理、类型及其使用；介绍了一些特殊变压器：如电力变压器、仪用互感器、自耦变压器和交流电焊机等；介绍了变压器的使用、并联运行、维护、故障处理等应用知识。主要内容如下：

（1）变压器主要由两部分组成。

（2）变压器的运行原理基础是电磁感应原理。

（3）变压器有多种分类方法。

（4）变压器有三个功能。

（5）变压器的用途、使用维护、故障处理。

思考与练习5

5.1 常用变压器有哪些种类？各有什么用途？

5.2 变压器有何结构特点？

5.3 变压器绕组常用材料有哪些？

5.4 变压器铁芯起什么作用？不用行吗？

5.5 在变压器原边电压不变的情况下，以下哪些措施能增大变压器的输入功率？

（1）把原绕组线径加粗；

（2）增加原绕组匝数；

（3）增大铁芯截面；

（4）减小副边负载阻抗。

5.6 一台额定电压为220/110V的单相变压器，欲获得440V的电压，能否把220V的交流电源接在变压器低压侧，而从高压侧得到440V电压？

5.7 变压器负载增大（I_2增大），为什么原边电流I_1也随之增大，这时变压器的铁损耗和铜损耗是否也增大？

5.8 一台220/110V的单相变压器，$N_1 = 2000$匝，$N_2 = 1000$匝，变比$K = N_1/N_2$，有人为省线，将原、副绕组匝数减为20匝和10匝，行吗？为什么？

5.9 一台空载运行变压器，原边加额定电压220V，测得原绕组电阻为10Ω，试问原边电流是否等于22A？

5.10 一台额定频率为50Hz的变压器，能否用于25Hz的交流电路中？为什么？

5.11 若将变压器原边接到与它的额定电压相同的直流电源上，会怎么样？

5.12 某变压器接上电源运行正常，有人为减小铁芯损耗而抽去铁芯，结果一接上电源，绕组就烧毁，为什么？

5.13 变压器空载运行时，原绕组加交流额定电压，这时原绕组的电阻R很小，为什么空载电流I_0却不大？

5.14 制造变压器时误将铁芯截面积做小了，当这台变压器空载运行时，它的主磁通、

空载电流将如何变化？

5.15　一台 220/36V 的变压器，已知原绕组匝数 $N_1 = 1100$ 匝，试求副绕组匝数？若在副边接一盏 36V、100W 的白炽灯。问原边电流为多少？（忽略空载电流和漏阻抗压降）。

5.16　一台 S_N 为 10kV·A、U_{1N}/U_{2N} 为 3300/220V 的单相照明变压器，现要在副边接 60W、220V 白炽灯。要求变压器在额定状态下运行，可接多少盏灯？原、副边额定电流是多少？

5.17　阻抗为 8Ω 的扬声器，通过一台变压器接到信号源电路上使阻抗完全匹配，设变压器原绕组匝数 $N_1 = 500$ 匝，副绕组匝数 $N_2 = 100$ 匝。求变压器原边输入阻抗是多少？

第6章

常用电动机

教学导航

教	知识重点	1. 三相交流异步电动机结构 2. 三相交流异步电动机运行原理 3. 三相交流异步电动机启动、调速、制动 4. 三相交流异步电动机选用
	知识难点	三相交流异步电动机工作原理、启动、调速、制动
	推荐教学方式	从应用入手，实物教学，讲解三相交流异步电动机结构、原理、启动、调速、制动方法
	建议学时	6 学时
学	推荐学习方法	自己先找个三相交流异步电动机分析，但不要盲目拆卸或通电，不懂的地方做出记录，查资料，听老师讲解，在老师指导下动手练习
	必须掌握 的理论知识	三相交流异步电动机运行原理、启动、调速、制动方法
	需要掌握 的工作技能	1. 三相交流异步电动机的检测 2. 三相交流异步电动机的接线 3. 三相交流异步电动机的选择、使用 4. 三相交流异步电动机的维护、维修

电动机分为直流电动机和交流电动机，是实现电能与其他形式的能相互转换的装置。交流电动机又分单相交流电动机和三相交流电动机。交流电动机具有结构简单、制造方便、价格低廉、运行可靠、维修方便等一系列优点。因此，电动机广泛用于工农业生产、交通运输、国防工业和日常生活等许多方面。常见的电动机外形如图6.1所示。下面主要介绍三相交流异步电动机的结构、运行原理、启动、调速、制动、选用等基本知识。

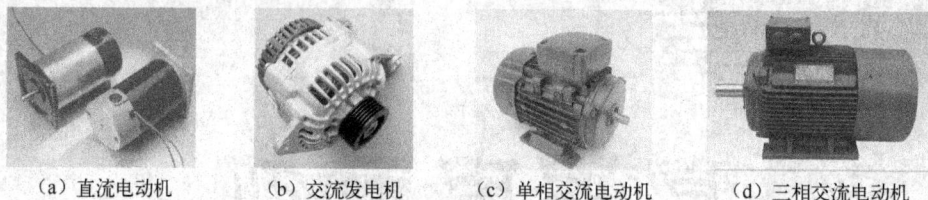

(a) 直流电动机　　(b) 交流发电机　　(c) 单相交流电动机　　(d) 三相交流电动机

图6.1　常见电动机

任务 6-1　三相交流异步电动机的结构

三相交流异步电动机主要由定子和转子两大部分组成，另外还有端盖、接线盒及风扇等部件，如图6.2所示。

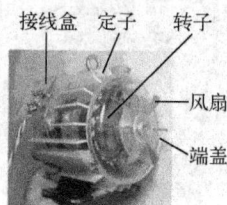

图6.2　三相交流异步电动机的结构

6.1.1　定子

三相交流异步电动机的定子由定子铁芯、定子绕组和机座等组成。

1. 定子铁芯

定子铁芯是电动机的磁路部分，一般由如图6.3所示的厚度为0.5mm，内圆冲成均匀分布的槽的硅钢片叠成如图6.4所示的定子铁芯。定子铁芯槽内嵌入三相定子绕组，绕组和定子铁芯之间有良好的绝缘。

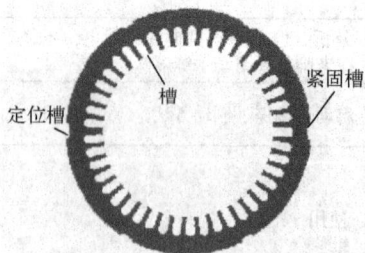

图6.3　定子冲片

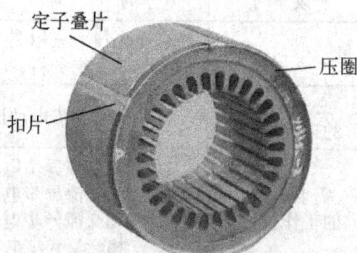

图6.4　定子铁芯

2. 定子绕组

如图6.5所示，定子绕组是电动机的电路部分，由三相对称绕组组成，并按一定的空间

角度依次嵌入定子铁芯槽内，如图 6.6 所示。三相绕组的首、尾端分别为 U_1、V_1、W_1 和 U_2、V_2、W_2，接线方式与电源电压有关，可接成星形（Y）或三角形（△）。定子绕组的嵌线如图 6.6 所示。

3. 机座

机座一般由铸铁或铸钢制成，封闭式电动机机座外表面还有散热筋，以增加散热面积，如图 6.7 所示，其作用是固定定子铁芯和定子绕组。

图 6.5　定子绕组　　　　　图 6.6　定子绕组的嵌线　　　　　图 6.7　机座

4. 端盖

机座两端的端盖一般由铸铁或铸钢制成，用来支撑转子轴，并在两端设有轴承座。

6.1.2　转子

转子包括转子铁芯、转子绕组和转轴。

1. 转子铁芯

转子铁芯是由如图 6.8 所示的厚度为 0.5mm 转子冲片叠成的。转子冲片是一种外圆周围冲有槽的硅钢片。叠压后的铁芯如图 6.9 所示。

2. 转子绕组

转子绕组有笼型和绕线型两种，笼型转子绕组一般用铝浇入转子铁芯的槽内，并将两个端环与冷却用的风扇叶浇铸在一起，如图 6.10 所示。而绕线型转子绕组和定子绕组相似，绕组一般接成星形，三个出线头通过转轴内孔分别接到三个铜制集电环上，而每个集电环上都有一组电刷，通过电刷使转子绕组与变阻器接通来改善电动机的启动性能或调节转速，如

铁芯　绕组　风扇叶

端环

图 6.8　转子冲片　　　　图 6.9　转子铁芯　　　　图 6.10　笼型转子绕组

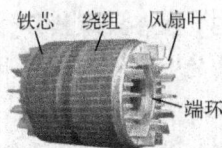

图 6.11、图 6.12 所示。

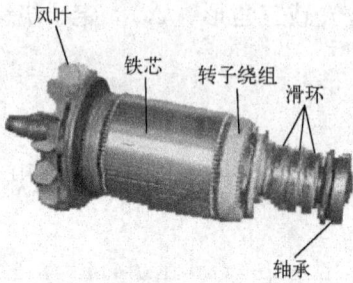

风叶
铁芯　转子绕组
滑环
轴承

转子绕组
电刷
外接电阻
滑环

图 6.11　绕线转子绕组装配图　　　　图 6.12　绕线转子绕组接线图

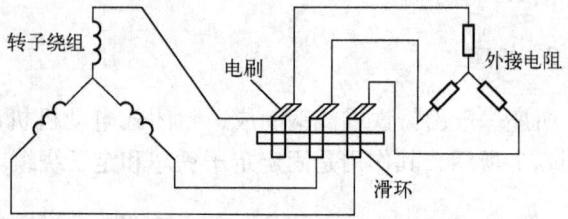

【自己动手】　观察三相交流异步电动机的基本构成和结构特点及所用材料（每人一个低功率三相交流异步电动机）。

实训5　螺丝刀的使用

螺丝刀是用来紧固或拆卸带槽螺钉的常用工具。

【实训目的】

（1）通过自己动手，掌握常用螺丝刀的结构和用途。

（2）通过实物练习，学会螺丝刀的使用。

【实训要求】

（1）在进行常用螺丝刀的使用练习时，要先清楚其用途和结构。

（2）练习中，要按螺丝刀的使用方法和要求进行练习，一定要注意安全防护。

【实训原理】

螺丝刀按头部形状的不同，有"一"字形和"十"字形两种，如图 6.13 所示。

（1）"一"字形螺丝刀。"一"字形螺丝刀用来紧固或拆卸带"一"字槽的螺钉，其规格用柄部以外的体部长度表示，电工常用的有 50mm、150mm 两种。

（2）"十"字形螺丝刀。"十"字形螺丝刀是专供紧固或拆卸带"十"字槽螺钉的，其长度和"十"字头大小有多种，按"十"字头的规格分为四种型号：1 号适用的螺钉直径为 2～2.5mm，2 号为 3～5mm，3 号为 6～8mm，4 号为 10～12mm。

"一"字口　绝缘层　　"一"字槽形
"十"字口　绝缘层　　"十"字槽形

图 6.13　螺丝刀

（3）组合式螺丝刀。组合式螺丝刀配有多种规格的"一"字头和"十"字头，刀头可以方便更换，具有较强的灵活性，适合紧固和拆卸多种不同的螺钉。

（4）注意事项。螺丝刀是电工最常用的工具之一，使用时应选择带绝缘手柄的螺丝刀，使用前先检查绝缘是否良好；螺丝刀的头部形状和尺寸应与螺钉尾槽的形状和

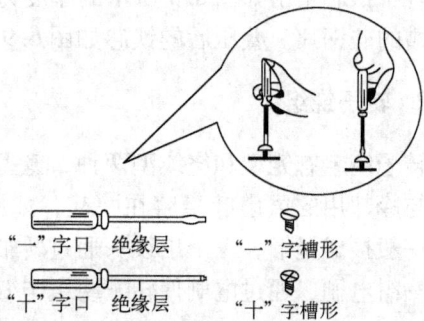

大小相匹配，严禁用小螺丝刀去拧大螺钉，或用大螺丝刀去拧小螺钉；更不能将其当凿子使用。

【实训器材】

实训器材如表6.1所示。

表6.1 实训器材

名　　称	"一"字和"十"字螺丝刀	"一"字和"十"字螺钉	木　　板
数　　量	各50支	若干	50块

【实训程序】

按下列要求进行大小螺丝刀的基本功练习。

(1) 大螺丝刀的使用。大螺丝刀一般用来紧固较大的螺钉。使用时除大拇指、食指和中指要夹住握柄外，手掌还要顶住柄的末端，这样就可防止旋转时滑脱。

(2) 小螺丝刀的使用。小螺丝刀一般用来紧固电气装置接线桩头上的小螺钉，使用时可用大拇指和中指夹着握柄，用食指顶住柄的末端拧旋。

(3) 较长螺丝刀的使用。可用右手压紧并转动手柄，左手握住螺丝刀的中间部分，以使螺丝刀不致滑脱，此时左手不得放在螺钉的周围，以免螺丝刀滑出时将手划破。

【实训评价】

实训评价如表6.2所示。

表6.2 实训评价

序　　号	评价内容	配　　分
1	"一"字形螺丝刀的使用	50%
2	"十"字形螺丝刀的使用	50%

【实训小结】

(1) 总结常用螺丝刀操作技巧。

(2) 总结螺丝刀在操作中的注意事项。

【实训思考】

(1) 螺丝刀有哪几类？

(2) 各种螺丝刀分别用于什么场合？

实训6　扳手的使用

扳手是用于螺纹连接的一种常用工具，种类和规格很多。活扳手是最常用的一种。

【实训目的】

(1) 通过自己动手，掌握电工中常用扳手的结构和用途。

(2) 通过实物练习，学会扳手的使用。

【实训要求】

(1) 在进行常用扳手的使用练习时，要先清楚其用途和结构。

(2) 练习中，要按扳手的使用方法和要求进行练习，一定要注意安全防护。

【实训原理】

1. 活扳手的构造和规格

活扳手又称活络扳头，是用来紧固和松动螺母的一种专用工具。活扳手由头部和柄部组成，头部由活络扳唇、呆扳唇、扳口、蜗轮和轴销等组成，如图6.14所示。旋动蜗轮可调节扳口的大小。规格用"长度×最大开口宽度"（单位：mm）来表示，电工常用的活扳手有150mm×19mm（6in，即6英寸）、200mm×24mm（8in）、250mm×30mm（10in）和300mm×36mm（12in）四种。

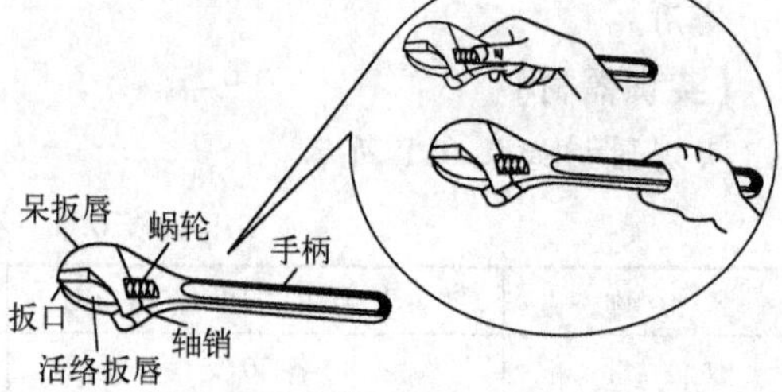

图6.14　活扳手

2. 活扳手的使用方法

扳动大螺母时，需用较大力矩，手应握在靠近柄尾处，扳动小螺母时，需用力矩不大，但螺母过小，易打滑，因此手应握在接近头部的地方，并且可随时调节蜗轮，收紧活络扳唇，防止打滑。

活扳手不可反用，也不可用钢管接长手柄来施加较大的扳拧力矩。活扳手不得当做撬棒或手锤使用。

3. 其他常用扳手的使用方法

其他常用扳手有呆扳手、梅花扳手、两用扳手、套筒扳手和内六角扳手等。

（1）呆扳手：又称死扳手，其开口宽度不能调节，有单端开口和两端开口两种形式，分别称为单头扳手和双头扳手。单头扳手的规格以开口宽度表示，双头扳手的规格以两端开口宽度（单位：mm）表示，如8mm×10mm、32mm×36mm等。

（2）梅花扳手：都是双头形式，它的工作部分为封闭圆，封闭圆内分布了12个可与六角头螺钉或螺母相配的牙形，适应于工作空间狭小、不便使用活扳手和呆扳手的场合，其规格表示方法与双头扳手相同。

（3）两用扳手：两用扳手的一端与单头扳手相同，另一端与梅花扳手相同，两端适用同一规格的六角头螺钉或螺母。

（4）套筒扳手：套筒扳手由一套尺寸不同的梅花套筒头和一些附件组成，可用在一般扳手难以接近螺钉和螺母的场合。

（5）内六角扳手：用于旋动内六角螺钉，其规格以六角形对边的尺寸来表示，最小的规格为3mm，最大的规格为27mm。

【实训器材】

实训器材如表6.3所示。

表6.3　实训器材

名　称	数　量	名　称	数　量
呆扳手	50把	活扳手	50把
内六角扳手	50把	各种螺栓	若干
两用扳手	50把	各种垫圈	若干
梅花扳手	50把	带孔木板	50块
套筒扳手	50把		

【实训程序】

按下列要求进行大小螺栓紧固的基本功练习。

(1) 活扳手的使用。

(2) 呆扳手的使用。

(3) 套筒扳手的使用。

(4) 内六角扳手的使用。

(5) 两用扳手的使用。

(6) 梅花扳手的使用。

【实训评价】

实训评价如表 6.4 所示。

表 6.4　实训评价

序　号	评价内容	配　分	序　号	评价内容	配　分
1	活扳手的使用	50%	4	内六角扳手的使用	10%
2	呆扳手的使用	10%	5	两用扳手的使用	10%
3	套筒扳手的使用	10%	6	梅花扳手的使用	10%

【实训小结】

(1) 总结常用扳手操作技巧。

(2) 总结扳手在操作中的注意事项。

【实训思考】

(1) 扳手有哪几类？

(2) 各种扳手分别用于什么场合？

实训 7　电动机的拆装

最常见的电动机是交流异步电动机，具有结构简单、制造方便、价格低廉、运行可靠、维修方便等一系列优点。

【实训目的】

(1) 掌握电动机类型的识别与检测方法，会对电动机进行拆装。

(2) 通过对电动机的测试与拆装练习，认识和了解电动机的基本结构。

【实训要求】

(1) 多观察实物、多分析、多判断，积累感性知识。拆装时要注意顺序和步骤，保证恢复其原状，不能错装和漏装。

(2) 正确使用仪表。

【实训原理】

1. 拆卸联轴器或传动轮

(1) 拆卸前做好必要的记录。

(2) 先在联轴器或传动轮的轴伸端做好尺寸标记，取下联轴器或传动轮上的定位

螺钉或销子，如图 6.15 所示，装上拉具，拉具丝杠尖端对准电动机转轴中心，转动丝杠，慢慢将联轴器或传动轮拉出。若拉不出，不可硬拉，在定位螺孔内注入煤油，几小时后再拉。在拆卸过程中，不可以用锤子直接敲打联轴器或传动轮，以防碎裂或使电动机轴变形。

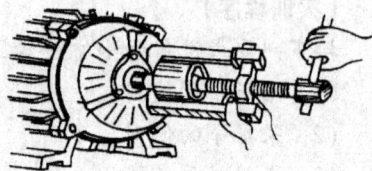

图 6.15　拆卸联轴器或传动轮

2. 拆卸轴承盖和端盖

卸下轴承盖螺栓，拆下轴承盖外盖；在端盖与机座接缝处的任一位置做好复位记号。卸下端盖螺栓，然后用锤子均匀向外敲打端盖四周（敲打时垫上垫木），将端盖取下。

小型电动机只拆卸风扇一侧的端盖，同时将另一侧的轴承盖螺栓拆下。

3. 拆卸轴承

（1）将转子连同后端盖风扇一起取出。抽出转子的过程中，应小心缓慢，特别要注意不可歪斜着往外抽，应始终沿着转子轴径的中心线向外移动，防止转子碰伤绕组。转子抽出后，当重心移到机座外后需垫支架，并包好轴伸，以免弄伤或碰坏。

（2）选用大小合适的拉具，其丝杠中心对准电动机的转轴中心，开始拉力要小，将轴承慢慢拉出，如图 6.16（a）所示。也可用其他方法拆卸，如图 6.16（b）、（c）、（d）所示。若轴承良好，则不必拆卸。练习时可以不进行轴承拆卸。

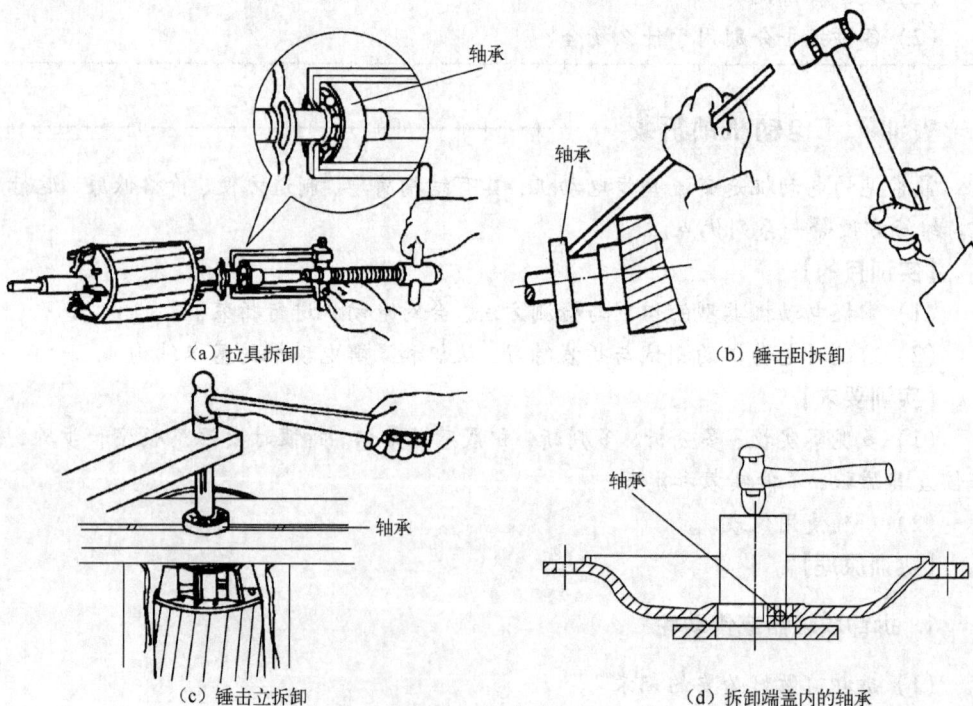

（a）拉具拆卸　　　　　　　　　　　　（b）锤击卧拆卸

（c）锤击立拆卸　　　　　　　　　　　　（d）拆卸端盖内的轴承

图 6.16　拆卸轴承

4. 装轴承

（1）清理电动机内部，擦去污物、灰尘，用高压风或皮老虎吹净，检查轴承中的润滑脂，并及时添加润滑脂。在绕组端喷上一层灰磁漆以加强绝缘和防潮，待油漆干后再进行装配。

（2）在轴和轴承配合部位涂上润滑脂后，把轴承套在轴上，用一根长约300mm，内径大于轴颈直径的铁管，一端顶在轴承的内圈上，用锤子敲打铁管的另一端，将轴承逐渐敲打到位，如图6.17所示。

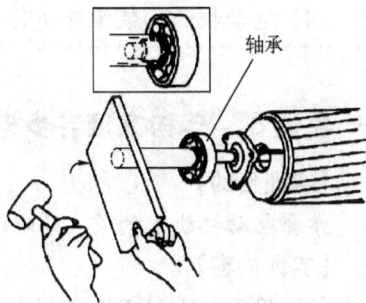

图6.17　装轴承

5. 装端盖

将轴伸端朝下垂直放置，在其端面上垫上木板，将后端盖套在后轴承上，用木锤敲打，将其敲打到位。接着安装轴承外盖，外盖的槽内同样加上润滑脂。用螺栓连接轴承内外盖并紧固。

【实训器材】

实训器材如表6.5所示。

表6.5　实训器材

名　　称	常用电工工具	绕线转子三相交流异步电动机	笼形三相交流异步电动机	单相交流异步电动机	万用表
数量	50套	50台	50台	50台	50块

【实训程序】

（1）领用设备和工具，根据要求进行识别和检查。

（2）聆听和观察指导教师讲解和操作示范。

（3）进行电动机的拆装练习。

【实训评价】

实训器材如表6.6所示。

表6.6　实训评价

序　号	评价内容	配　分
1	判别电动机的种类和结构	20%
2	轴承拆装	20%
3	电动机拆装	60%

【实训小结】

（1）总结三相交流异步电动机和单相交流异步电动机的结构的区别。

（2）总结单相和三相交流异步电动机拆装注意事项。

【实训思考】

（1）如何根据不同的环境选择电动机？

（2）如何理解电动机的额定功率、额定电压、额定电流、额定转速？

（3）三相交流异步电动机绕组的接法有几种？

（4）电动机的拆装步骤是什么？

实训 8　三相交流异步电动机定子绕组首、尾端判别

【实训目的】

学会电动机绕组的首、尾端的判别方法，便于电动机的正确接线。

【实训内容】

（1）用干电池和万用表判别三相交流异步电动机绕组的首、尾端。

（2）用万用表判别三相交流异步电动机绕组的首、尾端。

【实训要求】

（1）多观察实物、多分析、多判断，积累感性知识。

（2）判别首、尾端时要正确使用仪表。

【实训原理】

1. 用干电池和万用表判别首、尾端

（1）判别绕组各自的端点。把万用表调到电阻挡，根据电阻的大小可分清哪两个线端属于同一相绕组（同一相绕组的电阻很小）。

（2）判别其中两相绕组的首、尾端。先把万用表调到直流电流最小挡位，再把任意一相绕组的两个线端接到万用表，并指定接表"+"端的为该相绕组的首端，接表"−"端的为尾端。然后将另外任意一相绕组的两个线端分别接一干电池的"+"极和"−"极，如图 6.18 所示。若干电池接通瞬间，万用表表针正偏转，则与电池"+"极相接的线端为绕组的尾端，另一端为首端。若表针反偏转，则该相绕组的首、尾端与上述相反。

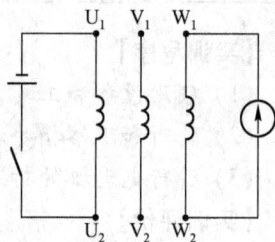

图 6.18　用干电池和万用表判别绕组的首、尾端

（3）判别另一相绕组的首、尾端。前面万用表所接的这相绕组不动，将剩下的一相绕组的两个线端分别连接干电池的"+"极和"−"极，用上述相同的方法即可判断出最后一相绕组的首、尾端。

2. 用万用表判别首、尾端

（1）判别绕组各自的端点。将万用表调到电阻挡，根据电阻的大小先判别清楚三相绕组中哪两个线端属于同一相绕组。

（2）判别绕组的首、尾端。

① 将万用表调到直流电流最小挡，并将电动机三相绕组接成如图 6.19 所示。

② 用手用力朝某一方向转动电动机的转子，若此刻万用表的表针不动，如图 6.20（a）所示，则说明三相绕组首尾端的区分是正确的；若表针瞬间动了，如图 6.20（b）所示，则说明有一相绕组的首尾端接反了。要一相一相地分别对调后重新试验，直到表针不动为止。

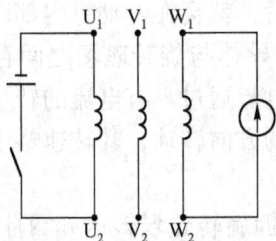

图 6.19 用干电池和万用表
判别绕组的首、尾端

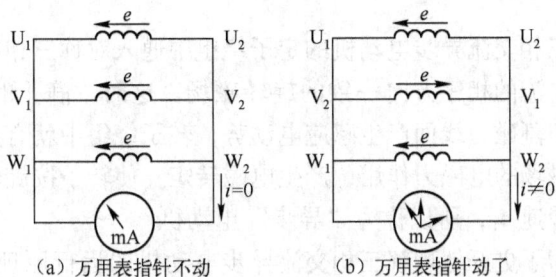

（a）万用表指针不动　（b）万用表指针动了

图 6.20 用万用表判别绕组的首尾端

这种方法是利用转子铁芯中的剩磁，在定子三相绕组中感应出电动势和三相对称电动势之和等于零的原理进行的。

【实训器材】

实训器材如表 6.7 所示。

表 6.7 实训器材

名　称	常用电工工具	绕线转子三相交流异步电动机	笼形三相交流异步电动机	干 电 池	模拟式万用表
数　量	50 套	50 台	50 台	50 组	50 块

【实训程序】

（1）领用设备和工具，根据要求进行识别和检查。

（2）聆听和观察指导教师讲解和操作示范。

（3）判别电动机绕组的首、尾端。

【实训评价】

实训评价如表 6.8 所示。

表 6.8 实训评价

序　号	评价内容	配　分
1	用干电池和万用表判别电动机绕组首、尾端	50%
2	用万用表判别电动机绕组首、尾端	50%

【实训小结】

（1）电动机绕组首、尾端判别的重要性。

（2）三相笼型交流异步电动机和三相绕线型交流异步电动机结构的区别。

【实训思考】
（1）如何用干电池和万用表判别三相交流异步电动机绕组的首、尾端？
（2）如何用万用表判别三相交流异步电动机绕组的首、尾端？

任务6-2 三相交流异步电动机的运行原理

三相交流异步电动机的定子绕组中通入对称三相电流后，就会在电动机内部产生一个与三相电流的相序方向一致的旋转磁场。这时，静止的转子导体与旋转磁场之间存在相对运动，切割磁力线而产生感应电动势，转子绕组中就有感应电流通过。有电流的转子导体受到旋转磁场的电磁力作用，产生电磁转矩，使转子按旋转磁场方向转动，其转速略小于旋转磁场的转速 n_1，所以称为"异步"电动机。

为了更好地理解三相交流异步电动机的运行原理和掌握旋转磁场转速 n_1 的计算，需要进一步分析旋转磁场的产生情况。

最简单的三相交流异步电动机的定子绕组如图6.21所示，每相绕组只有一个线圈，当三相绕组接成星形并与三相对称电源相接后，三相绕组中就有三相对称电流通过，即

$$i_U = I_m \sin\omega t \tag{6.1}$$

$$i_V = I_m \sin\left(\omega t - \frac{2\pi}{3}\right) \tag{6.2}$$

$$i_W = I_m \sin\left(\omega t + \frac{2\pi}{3}\right) \tag{6.3}$$

其波形图如图6.22所示。

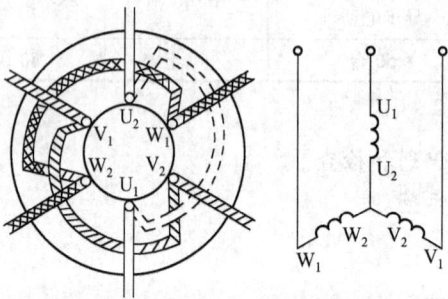

图6.21 最简单的三相交流异步电动机的定子绕组

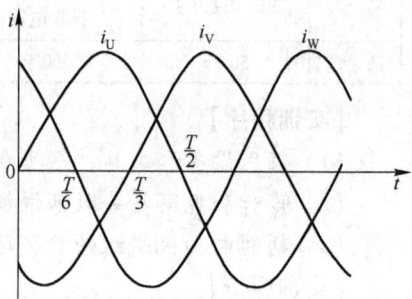

图6.22 三相电流的波形图

正弦电流通过每相绕组，都要产生一个按正弦规律变化的磁场。为了确定某一时刻绕组中的电流方向及所产生的磁场方向，我们规定：三相交流电在正半周时（电流为正值），电流由绕组始端流入，末端流出。电流流入端用"×"表示，流出端用"·"表示。电流为负值时则相反。下面分别取 $t=0$、$\frac{T}{6}$、$\frac{T}{3}$、$\frac{T}{2}$ 四个时刻所产生的合成磁场做定性分析。

当 $t=0$ 时，由三相电流波形图可知，$i_U=0$，表示 U 相绕组无电流，不产生磁场；$i_V<0$，表示 V 相绕组电流由末端 V_2 流向始端 V_1；$i_W>0$，表示 W 相绕组电流由始端 W_1 流向末端 W_2。由安培定则可以判定，这一时刻由三个线圈电流所产生的合成磁场如图6.23（a）所

示，它在空间形成二极磁场（磁极对数 $p=1$），上为 S 极，下为 N 极。

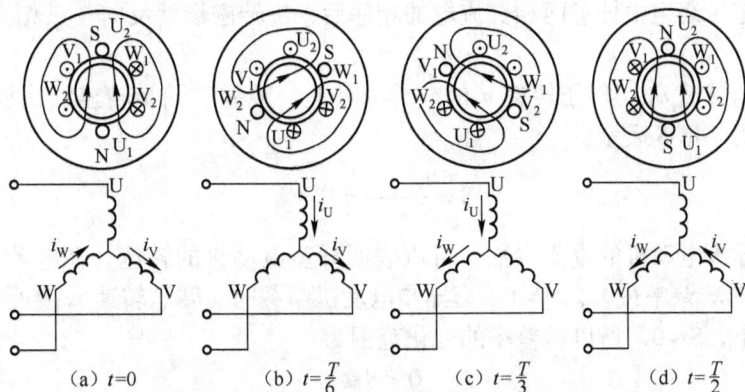

图 6.23　三相交流异步电动机的旋转磁场

当 $t=\dfrac{T}{6}$ 时，$i_U>0$，表示 U 相绕组电流由 U_1 端流向 U_2；$i_V<0$，表示 V 相绕组电流由 V_2 端流向 V_1 端；$i_W=0$，表示 W 相绕组无电流。由安培定则确定的合成磁场方向与 $t=0$ 时相比较，在空间顺时针方向转了 $\dfrac{\pi}{3}$，如图 6.23（b）所示。

用同样的分析方法可得：当 $t=\dfrac{T}{3}$ 时，合成磁场又比 $t=\dfrac{T}{6}$ 时刻向前转过了 $\dfrac{\pi}{3}$，如图 6.23（c）所示；当 $t=\dfrac{T}{2}$ 时，合成磁场比 $t=\dfrac{T}{3}$ 时刻又转过了 $\dfrac{\pi}{3}$ 空间角。

通过上述分析可以得出结论：对称三相交流电 i_U、i_V、i_W 分别通入定子三相绕组时，会产生一个随时间变化的旋转磁场。定子每相绕组只有一个线圈时，产生二极旋转磁场，当正弦交流电的电角度变化 2π 时，二极旋转磁场在空间也正好旋转 2π，即磁极对数 $p=1$ 时，旋转磁场与正弦电流同步变化。对工频交流电来说，旋转磁场每秒在空间旋转 50 周。若以 r/min 为转速单位，旋转磁场的转速 $n_1=50\times60=3000\text{r/min}$。若交流电的频率为 f，则旋转磁场的转速为

$$n_1=\frac{60f}{p} \tag{6.4}$$

如果定子的每相绕组由两个线圈串联而成，则各绕组的始端之间相差 $\dfrac{\pi}{6}$，通入对称三相交流电后产生四个磁极（磁极对数 $p=2$），称为四极电动机。同理可知，若定子每相绕组由 3 个线圈串联而成，则各绕组始端之间相差 $\dfrac{2\pi}{9}$，能产生三对磁极（$p=3$），称为六极电动机。

用分析二极旋转磁场的同样方法可以得出结论：当磁极对数 $p=2$ 时，交流电变化一周，旋转磁场只转动 $\dfrac{1}{2}$ 周；当磁极对数 $p=3$ 时，交流电变化一周，旋转磁场只转动 $\dfrac{1}{3}$ 周。以此类推，磁极对数为 p 的电动机（$2p$ 极电动机），交流电每变化一周，旋转磁场只转动 $1/p$ 周。当交流电频率为 f、磁极对数为 p 时，旋转磁场的转速为

$$n_1=\frac{60f}{p} \tag{6.5}$$

旋转磁场的转速 n_1 又称为同步转速。

改变通入定子绕组中任意两相交流电的相序后，旋转磁场就反向，三相交流异步电动机就随之反转。

旋转磁场的转速 n_1 与转子转速 n 的差称为转差，转差与同步转速的比值称为异步电动机的转差率，用字母 S 表示：

$$S = \frac{n_1 - n}{n_1} \times 100\% \tag{6.6}$$

转差率是异步电动机的重要参数，可以表明异步电动机的转速。在电动机的启动瞬间，转速 $n = 0$，此时转差率最大，$S = 1$。当异步电动机空载时，转子转速 n 接近于同步转速 n_1，此时转差率最小，$S \approx 0$。所以转差率的变化范围为

$$0 < S \leqslant 1$$

三相交流异步电动机在额定负载下运转时，转差率一般为 $3\% \sim 6\%$。

由公式（6.6）可推导出异步电动机的转速公式为

$$n = (1 - S)n_1 = (1 - S)\frac{60f}{p} \tag{6.7}$$

实验6　三相交流异步电动机空载、短路实验

【实验目的】

（1）掌握三相交流异步电动机的空载、短路实验的方法。

（2）通过该实验，掌握三相交流异步电动机参数的求取方法。

【实验原理】

（1）空载实验。电动机转子不带负载，定子绕组接三相电源，电压 U_0 升高至 $U_0 = (1 \sim 1.2)U_N$ 时开始逐渐降低电压，直至转速发生明显变化为止。测取对应的空载电流 I_0 和功率 P_0 值，绘制 $P_0 = f(U_0)$ 和 $I_0 = f(U_0)$ 曲线，计算异步电动机的励磁参数 R_m、X_m，机械损耗 P_{mec} 和铁耗 P_{Fe}。

（2）短路实验。电动机转子堵住不动（又称堵转实验），$n = 0$ 的情况下，定子接三相电源，调节电源电压，使短路电流升到 $1.2I_N$，再逐级降至 $0.3I_N$，记录短路电压 U_K，短路电流 I_K 和短路损耗 P_K 的值，绘制短路特性 $I_K = f(U_K)$、$P_K = f(U_K)$ 曲线，计算短路参数 R_K、X_K。

【实验设备】

（1）实验室提供实验用 380V、50Hz 三相交流电源。

（2）实验室需提供的设备如表 6.9 所示。

表 6.9　设备明细

设备与仪表名称	规格与型号	数　量
三相交流异步电动机	Y90L - 4	50 台
交流电流表	0~500~1000mA	150 块
交流电压表	0~600V	150 块
功率表	600V，1A	100 块

【实验内容】

1. 空载实验

（1）按图 6.24 接线。

（2）合上开关 QS，调 TC，逐渐升高电压，启动电动机。调节外施电压为 $1.2U_N$，然后逐渐降低，直到转差率显著增大，定子电流开始回升为止。每次测量空载电压 U_0、空载电流 I_0、空载功率 P_0，共读取 5 组数据，并记录于表 6.10 中。

表 6.10　空载实验数据

测量值　　序号	1	2	3	4	5
$U_0(V)$					
$I_0(A)$					
$P_0(W)$					

2. 短路实验

（1）按图 6.25 接线。

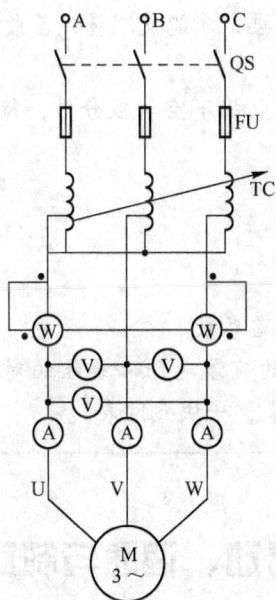

图 6.24　空载实验接线图　　　　图 6.25　短路实验接线图

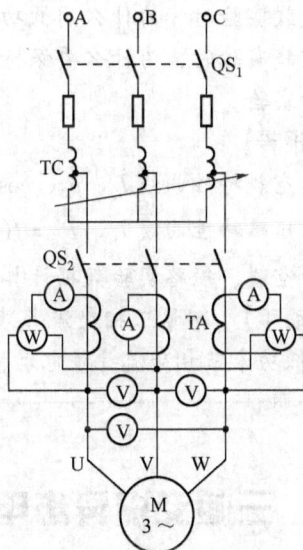

（2）合上开关 QS$_1$、QS$_2$，调 TC，调节电动机外施电压，使短路电流升到 $1.2I_N$，再逐级降至 $0.3I_N$。每次测量短路电流 I_K、短路电压 U_K、短路功率 P_K，共读取 5 组数据，记录于实验表 6.11 中，其中应记下短路电流等于或接近额定电流值那一点。

表6.11 短路实验数据

序号 测量值	1	2	3	4	5
U_K(V)					
I_K(A)					
P_K(W)					

【实验注意事项】

（1）空载实验时，在 $U_0 = U_N$ 附近应多测几点，其中应测出 $U_0 = U_N$ 点相应数据。

（2）空载实验时，功率表应为低功率因数功率表。

（3）空载实验时，先将 TC 调零。

（4）空载实验时，保持电动机在额定电压下空转数分钟，待机械摩擦稳定后再进行实验。

（5）短路实验时，选好仪表量程。

（6）短路实验时，先检查电动机的转动方向，再堵住转子，防止制动工具抛出伤害周围人员。

（7）短路实验时，动作要迅速，因为此时电动机不转，散热条件差，定子绕组可能过热。

【实验思考】

（1）空载实验和短路实验时，各种仪表如何连接，才能使测量误差最小？

（2）空载实验时，为什么用低功率因数功率表？

（3）空载实验时，为什么要保持电动机在额定电压下空转数分钟，待机械摩擦稳定后再进行实验。

【实验报告】

（1）作空载特性曲线 I_0、p_0、$\cos\varphi_0 = f(U_0)$。

（2）作短路特性曲线 I_K、$P_K = f(U_K)$。

（3）由空载、短路实验数据计算简化的等值电路参数。

【自己动手】 测量三相交流异步电动机绕组的直流电阻和绕组的对地绝缘电阻（每人一个低功率三相交流异步电动机，一块万用表，一块兆欧表）。

任务6-3 三相交流异步电动机的启动、调速与制动

三相交流异步电动机使用时经常遇到启动、调速与制动等问题。

6.3.1 三相交流异步电动机的启动

电动机接上电源，转速由零开始运转，直至稳定运转状态的过程，称为启动。

电动机启动要求是：启动电流小，启动转矩大，启动时间短。

当电动机刚接上电源，转子尚未旋转瞬间（$n=0$），定子旋转磁场对静止转子的相对速度最大，于是转子绕组感应电动势和电流也最大，则定子的感应电流也最大，它往往可达 5～7 倍的额定电流。由理论分析可知，启动瞬间转子电流虽大，但转子的功率因数 $\cos\varphi_2$ 很低，故此时转子电流的有功分量却不大（而无功分量大），因此启动转矩不大，它只有额定转矩的 1.0～2.2 倍，所以笼型异步电动机的启动性能较差。

笼型异步电动机的启动方法常采用直接启动（全压启动）和降压启动。

1. 直接启动

把电动机三相定子绕组直接加上额定电压的启动叫直接启动，如图 6.26 所示。此方法启动最简单，投资少，启动时间短，启动可靠，但启动电流大。是否采用直接启动，取决于电源的容量及启动频繁的程度。

直接启动一般只用于小容量电动机（如 7.5kW 以下电动机），对较大容量电动机，电源容量又较大，若电动机启动电流倍数 K_I、容量和电网容量满足下列经验公式：

$$K_I \leqslant \frac{1}{4}\left(3 + \frac{\text{电源容量 kV·A}}{\text{电动机容量 kW}}\right)$$

则电动机可直接启动，否则应采用降压启动。

2. 降压启动

降压启动的主要目的是为了限制启动电流，但问题是在限制启动电流的同时，启动转矩也受限制，因此它只适用于在轻载或空载情况下启动。最常用的启动方法有丫－△换接启动和自耦变压器启动。

丫－△换接启动只适用于定子绕组为△形连接，且每相绕组都有两个引出端子的三相笼型异步电动机。原理接线如图 6.27（a）所示。

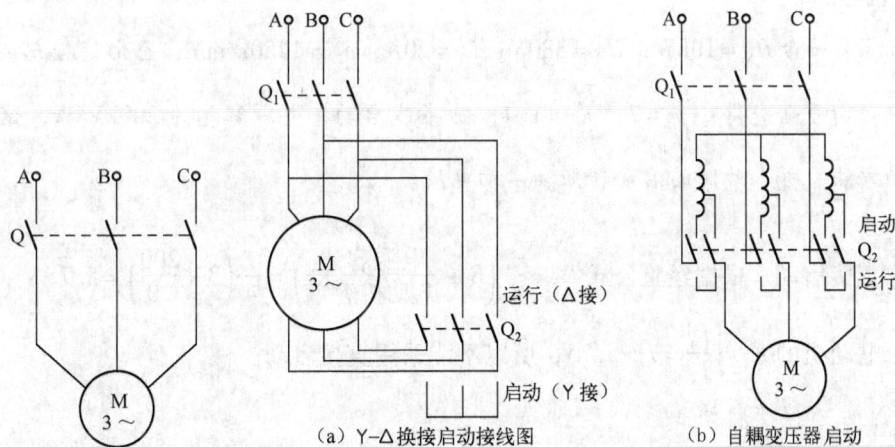

图 6.26　直接启动

（a）丫－△换接启动接线图　　（b）自耦变压器启动

图 6.27　降压启动

启动前先将 Q_2 合向"启动"位置，定子绕组接成丫形连接，然后合上电源开关 Q_1 进行启动，此时定子每相绕组所加电压为额定电压的 $\dfrac{1}{\sqrt{3}}$，从而实现了降压启动。待转速上升至一定值后，迅速将 Q_2 投向"运行"位置，恢复定子绕组为△形连接，使电动机每相绕组在全压下运行。

由第4章三相交流电路知识可知，Y形连接启动时的启动电流为△形连接直接启动时的 $\frac{1}{3}$，其启动转矩也为后者的 $\frac{1}{3}$，即Y-△启动设备简单，成本低，操作方便，动作可靠，使用寿命长。目前，4～100kW异步电动机均设计成380V的△形连接，因此，此启动方法得以广泛应用。

对容量较大或正常运行时接成Y形连接而不能采用△形启动的笼型电动机，常采用自耦变压器启动。其原理接线如图6.27（b）所示。它是利用自耦变压器降压原理启动的。

启动前先将 Q_2 合向"启动"侧，然后合电源开关 Q_1，这时自耦变压器的原边加全电压，抽头的副边绕组电压加在电动机定子绕组上，电动机便在低电压下启动。待转速上升至一定值，迅速将 Q_2 切换到"运行"侧，切除自耦变压器，电动机就在全电压下运行。

用这种方法启动，电网供给的启动电流 I_{st}' 是直接启动时的 $\frac{1}{K^2}$（K 为自耦变压器的变比），启动转矩 T_{st}' 也为直接启动时的 $\frac{1}{K^2}$。

自耦变压器设有抽头，QJ_2 型抽头比（即 $1/K$）分别为 55%，64%，73%；QJ_3 型为 40%，60%，80%，可得到三种不同的电压，以便根据启动转矩的要求而灵活选用。

普通笼型异步电动机启动转矩较小，若满足不了要求，可选用具有较大启动转矩的双笼型或深槽型异步电动机。

至于绕线型异步电动机的启动，只要在转子回路串入适当的电阻，既可限制启动电流，又可增大启动转矩，克服了笼型异步电动机启动电流大、启动转矩小的缺点。绕线型异步电动机在启动过程中，需逐级将启动电阻切除。除在转子回路串电阻启动外，现用得更多的是在转子回路接频敏变阻器启动，此变阻器在启动过程中能自动减小阻值，以代替人工切除电阻。

绕线型异步电动机的启动转矩更大，它适用于要求启动转矩较大的生产机械，如卷扬机、起重机等。

例6.1 一台 $P_N = 10\text{kW}$，$U_N = 380\text{V}$，$I_N = 20\text{A}$，$n_N = 1450\text{r/min}$，△形连接三相笼型异步电动机，由手册查得：$\dfrac{I_{st}}{I_N} = 7$，$\dfrac{T_{st}}{T_N} = 1.4$，拟半载启动，电源容量为 200kV·A，试选择适当的启动方法，并求此时的启动转矩和启动电流。

解

（1）直接启动。根据经验公式 $K_I = \dfrac{1}{4}\left(3 + \dfrac{\text{电源容量}}{\text{电动机容量}}\right) = \dfrac{1}{4}\left(3 + \dfrac{200}{10}\right) = 5.75$

由于电动机的 $K_I' = \dfrac{I_{st}}{I_N} = 7 > 5.75$，所以不能采用直接启动。

（2）Y-△换接启动：

$$T_{st}' = \frac{T_{st}}{3} = \frac{1.4 T_N}{3} \approx 0.47 T_N < 0.5 T_N$$

所以不能采用Y-△换接启动。

（3）自耦变压器启动。由题意知

$$T_{st} = 1.4 T_N, \qquad T_{st}' = 0.5 T_N$$

设自耦变压器电压比为 K_U，

则
$$T'_{st} = \frac{T_{st}}{K_U^2} 代入得 K_U = 1.67$$

抽头为 $\frac{1}{K_U} = \frac{1}{1.67} \approx 0.6$，故把抽头置于 60% 位置。

此时
$$T'_{st} = \frac{T_{st}}{K_U^2} = 0.6^2 \times 1.4T_N = 0.504T_N$$

$$I'_{st} = \frac{I_{st}}{K_U^2} = 0.6^2 \times 7I_N = 2.52I_N$$

据 $P = TW = T \cdot \dfrac{20\pi n}{60} \times 10^{-3}$

则
$$T_N = 9550 \frac{P_N}{n_N} = 9550 \times \frac{10}{1450} = 65.86 \text{N} \cdot \text{m}$$

$$T'_{st} = 0.504 \times 65.86 \approx 33.2 \text{ N} \cdot \text{m}$$

$$I'_{st} = 2.52I_N = 2.52 \times 20\text{A} = 50.4\text{A}$$

6.3.2　三相交流异步电动机的调速

为了提高生产效率或满足生产工艺的要求，许多生产机械在工作过程中都需要调速。由式（6.7）可知，三相交流异步电动机的调速方法有：变极（p）调速、变频（f）调速和变转差率（S）调速。

1. 变极调速

由式（6.7）知，当电源频率 f 一定时，转速 n 近似与磁极对数成反比，磁极对数增加一倍，转速近似减小一半，可见改变磁极对数就可调节电动机转速。

由式（6.7）还可知，变极实质上是改变定子旋转磁场同步转速，同步转速是有级的，故变极调速也是有级的（即不能平滑调速）。

定子绕组的变极是通过改变定子绕组线圈端部的连接方式来实现的，它只适用于笼型异步电动机，因为笼型转子的极对数能自动地保持与定子极对数相等。

所谓改变定子绕组线圈端部的连接方式，实质就是把每相绕组中的半相绕组改变电流方向（半相绕组反接）来实现变极的，如图 6.28 所示。把 U 相绕组分成两半：线圈 U_{11}、U_{21} 和 U_{12}、U_{22}，图 6.28（a）为两线圈正向串联，得 $p = 2$，图 6.28（b）是两线圈反向并联，得 $p = 1$。需注意的是在变极调速的同时必须改变电源的相序，否则电动机就反转。

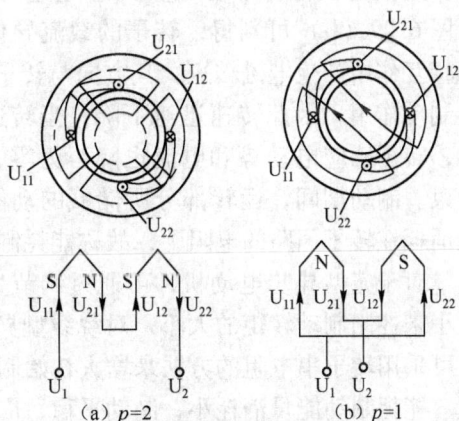

图 6.28　定子绕组的变极

2. 变频调速

由于电源频率 f 能连续调节，故可得较大范围的平滑调速，它属于无级调速，其调速性能好，但它需有一套专用变频设备。随着晶闸管元件及变流技术的发展，交流变频变压调速已是 20 世纪 80 年代迅速发展起来的一种电力传动调速技术，是一种很有发展前途的三相交流异步电动机的调速装置。

3. 变转差率调速

在绕线型异步电动机转子回路里串联可调电阻，在恒转矩负载下，转子回路电阻增大，其转速 n 下降。

这种调速方法优点是有一定的调速范围，设备简单，但能耗较大，效率较低，广泛用于起重设备。

除此之外，利用电磁滑差离合器来实现无级调速的一种新型交流调速电动机——电磁调速三相交流异步电动机现已应用较多场合。

6.3.3 三相交流异步电动机的制动

许多生产机械工作时，为提高生产力和安全起见，往往需要快速停转或由高速运行迅速转为低速运行，这就需要对电动机进行制动。所谓制动就是要使电动机产生一个与旋转方向相反的电磁转矩（即制动转矩），可见电动机制动状态的特点是电磁转矩方向与转动方向相反。三相交流异步电动机常用的制动方法有能耗制动、反接制动和回馈制动。

1. 能耗制动

异步电动机能耗制动接线如图 6.29（a）所示。制动方法是切断电源开关 Q_1，同时闭合开关 Q_2，在定子两相绕组间通入直流电流。于是定子绕组产生一个恒定磁场，转子因惯性而旋转切割该恒定磁场，在转子绕组产生感应电动势和电流。由图 6.29（b）可判得，转子的载流导体与恒定磁场相互作用产生电磁转矩，其方向与转子转向相反，起制动作用，因此转速迅速下降，当转速下降至零时，转子感应电动势和电流也降至为零，制动过程结束。制动期间，运转部分所储藏的动能转变为电能消耗在转子回路的电阻上，故称能耗制动。

（a）接线图　（b）原理图

图 6.29　能耗制动

对于笼型异步电动机，可通过调节直流电流的大小来控制制动转矩的大小，对绕线型异步电动机，还可采用转子串电阻的方法来增大初始制动转矩。

能耗制动能量消耗小，制动平稳，广泛应用于要求平稳、准确停车的场合，也可用于起重机一类的机械上，用来限制重物下降速度，使重物匀速下降。

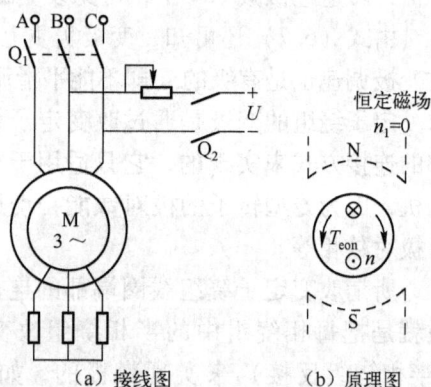

2. 反接制动

异步电动机反接制动接线如图 6.30（a）所示。制动时将电源开关 Q 由"运转"位置切换到"制动"位置，把它的任意两相电源接线对调。由于电压相序反了，所以定子旋转磁场方向反了，而转子由于惯性仍继续按原方向旋转，这时转矩方向与电动机的旋转方向相反，如图 6.30（b）所示，成为制动转矩。

若制动的目的仅为停车，则在转速接近于零时，可利用某种控制电器将电源自动切除，否则电动机将会反转。

反接制动时，由于转子的转速相对于反转旋转磁场的转速较大（$n + n_1$），因此电流较大。为限制制动电流，较大容量电动机通常在定子电路（笼型）或转子电路（绕线型）串接限流电阻。

这种方法制动比较简单，制动效果较好，在某些中型机床主轴的制动中常采用，但能耗较大。

3. 回馈制动

回馈制动发生在电动机转速 n 大于定子旋转磁场转速 n_1 的情况，例如，当起重机下放重物时，重物拖动转子，使转速 $n > n_1$。这时转子绕组切割定子旋转磁场方向与原电动机状态相反，则转子绕组感应电动势和电流方向也随之相反，电磁转矩方向也反了，即由于转向同时变为反向，成为制动转矩，如图 6.31 所示，使重物受到制动而匀速下降。实际上这台电动机已转入发电机运行状态，它将重物的势能转变为电能而回馈到电网，故称回馈制动。

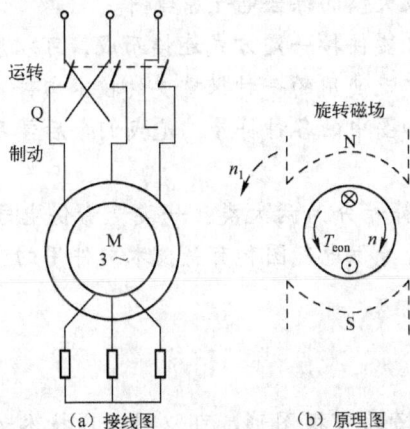

(a) 接线图　　　　(b) 原理图

图 6.30　反接制动　　　　图 6.31　回馈制动

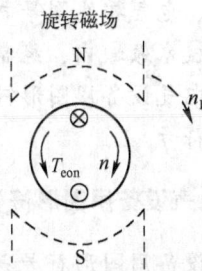

前述变极调速电动机，当从高速（少极）调至低速（多极）瞬间，转子的转速高于多极的同步转速，就产生回馈制动作用，迫使电动机转速迅速下降。

【自己动手】　对三相交流异步电动机进行启动、调速、制动（每人一个低功率三相交流异步电动机电路，一块万用表、一块兆欧表）。

实训 9　电气识图

【实训目的】

（1）通过学习电气符号图样，掌握电气元件的图形画法。

（2）通过学习电气符号图样，掌握大型电气原理图的读图和分析方法。

【实训内容】

（1）练习电气元器件的图形识别和画法。

（2）给定某电路图，读懂每个元器件图形所表示的元件名称，如图6.32所示。

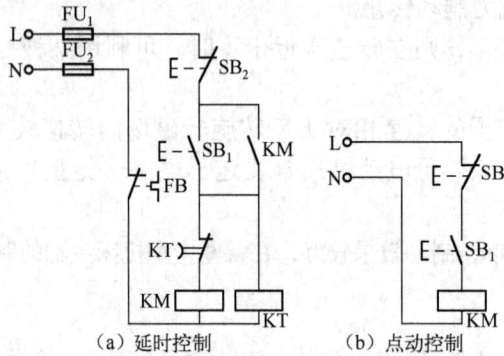

图6.32　电路图

（a）延时控制　　　（b）点动控制

【实训要求】

（1）画出常用元器件图形符号，要注意工整和规范。

（2）通过反复练习，能够基本读懂较大型的综合电气原理图。

电气工程中，实际电路由多种电气元器件按一定方式连接而成，可以用电气图来进行描述。电气图样是电气技术领域中广泛使用的一种很重要的技术文件，是一种共同的技术交流语言。因此，读懂电气图和图中的各种符号，是我们今后学习和分析电气原理图、电气接线图等电路图的基础。

电气技术领域内，经常用到的图形符号分为两大类：一类是专供电气设备上用的，称为电气设备用图形符号；另一类是专供电气图和有关技术文件用的，称为电气图用图形符号。

1. 电气设备用图形符号

电气设备用图形符号是一种简单易懂的可视图形，可以用普通技术如腐蚀、雕刻、印制、照相等方法，直接从国家标准给出的图例中复制到各种电气设备或其部件、零件上，以帮助操作人员了解其特征、功能和操作方法，也可以用于安装或移动的设备场合，以指示诸如禁止、警告、规定或限制等应注意的事项，如图6.33所示。

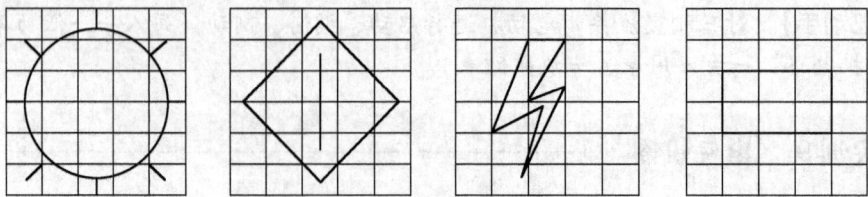

（a）表示亮度、辉度控制　（b）表示启动、开始　（c）表示危险电压　（d）表示熔断器盒或位置

图6.33　电气设备用图形符号示例

2. 电气图用图形符号含义

电气图用图形符号的种类繁多、涉及面广、使用灵活、应用性强，通过不同的组合、派生，还能形成更多更新的符号，因此，必须了解和熟悉符号的使用规则，以便较快地正确选用、组合和理解符号的意义。

3. 电气图用图形符号类型

电气图用图形符号是一个总的概念，符号标准中对符号按其在电气图上使用时本身所具有的不同表示功能，做了以下分类。

图形符号在图样或者其他文件中，用来表示一个设备或概念的图形、标记或字符。通常由一般符号、限定符号、方框符号、符号要素等组合而成。

（1）一般符号：用以表示一类产品和此类产品特征的一种通常很简单的符号。一般符号可以作为图形符号直接用于电气图中，也可以加上限定符号后使用。

（2）限定符号：用以提供各种附加信息，必须依附于其他符号（如一般符号、方框符号或符号要素）上。限定符号是一种通常不能单独使用的符号。限定符号不一定都是图形，各种字母、数字等字符标记也可以作为限定符号，它们都各自分别表示一种特定的意义。而且在同一个符号中可以组合成多个限定符号，以提供较多的、必要的附加信息。

（3）方框符号：用以表示设备、元器件间的组合及其功能，既不给出设备或元器件的细节，也不考虑它们间的任何连接关系的一种简单的图形符号，通常只用于系统图和框图，有时也用于按单线表示法画成的电路图中。方框符号的外形轮廓一般应为正方形。外形轮廓不为正方形的图形符号有电动机及表示若干元件间连接组合的部分电路（如桥式连接的全波整流电路）等。在作为方框符号使用时，都要以正方形为其外廓，后者应选用标准中专门给出的"整流器"方框符号，前者标准未给出，应在表示电动机的圆之外，再加上一个正方形线框。

（4）符号要素：一种具有确定意义的简单图形。作为符号要素的图形通常不能单独使用，必须与其他图形、标记或字符组合，以构成一个设备或概念的完整符号。

4. 图形符号的构成

标准中给出的图形符号中，有一部分是以各种字母或某种特定标记作为限定符号的，它们应该视为图形符号的一个有机组成部分，不可或缺，否则无法理解图形符号所表达的确切和完整意义。这类字母或标记大致可分为几种不同的类型，例如：

（1）用设备或元件的英文名称单词（或词组）的第一个字母，如"M"表示电动机。

（2）用物理量的符号"φ"表示相位角。

（3）用物理量单位的符号"s"表示延时时间，以"秒"计。

（4）用化学元素符号"Hg"表示汞灯。

（5）用阿拉伯数字"3"表示三相、三个并联元件或物理量的值。

（6）用特定的标记"#"表示数字信号等。

现举例说明，如图6.34所示：①—进线 A、B、C；②—断路器符号；③—自动释放功能；④—推动符号；⑤—电热符号；⑥—电磁符号；⑦—出线 U、V、W；⑧—矩形联动符号。

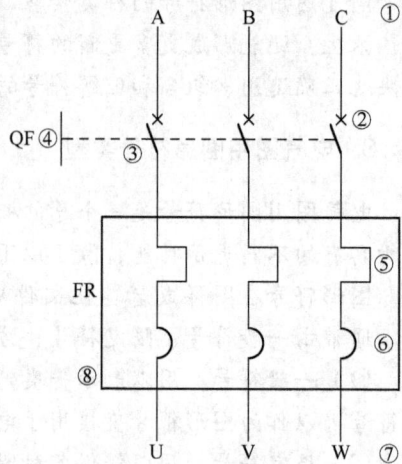

5. 图形符号的表示

标准中给出的图形符号在应用于电气图时，应该根据不同种类电气图的特点和需要，以直接采用或组合其他符号（如限定符号）的方式来确定它的表达方案。因此，即使是一个能够表达完整意义的某一个设备或装置的图形符号，也可以有多种表达方案。如图6.35 所示为变压器的几种图形符号表达方案。其中，图6.35（a）属于方框符号，可

图6.34 电气符号

用于框图中；图6.35（b）属于一般符号；图6.35（c）和图6.35（d）加有表示相数（线数）的限定符号，可用于比较简单的简图，如系统图，特别适用于用单线表示法画成的简图中；图6.35（e）和图6.35（f）已改为多线形式表达，可用于内容比较详细的简图，如电路图。注意，在图6.35（e）上面1个圆的圆周上，有1个涂黑的圆点，并加注有数字"4"，用于表示该绕组有4个抽头，也可以不注；图6.35（f）则进一步加注了表示绕组连接方法的限定符号和矢量符号组；图6.35（g）已详细地画出了各绕组、端子及其代号，可以用在需要详细表达各绕组连接关系的简图上，如接线图；图6.35（h）为另一种表达方案，其特点是在符号的图样旁边详细地标注出了变压器的各项技术数据，成为图形符号的一个组成部分。

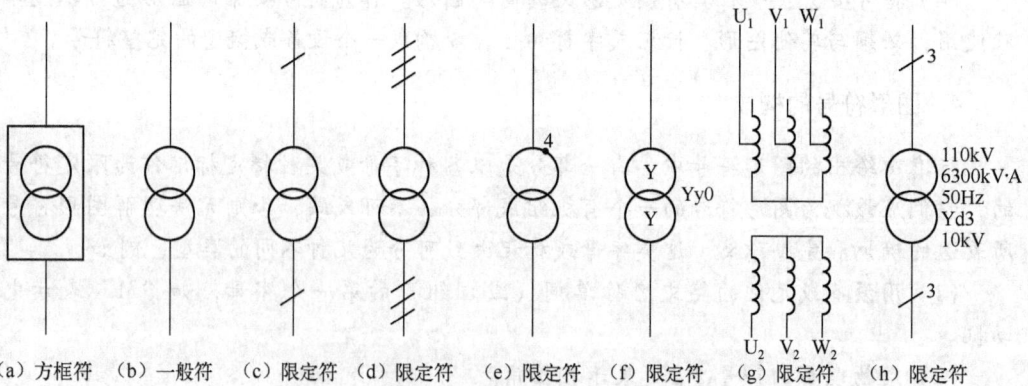

（a）方框符 （b）一般符 （c）限定符 （d）限定符 （e）限定符 （f）限定符 （g）限定符 （h）限定符

图6.35 变压器的几种图形符号表示方案

6. 图形符号的选用

同一类别的电气设备或元器件，标准中有的给出两种图形符号。在绘制电气图时，要按以下原则选用。

(1) 优选。标准中注明其中的某种符号为"优选形"时，应予优先选用。例如，电阻和电容的一般符号中就有"优选形"供优先选用。

(2) 简选。在满足表达需要的前提下，尽量采用最简单的形式。标准中，有的已将其中的一种明确标注为"简化形"，例如，荧光数码管和各类磁头的图形符号中，就有"简化形"；有的是按两种并列的方式给出为"形式1"和"形式2"，例如，变压器和开关的一般符号等。这种情况下，判断哪一种形式的画法简单并无实际意义，重要的是"满足表达需要"。一般规律是：用单线法表示的电路图（包括系统图和框图），应该用"简化形"或两种并列形式中的较简单形，若需要画出端子或电路较详细的连接关系，就不宜片面追求简单形式了，因为无法满足表达需要这一前提。

(3) 同选。同一张图样中，只能选定一种图形形式进行表达。

【实训器材】

实训器材如表6.12所示。

表6.12　实训器材

名　　称	白　　图	实际产品图	计 算 机	打 印 机	绘图软件	绘图工具
数　　量	50张	50张	50台	（喷墨或激光）1台	1套	50套

【实训程序】

(1) 识别和记忆常用元器件图形符号。

(2) 反复练习常用元器件图形符号的画法。

(3) 进行识图练习。

【实训评价】

实训评价如表6.13所示。

表6.13　实训评价

序　号	评价内容	配　分
1	给出5~10种电气元器件，要求画出图形符号	30%
2	画的图形符号整齐、工整、美观	20%
3	给出电路图，要求读出电路图中元器件图形符号所表示的元器件，能够说明电路的基本作用和原理	50%

【实训小结】

(1) 总结识图、画图体会。

(2) 总结电工识图的重要作用和实际意义。

【实训思考】

(1) 画出常用电动机的符号。

(2) 分析时间继电器断电延时和通电延时符号有何区别。

（3）画出热继电器的线圈、触点符号。

（4）画出交流接触器的符号（线圈、触点）。

（5）画出空心变压器和实心变压器的符号。

实训10 绘制电气图

【实训目的】

（1）掌握电动机控制电路的制图原则。

（2）掌握电动机控制电路安装接线的基本步骤和方法。

【实训内容】

（1）熟记电动机控制电路的制图基本原则和安装步骤、方法。

（2）根据指定的控制电路和要求进行控制电路原理图、接线图和平面布置图绘制练习。

【实训原理】

在电力拖动系统中，电气控制电路主要用来实现控制电动机的启动、制动、反转和调速，以满足生产机械工作的各种需要。电动机控制电路是组成电气控制电路的基本环节，掌握这些基本环节的安装使用，将有助于掌握复杂电气控制电路的安装使用。通过现场实物的安装练习，可以有机地将有关的理论知识与实际操作紧密地结合在一起，加深对理论知识的理解和掌握，培养运用知识于实践的动手能力，为后续课程和创新能力的培养打下一定的基础。

电动机控制电路按功能可分为主控制电路、控制回路和辅助控制电路。主控制电路包括电源开关、主熔断器、热继电器的热元件、接触器的主触点、电动机的定子绕组等电气元件。主控制电路一般通过的电流比较大，但结构变化不大。控制回路主要作用是通过主控制电路对电动机实施一系列的控制。辅助控制电路主要起信号和指示作用。控制回路和辅助控制电路中的电流一般在5A以下，所使用的电气元件随控制要求不同而有很大的变化，控制电路的结构也随控制要求不同而千变万化。

根据不同的需要，电动机控制电路可以比较简单，也可以非常复杂。但是，任何复杂的电动机控制电路总是由一些比较简单的环节和电器有机地组合在一起的。因此，掌握常用的基本的电动机控制电路的安装与接线非常重要，掌握电动机控制电路图的制图原则是第一步。

1. 控制电路图的表示

控制电路的常用表示方法主要有以下几种：控制电路结构图、控制电路原理图、控制电路接线图和控制电路布置图。掌握它们的基本制图原则，将有助于安装接线和维护检修等工作。

1）结构图

在控制电路结构图中，一般将控制电路中各个电气元件按实际位置画出，属同一电气元件的各部件都集中在一起，同时将各种电气元件都形象地表示出来，所以结构图可以清楚地反映整个控制电路的结构和位置。如图 6.36 所示为某车床电气控制电路的部分结构图。

结构图比较容易看懂，但控制电路的控制功能却不直观，特别是当控制电路比较复杂时，就更不容易分析其工作原理了。因为同一电气元件的各部件在结构上虽然连在一起，但在控制电路结构图上并不一定相互关联。所以在分析控制电路的工作原理时，常采用控制电路原理图。

2）原理图

控制电路原理图是电气图中最基本、最重要、最常用的一种。控制电路原理图是根据控制电路的工作原理而绘制的，能充分表达电器和设备的用途、作用和工作原理，给控制电路的安装和调试等提供了一定的依据。控制电路原理图是采用国家规定的各种图形符号和文字符号，并按一定工作顺序排列，能详细表示整个控制电路和设备、器件基本组成和连接关系，而不考虑其实际位置的图。

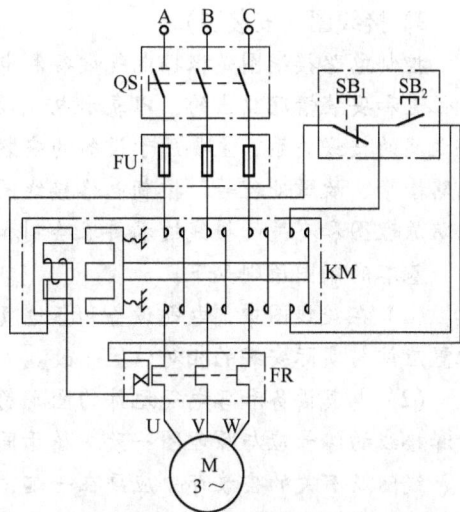

图 6.36　某车床电气控制电路的部分结构图

基本的制图原则如下：

（1）根据方便阅读和分析的原则，按规定的标准图形符号、文字符号和回路标号绘制。

（2）相关功能的电气元件应尽可能安排在一起。同一电气元件的各个部件，图形符号可以不画在一起，但代表同一元件的文字符号必须相同。

（3）如图 6.37 所示为某车床电气控制电路的部分原理图。图中所有电气元件的触点，应该是没通电或没有外力作用时的状态，触点符号一般画成左开右闭或上闭下开的形式。

（4）应该将主控制电路、控制回路、辅助控制电路分开画出。

① 主控制电路中的电源控制电路一般应画成水平线，相线 A、B、C 由上而下排列，中线 N 画在相线之下。

② 主控制电路的其他部分应垂直电源控制电路，一般画在整个控制电路的左边。控制回路和辅助控制电路画在主控制电路的右边。

③ 控制回路和辅助控制电路应垂直画在两条水平的电源控制电路线之间，控制和辅助元件（接触器线圈、信号灯等）应直接连接在两条水平电源线上，控制触点连接在上方水平线与控制和信号元器件之间。

（5）用导线直接连接的互连端子应采用相同的线号，互连端子的符号应与器件端子的符号有所区别。

（6）原理图要清晰直观，应尽可能减少线条，且避免线条的交叉。控制电路应按动作的顺序从上而下、从左到右进行绘制。

（7）控制电路的交接点和需要拆、接外部引出线等端子可用符号"空心圆"表示。

3）接线图（安装图）

控制电路接线图是根据电气设备和电气元件的实际位置和安装情况画出的，以表示电气设备和电气元件之间的接线关系，主要用于设备的安装接线和控制电路检修、故障处理等。控制电路接线图应根据控制电路原理图和有关的接线技术要求绘制和配合使用。

基本的制图原则如下：

（1）在接线图中，电气设备和各电气元件的相对位置应该与实际安装的相对位置一致。

（2）电气设备和各电气元件的图形符号、文字符号和接线的编号应与原理图一致。属于同一电器的触点、线圈及有关的安装部分应画在一起，并用细线框起。电气设备和各电气元件的接线端号和接线端的相对位置也应与实物一致。

图 6.37　某车床电气控制
电路的部分原理图

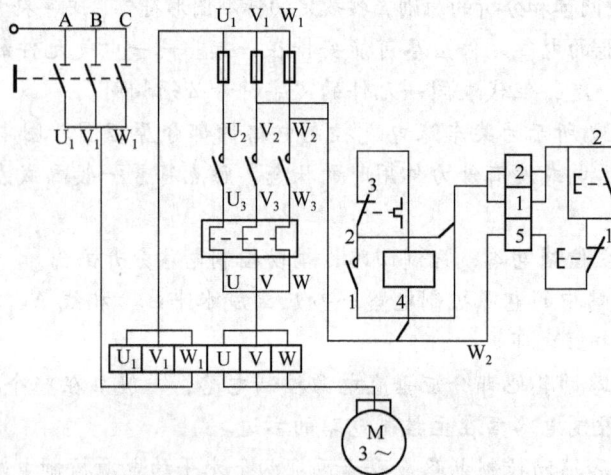

（3）多条成束的接线可用一条实线来表示。接线很多时，可在电气元件的接线端子注明接线的线号和去向，不必将全部接线画出。如图 6.38 所示为某车床电气控制电路的部分接线图。

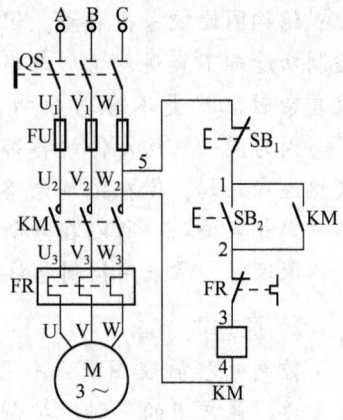

图 6.38　某车床电气控制电路的部分接线图

4）布置图

对比图 6.36 和图 6.38 可知，控制电路的结构图和接线图有相似之处。例如，在接线图中同一电器的各部件也都画在一起，并表示出各电器的相对位置。所不同的是,接线图着重表示控制电路的具体连接方案。在接线图中,必须清楚地画出各电器的位置和相互间的连接。接线图主要用于设备安装和检查控制电路故障。

布置图是用来显示主要设备和元器件的空间位置和布置状况,如图 6.39 所示。基本的制图原则如下:

(1) 必须根据控制板的平面尺寸和元器件的外形尺寸合理布局。

(2) 发热元件之间便于散热,相距不得小于10cm。

(3) 结构设计必须符合配线的基本规定。

(4) 元器件的固定必须适度牢靠。

(5) 在元器件排列中应考虑自然因素、操作因素及对称性、习惯性和美观性。

2. 控制电路图的识读

读图就是对控制电路图的阅读、理解和识别。控制电路图的种类很多,对各种控制电路图的读图要求和目的各有侧重。因此,读图方法和步骤也不尽相同,要有一定的制图基本知识和相应的专业知识。下面以原理图的识图为例进行介绍。

图 6.39 某车床平面布置图

原理图是控制电路图中使用最多的一种,是学习电工电子技术读图的基础。读图时一般步骤如下:

(1) 先查看主控制电路。通过控制电路电气图形和文字符号的识别和分析,了解供电的方式。了解各元器件和设备的类型、参数、作用及它们之间的联系。

(2) 查看控制回路。分析各元器件作用、原理和相互间的联系。

(3) 查看辅助控制电路。了解各种指示和信号的作用和意义。

(4) 综合上述步骤,了解整个控制电路的作用原理和控制过程。

3. 控制电路的安装与接线

1) 安装电动机控制电路步骤和方法

(1) 查原理图、布置图、接线图有无错漏,是否相符。

(2) 查元器件、材料、仪表及工具清单是否与原理图、布置图、接线图的技术要求相一致。

(3) 查电气元件的外观、数量、质量和性能。

① 查元器件的外观有无损坏,各触点和紧固点是否完整无缺(包括紧固件的数量)。

② 查接触器、时间继电器线圈的额定电压是否与控制电压相一致。

③ 查漏电保护器、热继电器和接触器主触点的额定电流是否与电动机的额定电流相适应。

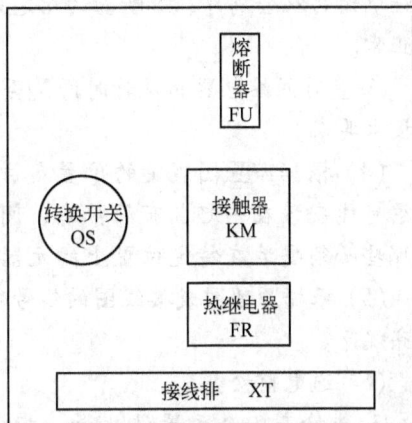

④ 查漏电保护器、接触器、按钮、时间继电器等动作是否灵活，有无卡阻现象。

⑤ 查漏电保护器、接触器、时间继电器、热继电器及按钮的各个触点是否良好。热继电器的双金属片、熔断器的熔芯是否导通，接触器、时间继电器线圈的电阻值是否正常。

⑥ 查时间继电器的延时时间是否符合要求，热继电器的整定电流是否符合电动机的技术要求。

（4）根据布置图规定的位置定位，安装固定好每一个电气元件。所有电气元件要尽可能安装在一起，布局紧凑、间隔合理、固定牢固、便于更换、检测方便。只有那些必须安装在特定位置上的元器件，才允许分散安装在指定的位置。

（5）根据原理图或接线图的线号顺序进行布线，布线接线一定要牢固可靠，布线整齐规范。

（6）通电前检查。

① 先检查各个元器件代号、标记是否与接线图、原理图和布置图上的一致和齐全。

② 再用万用表等仪表检测各电气元件和控制电路是否正常。一般先检查主控制电路，再检查控制回路和辅助控制电路。

（7）检查电源进线和电动机接线、接地线、接零线是否符合要求。

（8）进行空载通电试验。先点动，然后认真观察和验证各控制电气元件的动作是否正常。若有异常情况出现，应立即切断电源进行检查和处理。

（9）进行带负载通电试验。空载试验全部正常后方可进行带负载试验，验证整个控制电路安装接线的正确性。

2）安装控制电路注意事项

以Ｙ－△减压启动控制电路为例，见图6.36，举例说明安装控制电路的注意事项。

（1）练习中常见的问题。

① 定位不准确、操作不规范。

a. 在元器件安装时仅凭肉眼进行判断，不会利用钢尺和铅笔画线布局，造成元器件排列歪七扭八，如图6.40所示，使组装很不规范、美观。而且有的元器件只装一两个螺钉固定，不符合规定要求，存在一定的隐患。

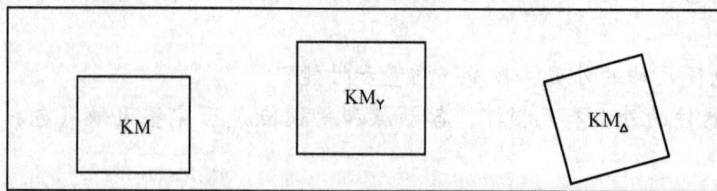

图6.40 元器件排列不规范

b. 由于操作不规范，导致排线、布线未能紧贴板面。排线分布不均匀，拐角不成90°及导线多层密排、重叠交叉等现象，看起来很不美观。

② 时间概念不强、安排不合理。正常情况下，时间安排如表6.14所示。如果安装中不能合理安排时间，将造成前紧后松，甚至超时。

表6.14 Y-△减压启动控制电路组装时间分配表

序　号	预计时间（min）	平均完成时间（min）	备　注
自查元件	10	5	提供的元器件基本完好
元件安装	15	14	自己设计布置图
控制回路布线	100	100	自己设计接线图
主控制电路布线	90	90	自己设计接线图
静态检查	30	10	含进一步整线及返工处理时间
通电试验	20	5	在老师监护下自己完成接线
清场	5	2	急着加电，根本不或很少清场
总计	270	226	如果一次成功，可在4h内完成

③ 线号及连线并点。图形符号、文字符号、电路编号是工程交流的语言，国家标准都有统一的规定和要求。在线号问题上：

a. 在查线时再标上电路编号已失去线号的作用和意义。

b. 电路编号不一致，线号长大于或小于8mm，方向倒置。

c. 漏套、漏号、重号现象时有发生。

在连线并点问题上：有不合理现象，元器件接点和接线端子上有三个以上节点存在共点现象。

（2）主控制电路中的问题。

① 热继电器未采用限电流保护。

② 主控制电路三相电源出现短路：

a. KM_Y接触器主触点进线位置接错，选成三相电源通过Y形接点短路（漏电保护器）动作。

b. KM_Y及$KM_\triangle$接触器同时动作，三相电源短路（漏电保护器动作）。

③ 主控制电路调相错误，使电动机绕组不能产生旋转磁场，电动机星形连接试验失败。

（3）控制回路中的问题。

① 控制回路接线错误，造成接线不通或两相电源短路（熔断器熔断）。

② 熔断器接线不牢或熔断器熔丝选错。

③ 控制回路辅助触点进出线未按图纸接线，造成控制失常。

④ 热继电器常闭触点在检查时处于断开状态，用导线连通，使其失去过载保护作用。

⑤ 按钮开关留线长度不足，打开盒盖后造成线头脱落，按钮颜色选择不符合要求。

⑥ 热继电器的整定电流未按电动机的额定工作电流调整。

⑦ 常闭和常开触点选择错误。

（4）无电检查与加电检查。在安装接线完毕后，必须用万用表进行无电检查。检查正确后，方能进行无电检查。

① 无电检查。

a. 控制回路模拟自测方法如表6.15所示。

b. 主控制电路模拟自测方法如表6.15所示。

表6.15　Y－△减压启动无电检测表

控制电路部分	序号	检测	模拟动作	测绘数据（Ω）	备注
控制回路	1	启动 停止	按SB₁ 再按SB₂	0.643k ∞	KT//KM$_Y$
	2	KM 自锁触点	按KM 再按SB₂	0.9k ∞	KT//KM$_\triangle$
	3	KM$_Y$常闭互锁触点 KM 常开自锁触点	按KM 后轻按KM$_Y$ 再重按KM$_Y$	1.8k ∞ 0.426k	KM KT//KM//KM$_Y$
	4	KM$_\triangle$ 常闭互锁触点	按SB₁ 再按KM$_\triangle$	0.643k	KT//KM$_Y$
	5	KT 常闭触点及延时 时间调整	按SB₁ 再手动KT	0.643k 延时6s后变为1k	KT//KM$_Y$ （KT 常闭触点延 时6s后动作）
	6	控制电路总负载	按KM及SB₁	0.37k	KT//KM//KM$_Y$//KM
主控制电路	1	△形连接	按KM及KM$_Y$	∞ ∞ ∞ 0	$U_1 - W_2$ $V_1 - U_2$ $W_1 - V_2$ $U_2 - V_2 - W_2$
	2	Y连接	按KM及KM$_\triangle$	0 0 0	$V_1 - W_2$ $V_1 - U_2$ $W_1 - V_2$

注：1. 所用交流接触器KM、KM$_Y$、KM$_\triangle$线圈的电阻值都为1.8kΩ。
　　2. 轻按接触器指其常闭辅助触点断开，但常开辅助触点未闭合。
　　3. 按或重按接触器指其常闭辅助触点断开，且常开辅助触点闭合。

② 加电检查。

a. 加电检查时，应先合总电源开关QS，再按SB₁，进行通电试验。

b. 断电时，应先断开SB₂，再断开总电源开关QS。

c. 在加电检查时，如果出现故障，应立即断开总电源开关QS，再进行无电检查、分析判断。

【实训要求】

（1）掌握原理图、接线图和布置图的作用、区别与绘制。

（2）掌握各种图形符号、文字符号的标准和识别、标注与使用，要注意方式方法，不可操之过急。

（3）读懂图 6.36、图 6.37 和图 6.38，并说明其工作原理和区别。

【实训器材】

实训器材如表 6.16 所示。

表 6.16　实训器材

名　称	绘图工具	原 理 图	接 线 图	布 置 图	电工手册
数　量	50 套	50 张	50 张	50 张	5 本

【实训程序】

（1）同学间相互提问，写出电动机控制电路的安装步骤和方法。

（2）指导教师讲解有关知识。

（3）根据布置的作业和要求绘制控制电路原理图。

（4）根据原理图绘制对应的接线图。

（5）根据原理图和接线图绘制对应的布置图。

【实训评价】

实训评价如表 6.17 所示。

表 6.17　实训评价

序　号	评价内容	配　分
1	口述制图原则和要求	10%
2	原理图绘制	30%
3	接线图绘制	30%
4	布置图绘制	30%

【实训小结】

（1）总结各种图制图原则和它们之间的主要区别。

（2）总结原理图、接线图和布置图绘制体验。

【实训思考】

（1）简述控制电路图的种类和作用、制图的主要原则。

（2）画出常用控制电器和元件的图形和文字符号。

（3）简述控制电路的安装步骤和方法。

（4）电动机控制电路按功能可分哪几种？

实训 11　三相配电板的制作

【实训目的】

（1）掌握三相配电板的构成、原理和主要开关电器的结构、作用。

（2）掌握三相交流电能表、电流互感器和三相刀开关安装与接线。

（3）掌握用万用表检测控制电路的方法。

【实训内容】

（1）画出三相配电板的控制电路原理图和布置图。

（2）根据控制电路原理图和布置图在练习板上安装接线。

（3）分析排除故障。

【实训原理】

三相交流控制电路负载的电能用单相交流电能表计量很不方便，没有中线的三相交流控制电路还不易接线。所以三相交流控制电路负载的电能最好用三相交流电能表计量。例如，三相交流异步电动机运行时消耗的电能，即一段时间内消耗的功率，一般用三相交流电能表来计量。

1. 三相负载的功率计算

在三相交流控制电路中，不管负载是星形连接还是三角形连接，总的有功功率等于各相有功功率之和。因此，三相负载对称相等时，三相有功功率等于三倍单相有功功率。用公式表示为

$$P = 3U_{相} I_{相} \cos\varphi_{相}$$

式中，$\cos\varphi_{相}$ 为一相的功率因数，要根据每一相负载性质而定。有时为了方便测量和计算，利用星形和三角形不同接法的线电压和相电压、线电流和相电流之间的关系，公式变为

$$P = \sqrt{3} U_{线} I_{线} \cos\varphi_{相}$$

式中，电压为线电压；电流为线电流；功率因数 $\cos\varphi_{相}$ 仍由每一相自身的负载性质确定。如果遇到三相负载不对称时，则分别计算各相功率，三相总功率等于各项功率之和。可用以下公式表示为

$$P = P_{A} + P_{B} + P_{C} \ 或 \ P = P_{1} + P_{2} + P_{3}$$

2. 三相交流电能表的结构

三相交流电能表的结构与单相交流电能表的结构相似，如图 6.41 所示。它是把两套或三套单相交流电能表机构套装在同一轴上组成的，只用一个"积算"机构。由两套组成的叫两元件交流电能表，由三套组成的叫三元件交流电能表。前者一般用于三相三线制控制电路，后者可用于三相三线制及三相四线制控制电路。

(a) 感应式　　　(b) IC 卡预付费式

图 6.41　三相交流电能表

3. 三相交流电能表接线原理图

1）三相交流电能表三相测量接线原理图

三相交流电能表三相测量接线图可按图 6.42 的方法接入控制电路，其中，图 6.42（a）为二元件交流电能表接线，图 6.42（b）为三元件交流电能表接线。如果

负载电流超过交流电能表的量程，需经过电流互感器将电流变小，接线方法如图6.43所示。

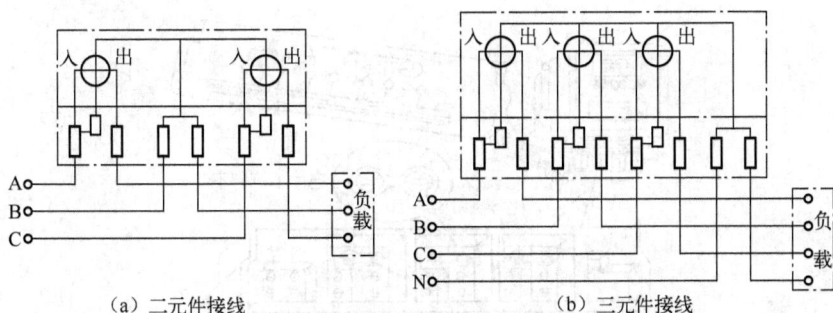

（a）二元件接线 （b）三元件接线

图6.42 三相交流电能表三相测量接线原理图

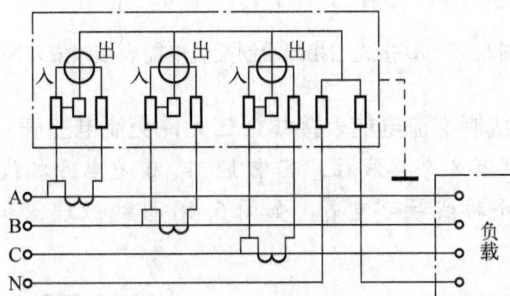

图6.43 带电流互感器的三相交流电能表三相测量接线原理图

2）单相交流电能表三相测量接线原理图

该方法适用于三相四线制控制电路，负载不对称时，用三只单相交流电能表测量出三相各自的电能，如图6.44所示。

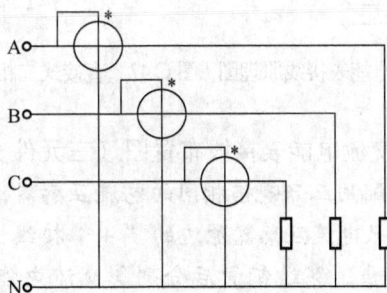

图6.44 单相交流电能表三相测量接线原理图

4. 三相交流电能表接线

1）直接式三相四线制交流电能表接线（三元件交流电能表）

这种交流电能表共有11个接线柱头，从左到右按1、2、3、4、5、6、7、8、9、10、11编号，其中1、4、7是电源相线的进线柱，用来连接从总熔丝盒下引出来的三

根相线；3、6、9 是相线的出线柱，分别去接总开关的三个进线柱；10、11 是电源中性线的进线柱和出线柱；2、5、8 三个接线柱可空着，如图 6.45 所示。

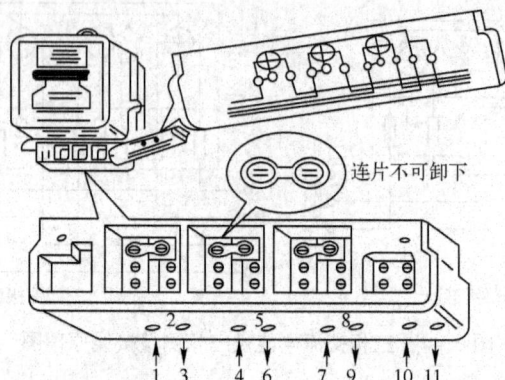

图 6.45　直接式三相四线制交流电能表接线安装图

2）直接式三相三线制交流电能表接线（二元件交流电能表）

这种交流电能表共有 8 个接线柱，其中 1、4、6 是电源相线进线柱；3、5、8 是相线出线柱；2、7 两个接线柱可空着，如图 6.46 接线原理图和图 6.47 接线布置图所示。

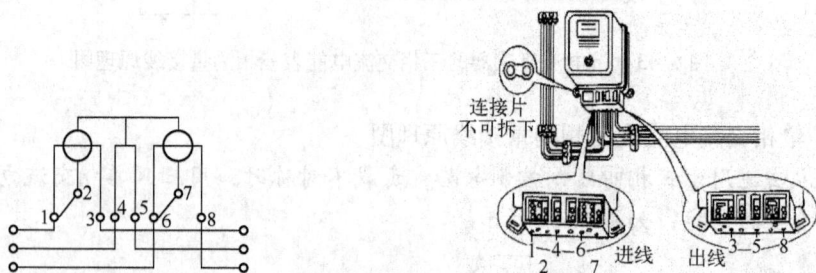

图 6.46　直接式三相三线制交流电能表接线原理图　　图 6.47　直接式三相三线制交流电能表接线布置图

3）间接式三相四线制交流电能表接线布置图（三元件交流电能表）

这种三相交流电能表需配用三只规格相同的电流互感器，接线时把从总熔丝盒下引出来的三根相线，分别与三只电流互感器原边的"＋"接线柱连接，同时用三根绝缘导线从这三个"＋"接线柱引出，穿过钢管后分别与交流电能表 2、5、8 三个接线柱连接，接着用三根绝缘导线，从三只电流互感器副边的"＋"接线柱引出，穿过另一根钢管与交流电能表 1、4、7 三个进线柱连接，然后用一根绝缘导线穿过后一根保护钢管，一端连接三只电流互感器副边的"－"接线柱，另一端连接交流电能表的 3、6、9 三个出线柱，并把这根导线接地，最后用三根绝缘导线，把三只电流互感器的原边的"－"接线柱分别与总开关三个进线柱连接起来，并把电源中性线穿过前一根钢管与交流电能表 10 进线柱连接，接线柱 11 用来连接中性线的出线，如图 6.48 接线原理图和图 6.49 接线布置图所示。接线时应将交流电能表接线盒内的三块连接片都拆下。

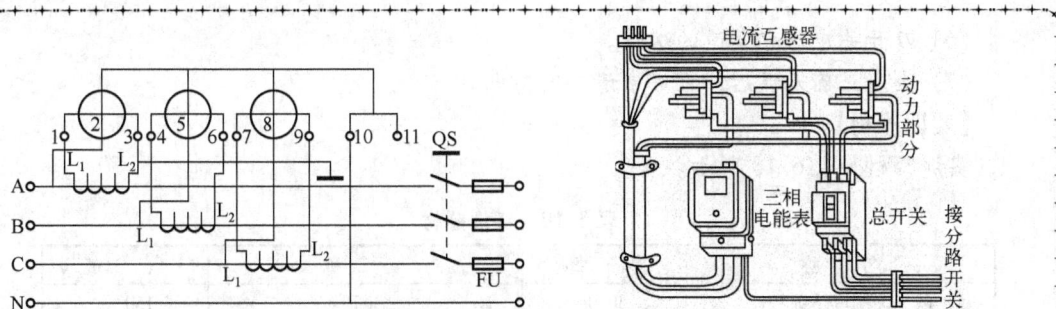

图 6.48　间接式三相四线制交流电能表接线原理图　图 6.49　间接式三相四线制交流电能表接线安装图

4) 间接式三相三线制交流电能表接线（二元件交流电能表）

这种三相交流电能表需配用两只同规格的电流互感器。接线时把从总熔丝盒下接线柱引出来的三根相线中的两根相线，分别与两只电流互感器原边的 "+" 接线柱连接。同时从该两个 "+" 接线柱，用铜芯塑料硬线引出，并穿过钢管分别接到交流电能表 2、7 接线柱上，接着从两只电流互感器副边的 "+" 接线柱用两根铜芯塑料硬线引出，并穿过另一根钢管分别接到交流电能表 1、6 接线柱上，然后用一根导线从两只电流互感器副边的 "-" 接线柱引出，穿过后一根钢管接到交流电能表的 3、8 接线柱上，并应把这根导线接地，最后将总熔丝盒中余下的一根相线和从两只电流互感器原边的 "-" 接线柱引出的两根绝缘导线，接到总开关的三个进线柱上，同时从总开关的一个进线柱（总熔丝盒引入的相线柱）引出一根绝缘导线，穿过前一根钢管，接到交流电能表 4 接线柱上，如图 6.50 接线原理图和图 6.51 接线布置图所示。注意应将三相交流电能表接线盒内的两块连片都拆下。

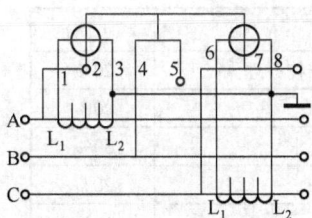

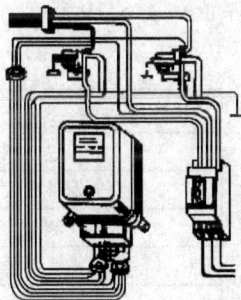

图 6.50　间接式三相三线制交流电能表接线原理图　图 6.51　间接式三相三线制交流电能表接线布置图

【实训要求】

(1) 设计画出三相配电板控制电路接线原理图和布置图。

(2) 器件定位合理布置。

(3) 布线走线要横平竖直、正确整齐、接头牢固、平行排列、紧贴板面、避免交叉。

(4) 接线不压胶、不反圈、不露铜。

(5) 相序要对应，电流互感器副边线圈要接地。

（6）刀开关应选配合适的熔体。

（7）检查正确无误后，方可申请合闸通电。

【实训器材】

实训器材如表6.18所示。

表6.18 实训器材

名　称	数　量	名　称	数　量
电工控制电路练习板	50块	熔断器	150个
三相交流电能表	50个	万用表	50块
电流互感器	150个	电工工具	50套
三相刀开关	50个	低压验电器	50个
指示灯	150个	绝缘胶带	足
连接导线	足		

【实训程序】

（1）登记选用的器件工具，有坏的应及时更换。

（2）观察三相交流电能表和电流互感器的结构。

（3）认真聆听和观察指导教师的讲解和操作示范。

（4）器件定位安装和布线接线。

（5）用万用表检查接线是否正确。

（6）申请通电检验。

（7）故障分析和排除。

【实训评价】

实训评价如表6.19所示。

表6.19 实训评价

序　号	评价内容	配　分
1	口述三相交流电能表或电流互感器结构原理	20%
2	器件摆放和布置合理，安装牢固可靠	20%
3	交流电能表和互感器接线符合工艺要求	30%
4	布线接线符合要求	20%
5	一次通电检验通过，仪表指示正常	10%

【实训小结】

（1）总结三相配电板和单相配电板的主要区别。

（2）总结电流互感器的使用注意事项。

（3）总结三相交流电能表与单相交流电能表的结构区别。

【实训思考】

（1）试述三相三线制交流电能表和三相四线制交流电能表的区别。

（2）三相交流电能表有哪些接线方法。

【实训目的】

(1) 掌握用兆欧表检查三相交流异步电动机的绝缘电阻的方法。

(2) 掌握刀开关控制三相交流异步电动机直接启动控制电路的安装接线。

【实训内容】

(1) 使用兆欧表检查三相交流异步电动机的绝缘电阻。

(2) 进行刀开关控制电路的安装和布线接线。

(3) 实现三相交流异步电动机的直接启动。

【实训原理】

直接启动三相交流异步电动机控制电路,有刀开关、组合开关和铁壳开关三种控制形式。

1. 刀开关(开启式负荷开关)启动

(1) 刀开关结构。刀开关主要由熔体和瓷质底座等组成。瓷质底座上装有静夹座、刀体、进线座、出线座和瓷质手柄等,如图6.52所示。用上、下胶盖用来遮盖电弧,在控制电路中的图形符号如图6.53所示,文字符用QS表示。

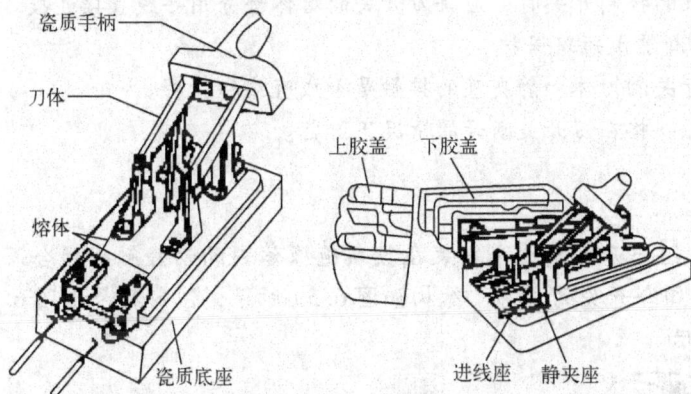

图 6.52 刀开关结构

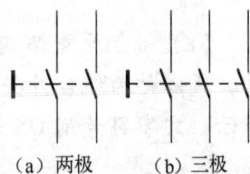

图 6.53 刀开关符号

(2) 刀开关启动控制电路。刀开关一般适用于额定电压为交流380V或直流440V、额定电流不超过60A的电气装置、电热、照明等各种配电设备中,供不频繁地接通和切断负载控制电路及短路和过载保护。刀开关由于其没有灭弧装置,只可以用做小容量不频繁启动和停机的电动机控制电路。控制原理图如图6.54所示。

(3) 刀开关选用。

① 电灯和电热负载:刀开关的额定电流 I_{NS} 应不小于所有负载的额定电流之和 I_{NL},即

$$I_{NS} \geq 2I_{NL}$$

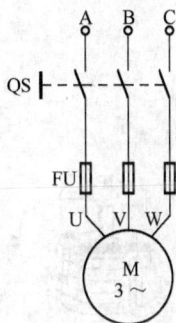

图 6.54 刀开关启动控制电路

② 电力负载：电动机容量不超过 3kW，并使刀开关的额定电流 I_{NS} 大于电动机额定电流 I_{NM} 的 2.5 倍，即

$$I_{NS} \geq 2.5 I_{NM}$$

（4）刀开关规格。常用刀开关规格如表 6.20 所示。

表 6.20　刀开关规格

型　号	HK1						HK2					
额定电流（A）	15	30	60	15	30	60	10	15	30	15	30	60
极数	2			3			2			3		
额定电压（V）	250			440			250			440		

（5）刀开关安装。

① 刀开关安装时应做到垂直安装，使闭合操作时的手柄操作方向应从下向上合，断开操作时的手柄操作方向从上向下分。不允许采用平装或倒装，以防止产生误合闸。

② 接线时，电源进线应接在刀开关上面的进线端上，用电设备应接在刀开关下面熔体的出线端子上。使刀开关断开后，刀开关和熔体上不带电。

③ 刀开关用做电动机的控制开关时，应将刀开关的熔体部分用导线直接连接，同时，在出线端另外加装熔断器做短路保护。

④ 安装后应检查刀开关的刀体和静夹座的接触是否成直线和紧密。

⑤ 更换熔体必须按原规格在刀开关断开的情况下进行。

2. 组合开关启动

（1）组合开关结构。组合开关是由分别装在数层绝缘体内的动静触头组合而成的，所以称为组合开关。组合开关的外形、结构如图 6.55 所示，图形符号如图 6.56 所示，文字符号用 QS 表示。

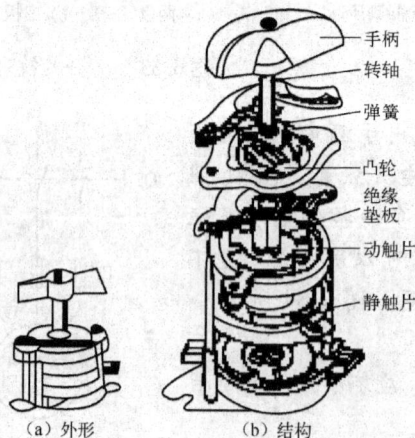

手柄
转轴
弹簧
凸轮
绝缘垫板
动触片
静触片

（a）外形　　　（b）结构

图 6.55　组合开关

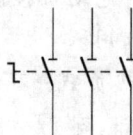

图 6.56　组合开关符号

（2）组合开关启动控制电路。HZ3 系列组合开关适用于额定电压在 500V 以下，容量小于 3kW 的控制电路中，作为电源引入开关或者小型三相交流异步电动机的直接启动、停机等控制开关。HZ10 系列组合开关为不频繁操作手动开关，适用于控制额定电压在 380V 以下，容量小于 5.5kW 的电动机不频繁直接启动、换向之用，也可作为机床照明控制电路的控制开关（注意：本系列开关为不频繁操作的手动开关）。控制原理图如图 6.57 所示。

（3）组合开关选用。组合开关应根据电源种类、电压等级、极数及负载的容量选用。用于直接控制电动机的开关额定电流应不小于电动机额定电流的 1.5 ～ 2.5 倍。

（4）组合开关额定电压及电流如表 6.21 所示。

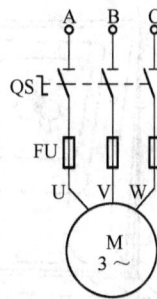

图 6.57　组合开关启动控制电路

表 6.21　组合开关额定电压及电流

型　号	极数	额定电流（A）	额定电压（V）	可控制电动机容量（kW）
HZ3—131	3	10	500	220V 为 3.2
HZ3—132				380V 为 3
HZ10—10	2, 3	6, 10	220	3
HZ10—25		25	380	5.5
HZ10—60		60		
HZ10—100		100		

（5）组合开关安装。

① HZ10 组合开关应安装在控制箱（或壳体）内，其操作手柄最好伸出在控制箱的前面或侧面，应使手柄在水平旋转位置时为断开状态；HZ3 组合开关的外壳必须可靠接地。

② 若需在箱内操作，开关最好装在箱内右上方，它的上方最好不安装其他电器，否则，应采用隔离或绝缘措施。

3. 铁壳开关（封闭式负荷开关）启动

（1）铁壳开关结构。铁壳开关主要由闸刀、熔断器、手柄、夹座和盖等构成，如图 6.58 所示，图形符号如图 6.59 所示，文字符号用 QS-FU 表示。开关装有机械连锁装置，使盖子打开时开关不能合闸，或者开关合闸时盖子不能打开，以保证操作安全。同时，还装有速动弹簧，使刀开关能快速分、合控制电路，其分合速度与手柄的操作速度无关，有利于迅速熄灭电弧。

（2）铁壳开关启动控制电路。铁壳开关有短路保护功能，适用于各种配电设备中，作为不频繁接通和分断负载控制电路，可用于三相交流异步电动机的不频繁直接启动和停机。控制原理图如图 6.60 所示。

(a) 60A 以下外形　　　　　(b) 60A 以上外形　　　　　(c) 结构图

图 6.58　HH 型封闭式铁壳开关结构

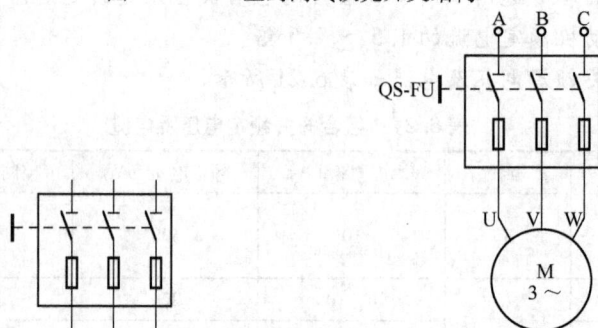

图 6.59　HH 型封闭式铁壳开关符号　　图 6.60　铁壳开关启动控制电路

（3）铁壳开关选用。

① 电灯、电热负荷：开关的额定电流 I_{NS} 应不小于所有负载的额定电流之和 I_{NL}，即

$$I_{NS} \geqslant I_{NL}$$

② 电力负载：对单台电动机除了满足开关的额定电流 I_{NS} 应不小于电动机的额定电流 I_{NM} 以外，还必须满足开关内熔断器的额定电流 I_{NF} 应不小于电动机的额定电流 I_{NM} 的 $(1.5 \sim 2.5)$ 倍，即

$$I_{NS} \geqslant I_{NM}, I_{NF} \geqslant (1.5 \sim 2.5)I_{NM}$$

（4）铁壳开关规格。常用铁壳开关的规格如表 6.22 所示。

表 6.22　常用铁壳开关规格

型　　号	额定电压（V）	额定电流（A）	极数	熔断器额定电流（A）
HH3—15/3		15		RClA—15
HH3—30/3		30		RClA—30
HH3—60/3	440	60	3	RClA—60
HH3—100/3		100		RM—100
HH3—200/3		200		RM—200
HH4—15/3		15		RClA—15
HH4—30/3	380	30	3	RCIA—30
HH4—60/3		60		RCIA—60

(5) 铁壳开关安装。

负荷电器的安装高度，要符合人体工程并避免6岁以下儿童触摸。

① 开关必须垂直安装，安装高度一般离地不低于 $1.5 \sim 1.6m$，并以操作方便和安全为原则。

② 接线时，应将电源进线接在开关静夹座的进线端子上，用电设备应接在熔断器的出线端子上。

③ 开关外壳必须可靠接地。

【实训要求】

(1) 设计画出电动机直接启动控制电路的原理图、接线图和布置图。

(2) 刀开关要垂直向上正确安装，组合开关底部应加装胶垫。

(3) 刀开关应选配合适的熔体。

(4) 电动机绕组一定要按铭牌要求接线。

(5) 先用万用表检查确认正确后，才能申请通电。

【实训器材】

实训器材如表6.23所示。

表 6.23 实验器材

名　称	数　量	名　称	数　量
电工控制电路练习板	50块	熔断器	150个
三相交流异步电动机	50台	万用表	50块
组合开关	50个	电工工具	50套
三极刀开关	50个	低压验电器	50个
铁壳开关	50个	绝缘胶带	足
连接导线	足		

【实训程序】

(1) 观察了解三相交流异步电动机和组合开关的结构。

(2) 聆听和观察指导教师讲解和操作示范。

(3) 用兆欧表检查、登记电动机绕组的绝缘情况。

(4) 安装刀开关、组合开关、铁壳开关，进行电动机接线。

(5) 用万用表检查安装接线是否正确。

(6) 进行通电检验。

【实训评价】

实训评价如表6.24所示。

表 6.24 实验评价

序号	评价内容	配　分
1	简述三相交流异步电动机的结构和运行原理	20%
2	画出控制原理图、接线图和布置图	10%
3	安装和接线	20%
4	正确使用仪表	10%

续表

序号	评价内容	配　分
5	测量电动机的绝缘电阻	10%
6	接线正确，一次合闸实验成功	20%
7	元器件的安装位置、方向合理	10%

【实训小结】

（1）总结直接控制电动机启动控制电路的特点。

（2）各种开关控制电路之间的区别。

【实训思考】

（1）三相交流异步电动机常见的直接启动控制电路有哪些？

（2）试为一台交流380V、额定电流5A的三相交流异步电动机选择刀开关、熔断器。

（3）怎样正确安装刀开关、组合开关、铁壳开关？

（4）画出铁壳开关、组合开关的图形符号。

（5）实际应用中应如何选用刀开关？

（6）什么叫做直接启动？

实训13　点动控制电路安装与接线

【实训目的】

（1）掌握按钮和交流接触器的结构及使用方法。

（2）掌握具有短路保护的点动控制电路安装接线。

（3）掌握用万用表检查控制电路的方法。

【实训内容】

（1）通过实物观测，熟悉了解接触器和按钮的结构。

（2）根据点动控制原理图画出接线图和布置图。

（3）在电工练习板上进行安装接线。

（4）通电进行运转试验。

【实训原理】

点动控制是使电动机做不连续运转。

1. 控制电路原理图

点动控制电路原理如图6.61所示。

2. 控制原理

图6.61中的点动控制电路可以分为主控制电路和控制回路两部分。主控制电路从三相电源A、B、C、开关QS、熔断器FU_1、接触器

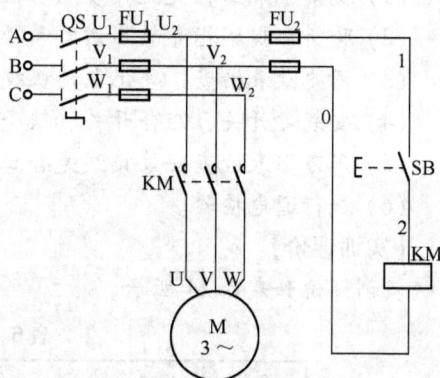

图6.61　点动控制电路原理图

KM触点到电动机M。控制回路由二相电源A、B、熔断器FU_2、按钮SB和KM线圈组成。

如图 6.61 所示,当合上电源开关 QS 时,电动机是不会启动运转的,因为这时接触器 KM 的线圈未通电,它的主触点处在断开状态,电动机 M 的转子绕组上没有电压。若要使电动机 M 转动,只要按下按钮 SB,使 KM 线圈通电,主控制电路中 KM 主触点闭合,电动机 M 即可启动。但当松开按钮 SB 时,KM 线圈即失电,而使主触点分开,切断电动机 M 的电源,电动机即停转。这种只有当按下按钮电动机才能运转,松开按钮即停转的控制电路,称为点动控制电路。这种控制电路常用做快速移动或调整机床。

利用接触器来控制电动机的运转与前述用开关来控制电动机的运转相比,其优点是:减轻劳动强度;操纵小电流的控制回路就可以控制大电流的主控制电路;能实现远距离控制与自动化控制。

【实训要求】

(1) 元器件摆放布置要合理,便于更换元件。

(2) 固定元器件用力均匀,应对称轮流对角上紧。

(3) 布线应按主控制电路和控制回路分开,平行排列,紧贴板面,避免交叉。

(4) 布线要横平竖直,转角90°,接线不压胶、不反圈、不露铜。

(5) 注意选择合适的熔断器熔丝和连接导线。

(6) 具备强电作业的安全意识和防范措施。

(7) 接好线后,先用万用表检查确认正确后,才能申请通电。

【实训器材】

实训器材如表 6.25 所示。

表6.25　实训器材

名　称	数　量	名　称	数　量
电工控制电路练习板	50 块	端子排	50 个
三相交流异步电动机	50 台	连接导线	足
交流接触器	50 个	万用表	50 块
熔断器	250 个	电工工具	50 套
组合开关	50 个	低压验电器	50 个
按钮	50 个	绝缘胶带	足

【实训程序】

(1) 根据控制电路原理图画出控制电路接线图和布置图。

(2) 登记所选用的元器件型号、数量和导线数量。

(3) 聆听和观察指导教师讲解和操作示范。

(4) 检查电动机和交流接触器及按钮,明确其使用方法,有坏的应及时更换。

(5) 按照所画的平面布置图、接线图、原理图,在电工练习板上安装器件和布线接线。

(6) 用万用表检查接线是否正确,排除故障。

(7) 申请通电试验。

【实训评价】

实训评价如表 6.26 所示。

表6.26　实训评价

序　号	评 价 内 容	配　分
1	设计画出点动控制接线图和布置图	20%
2	元器件布置安装合理	20%
3	布线接线符合工艺要求	40%
4	正确使用仪表检测	10%
5	电动机接线正确，一次合闸试验成功	10%

【实训小结】

（1）理论联系实践，总结练习体验。

（2）总结根据原理图接线和接线图接线的对比体验。

（3）点动控制电路在机床控制电路中的应用举例。

【实训思考】

（1）如何将点动控制改成连续运行控制？比较接触器控制与开关直接启动控制电动机控制电路的优缺点？

（2）简述点动控制的特点？

实训14　单向运转控制电路安装与接线

【实训目的】

（1）掌握热继电器的结构、原理和使用方法。

（2）掌握具有过载保护的接触器自锁单方向运转控制电路安装接线。

（3）熟练使用万用表检测控制电路。

【实训内容】

（1）在原理图上编写线号，并画出对应的接线图和布置图。

（2）按照布置图和原理图或接线图，在电工练习板上进行安装和布线接线。

（3）进行通电运转试验。

【实训原理】

如果要使点动控制电路中的电动机连续运行，启动按钮必须始终用手按住，显然这是不符合生产实际要求的，为了实现电动机连续运行，需要采用具有接触器自锁的控制电路。

1. 控制电路原理图

单向运转控制电路原理图如图6.62所示。

2. 控制原理

单向运转控制电路与点动控制电路的不同之处在于，控制电路中增加了停止按钮SB$_1$，在启动按钮SB$_2$的两端并联一对接触器KM的常开触点和过载保护热继电器FR。

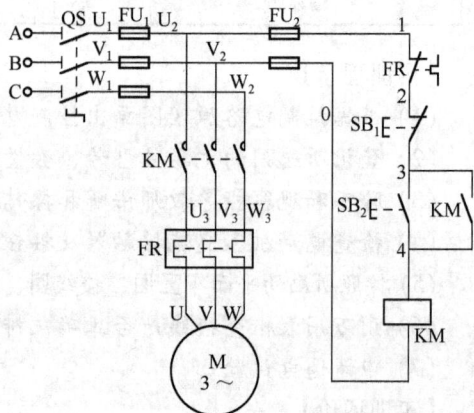

图6.62　单向运转控制电路原理图

控制电路的动作过程是这样的：当按下启动按钮 SB_2 时，KM 线圈通电，主触点闭合，电动机 M 启动旋转。当松开按钮时，电动机 M 不会停转，因为这时接触器 KM 线圈可以通过并联在 SB_2 两端已闭合的 KM 辅助触点继续维持通电，保证 KM 主触点仍处在接通状态，电动机 M 就不会失电，也就不会停转。这种松开按钮而仍然自行保持 KM 线圈通电的控制电路叫做具有自锁（或自保）的接触器控制电路，简称自锁控制电路。与 SB_2 并联的这一对 KM 常开辅助触点叫做自锁（或自保）触点。

该控制电路的另一个重要特点是它具有欠电压、失电压（或零电压）和过载保护作用。

(1) 欠电压保护。"欠电压"是指控制电路电压低于电动机应加的额定电压。这样的后果是电动机转矩要降低，转速随之下降，会影响电动机正常运行，欠电压严重时还会损坏电动机并发生事故。在具有接触器自锁的控制电路中，当电动机运转时，电源电压降低到一定值（一般降低到 85% 额定电压以下）时，由于接触器线圈磁通减弱，电磁吸力克服不了反作用弹簧的压力，动铁芯因而释放（动、静铁芯分离），从而使主触点断开，自动切断主控制电路，电动机停转，达到欠电压保护的作用。

(2) 失电压保护（零压保护）。当生产设备在运转时，由于其他设备发生故障，引起瞬时断电，而使生产机械停转。当故障排除后，恢复供电时，由于电动机的重新启动，很可能引起设备与人身事故。采用接触器自锁控制电路时，即使电源恢复供电，由于自保触点仍断开，接触器线圈不会通电，所以电动机不会自行启动，从而避免了可能出现的事故。这种保护称为失电压（或零电压）保护。

(3) 过载保护。具有自锁的控制电路虽然有短路保护、欠电压保护、失电压保护作用，但实际使用中不够完善。因为电动机在运行过程中，若长期负载过大或操作频繁，或三相控制电路断掉一相运行等原因，都可能使电动机的电流超过它的额定值，有时熔断器在这种情况下尚不会熔断，这将引起电动机绕组过热，损坏电动机绝缘，因此，应对电动机设置过载保护，通常由三相热继电器来完成过载保护，其结构如图 6.63 所示。控制电路中将热继电器的发热元件串联在电动机的定子回路中，当电动机过载时，发热元件过热，使双金属片弯曲到能推动脱扣机构动作，从而使串联在控制回路中 FR 的常闭触点断开，切断主控制电路，使 KM 线圈断电释放，接触器 KM 主触点断开，电动机失电停转，起到过载保护的作用。

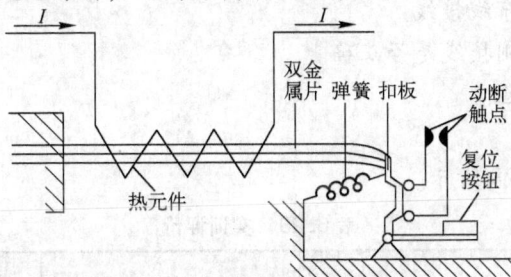

图 6.63 热继电器结构图

要使电动机再次启动，必须等热元件（双金属片）冷却并恢复原状后，再按复位按钮（自动复位型除外），使热继电器的常闭触点闭合，才能重新启动电动机。

【实训要求】

（1）应具备强电作业的安全操作和防范意识。

（2）热继电器的整定电流，一定要按电动机的额定电流调整。

（3）热继电器安装应注意位置和方向，手动复位需2min以后才能再次启动。

（4）布线时主控制电路、控制回路分开，平行排列，紧贴板面，避免交叉（必须交叉时，应在接线端子引出时架空跨越）。

（5）走线要横平竖直，转角90°，接线不压胶，不反圈，不露铜。

（6）安装自检完毕，向指导教师提出通电申请，经同意后方可通电试验。

（7）不准带电检查接线。

（8）出现故障时，应立即断开电源，可用万用表进行检查、分析和判断。

【实训器材】

实训器材如表6.27所示。

表6.27　实训器材

名　称	数　量	名　称	数　量
电工控制电路练习板	50块	端子排	50个
三相交流异步电动机	50台	连接导线	足
交流接触器	50个	万用表	50块
热继电器	50个	电工工具	50套
熔断器	250个	低压验电器	50个
组合开关	50个	绝缘胶带	足
按钮	100个		

【实训程序】

（1）读懂控制电路原理图，并分析控制原理。

（2）在控制电路原理图上编写线号，画出对应的接线图和布置图。

（3）登记所选用的元器件和需要的导线。

（4）聆听和观察指导教师讲解有关知识和操作示范。

（5）测试电动机和交流接触器、热继电器，明确其结构和用途。

（6）在电工练习板上合理布置元器件。

（7）开始安装和布线接线。

（8）用万用表检测接线是否正确。

（9）申请通电试验。

【实训评价】

实训评价如表6.28所示。

表6.28　实训评价

序号	评价内容	配　分
1	在原理图上编写线号，画出接线图和布置图	30%
2	接线符合工艺要求	30%
3	元器件的安装位置、方向合理	20%
4	电动机接线正确，一次合闸试验成功	20%

【实训小结】

(1) 总结影响电动机不能启动的因素。

(2) 分析正常情况下，接通和断开电源，操作顺序上是否相同。

【实训思考】

(1) 如何实现电动机的自锁控制？

(2) 热继电器由哪几部分组成？简述热继电器的作用。

(3) 什么是热继电器的整定电流？热继电器具有怎样的保护特性？

(4) 热继电器为什么只能做过载保护，而不能做短路保护？

(5) 热继电器常见的故障有哪些？

(6) 什么叫自锁？

实训 15　正／反转控制电路安装与接线

【实训目的】

(1) 掌握正反转控制电路的结构和原理。

(2) 学会互锁正反转电动机控制电路的安装接线。

(3) 熟练掌握用万用表检测控制电路。

【实训内容】

(1) 在原理图上编写线号，并转换成接线图和布置图。

(2) 叙述接触器互锁和正反转控制原理。

(3) 按照布置图在电工练习板上布置安装元器件。

(4) 根据原理图或接线图，在电工练习板上进行布线接线。

(5) 进行通电运转试验。

【实训原理】

许多生产机械往往要求运动部件可以向正／反两个方向运动，例如，机床工作台的前进与后退，主轴的正转与反转，起重机的上升与下降，等等。这就要求电动机能正、反双向旋转来实现。我们已经知道，改变电动机电源的相序就会改变电动机旋转方向。

1. 控制电路原理图

接触器互锁的正/反转控制电路原理图如图 6.64 所示。

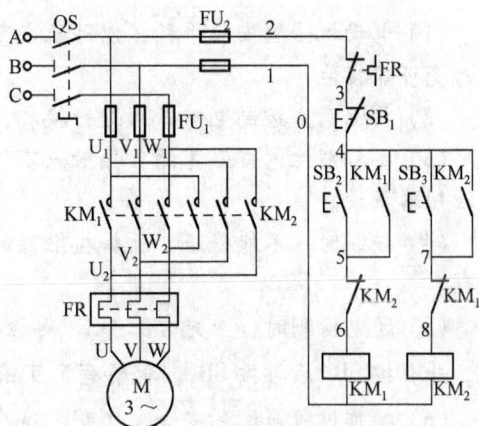

图 6.64　接触器互锁的正／反转控制电路原理图

2. 控制原理

如图 6.64 所示，该控制电路利用按钮、接触器等电器来自动控制电动机的正、反转。图 6.64 中采用了两个接触器，即正转用的接触器 KM_1 和反转用的接触器 KM_2，它们分别由正转按钮 SB_2 和反转按钮 SB_3 控制，这两个接触器的主触点相序不同，KM_1 按 U_1、V_1、W_1 相序接线，KM_2 则调换了两相相序，所以当两个接触器分别工作时，电动机的旋转方向不一样。

（1）正转控制。合上电源开关 QS，按正转启动按钮 SB_2，正转控制回路接通，其顺序为：

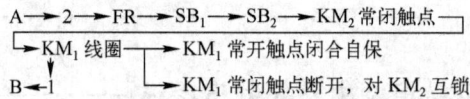

$$A \longrightarrow 2 \longrightarrow FR \longrightarrow SB_1 \longrightarrow SB_2 \longrightarrow KM_2 \text{常闭触点}$$
$$\longmapsto KM_1 \text{线圈} \longrightarrow KM_1 \text{常开触点闭合自保}$$
$$B \longleftarrow 1 \qquad\qquad \longrightarrow KM_1 \text{常闭触点断开，对} KM_2 \text{互锁}$$

（2）反转控制。要使电动机改变转向（即由正转变为反转）时，应先按下停止按钮 SB_1，使正转控制电路断开，电动机停转，然后使电动机反转。为什么要这样操作呢？因为反转控制回路中串联了正转接触器 KM_1 的常闭触点。当 KM_1 通电工作时，它是断开的，若这时直接按反转按钮 SB_3，反转接触器 KM_2 是无法通电的，电动机也就得不到电源，故电动机仍然处在正转状态，不会反转，当先按下停止按钮 SB_1，使电动机停转以后，再按下反转按钮 SB_3，电动机才会反转。这时，反转控制电路为：

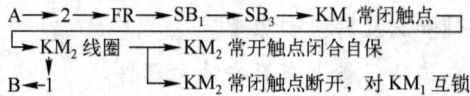

$$A \longrightarrow 2 \longrightarrow FR \longrightarrow SB_1 \longrightarrow SB_3 \longrightarrow KM_1 \text{常闭触点}$$
$$\longmapsto KM_2 \text{线圈} \longrightarrow KM_2 \text{常开触点闭合自保}$$
$$B \longleftarrow 1 \qquad\qquad \longrightarrow KM_2 \text{常闭触点断开，对} KM_1 \text{互锁}$$

反转接触器 KM_2 通电动作，主触点闭合，主控制电路按 W_1、V_1、U_1 相序接通，电动机电源相序改变，故电动机反转。

3. 注意事项

（1）电动机必须安放平稳，以防止在可逆运转时产生滚动而引起事故，并将其金属外壳可靠接地。

（2）要注意主控制电路必须进行换相，否则，电动机只能进行单向运转。

（3）要特别注意接触器的互锁触点不能接错，否则，将会造成主控制电路中两相电源短路事故。

（4）接线时，不能将正、反转接触器的自锁触点进行互换，否则，只能进行点动控制。

（5）通电检测时，应先合上 QS，再检验 SB_2（或 SB_3）及 SB_1 按钮的控制是否正常，并在按 SB_2 后再按 SB_3，观察有无互锁作用。

（6）操作过程应做到安全、文明、有序、规范。

【实训器材】

实训器材如表 6.29 所示。

表 6.29 实训器材

名 称	数 量	名 称	数 量
电工控制电路练习板	50 块	端子排	50 个
三相交流异步电动机	50 台	连接导线	足
交流接触器	100 个	万用表	50 块
热继电器	50 个	电工工具	50 套
熔断器	250 个	低压验电器	50 个
组合开关	50 个	绝缘胶带	足
按钮	150 个		

【实训程序】

（1）读懂控制电路原理图，并分析控制原理。

（2）在控制电路原理图上编写线号，并画出接线图和布置图。

（3）登记所选择的元器件。有损坏元器件应报告指导教师更换。

（4）指导教师讲解知识，并进行操作示范。

（5）根据布置图在电工练习板上布置安装元器件。

（6）根据控制电路原理图或接线图进行布线接线。

（7）用万用表检测接线是否正确，排除故障和隐患。

（8）申请通电试验。

【实训要求】

（1）要真正理解互锁的原理和可能采用的各种措施，设计画出电气或机械互锁控制电路的原理图和接线图。

（2）安装接线完毕，要认真检查接线确认无误后，向指导教师提出通电申请，经同意后方可通电试验。

（3）布线时主控制电路，控制回路分开，平行排列，紧贴板面，避免交叉（必须交叉时，应在接线端子引出时架空跨越）。

（4）走线要横平竖直，转角90°，接线不压胶，不反圈，不露铜。

（5）要具备强电作业的安全操作和防范意识，注意安全。

（6）试验中若出现故障，应立即断电进行检查。

【实训评价】

实训评价如表 6.30 所示。

表 6.30 实训评价

序号	评 价 内 容	配 分
1	编写线号，画出接线图和布置图	30%
2	元器件布置安装合理	10%
3	布线接线工艺正确	20%
4	正确使用仪表	10%
5	电动机接线正确，一次合闸试验成功	30%

【实训小结】

(1) 总结接触器互锁控制电路的优、缺点。

(2) 总结根据原理图接线和接线图接线的对比体验。

(3) 总结正/反转控制接线的要点。

【实训思考】

(1) 分析图6.64中控制电路的优/缺点。

(2) 画出按钮、接触器互锁的正/反转控制电路。

(3) 简述图6.64中控制回路实现正/反转的原理。

(4) 简述编写线号的原则。

实训16 Y－△减压启动控制电路安装与接线

【实训目的】

(1) 掌握减压启动的原理。

(2) 了解时间继电器的工作原理和整定方法。

(3) 掌握时间继电器控制的Y－△减压启动控制电路的安装和检测。

【实训内容】

(1) 在控制电路原理图上编写线号。

(2) 根据控制电路原理图画出接线图和布置图。

(3) 口述Y－△减压启动控制电路的工作原理。

(4) 对时间继电器结构原理的认识。

(5) 在电工练习板上进行安装和布线接线。

(6) 通电运转试验。

【实训原理】

所谓减压启动就是使电压适当降低后再加到电动机的定子绕组上，目的是为了限制启动电流。等电动机启动以后，再使电动机的定子绕组上的电压恢复到额定值。由于电动机转矩与电压平方成正比，所以减压启动的启动转矩大为降低，因此，减压启动方法仅适合于空载或轻载下启动的场合。

减压启动一般有定子绕组串电阻（或电抗器）减压启动、自耦变压器减压启动、Y－△减压启动、延边三角形减压启动等几种方法。下面主要介绍Y－△减压启动。

凡额定运行为三角形连接的电动机(4kW以上的笼形三相异步电动机)，都可采用Y－△减压启动。

1. 启动控制电路原理图

启动控制电路原理图主控制电路如图6.65所示，控制回路如图6.66所示。

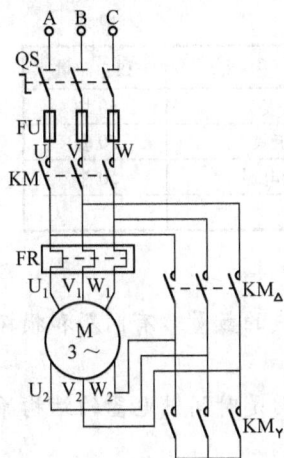

图 6.65 丫-△减压启动主控制电路

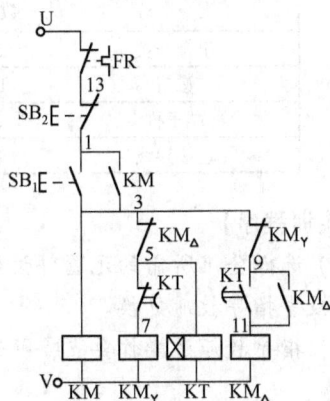

图 6.66 丫-△减压启动控制回路

2. 控制原理

电动机启动时，将定子绕组接成星形，以降低各相绕组上的电压。随着电动机转速的升高，待启动完成后，再将定子绕组接成三角形，使电动机在额定电压下正常运行。这种启动方法可采用丫-△启动器直接操作，丫-△启动器常由按钮、接触器、时间继电器组成。

由图 6.66 可以看出，启动器由三个交流接触器及一个时间继电器、二个热继电器等组成。

控制电路动作过程如下：

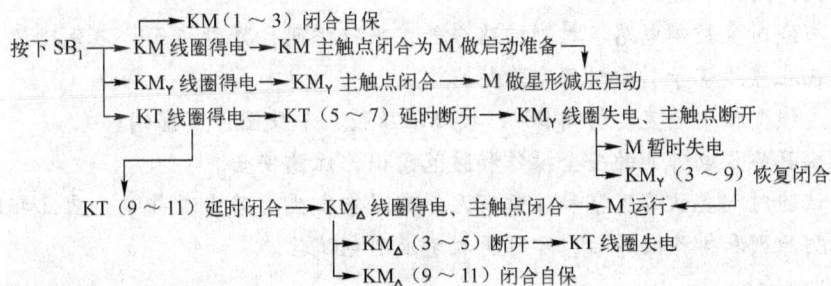

按下 SB₁

→ KM（1～3）闭合自保

→ KM 线圈得电 → KM 主触点闭合为 M 做启动准备

→ KM_Y 线圈得电 → KM_Y 主触点闭合 → M 做星形减压启动

→ KT 线圈得电 → KT（5～7）延时断开 → KM_Y 线圈失电、主触点断开

→ M 暂时失电

→ KM_Y（3～9）恢复闭合

KT（9～11）延时闭合 → KM△ 线圈得电、主触点闭合 → M 运行

→ KM△（3～5）断开 → KT 线圈失电

→ KM△（9～11）闭合自保

【实训器材】

实训器材如表 6.31 所示。

表 6.31 实训器材

名 称	数 量	名 称	数 量
电工控制电路练习板	50 块	热继电器	50 个
三相交流异步电动机	50 台	时间继电器	50 个
交流接触器	150 个	熔断器	250 个

续表

名　　称	数　量	名　　称	数　量
组合开关	50 个	万用表	50 块
按钮	100 个	电工工具	50 套
端子排	50 个	低压验电器	50 个
连接导线	足		

【实训程序】

（1）选择登记所需的元器件设备型号、数量和导线的数量。有问题和损坏的元器件，应报告指导教师更换。

（2）指导教师讲操作要点，并进行操作示范，特别是时间继电器的结构原理和整定方法。

（3）根据布置图在电工练习板上进行布置安装元器件。

（4）根据控制电路原理图或接线图进行布线接线。

（5）用万用表检测控制电路接线是否正确，排除故障和隐患。

（6）申请通电试验。

【实训要求】

（1）认真预习丫-△减压启动的知识要点，设计画出其控制电路原理和接线图。

（2）检查所选的三相交流异步电动机是否有 6 个出线端，三角形连接时绕组的额定电压是否为 380V。

（3）认真检验时间继电器，整定好控制的时间（3～8s）。

（4）主控制电路接触器各触点进出线位置绝不能接错，要认真检查有无短路。经指导教师同意后方可通电试验。

（5）布线时主控制电路、控制回路分开，平行排列，紧贴板面，避免交叉（必须交叉时，应在接线端子引出时架空跨越）。

（6）走线要横平竖直，转角90°，接线不压胶，不反圈，不露铜。

（7）要具备强电作业的安全操作和防范意识，注意安全。

（8）试验时，要认真观察和注意有无异常现象发生。若出现异常，应立即断开电源。待查明原因和排除故障后，才可再次请求通电试验。

【实训评价】

实训评价如表6.32所示。

表6.32　实训评价

序号	评价内容	配　分
1	编写线号，画出接线图和布置图	10%
2	元器件布置安装合理	10%
3	接线符合工艺要求	20%
4	正确使用仪表	10%
5	设置故障、排除和提问	20%
6	电动机接线正确，一次合闸试验成功	30%

【实训小结】

（1）总结时间继电器在实际控制电路中的应用。

（2）总结在本次练习中的体验。

（3）总结丫－△减压启动的优点。

【实训思考】

（1）常用的减压启动一般有几种方法？

（2）空气阻尼式时间继电器延时不准确的原因是什么？应如何处理？

（3）丫－△启动控制电路对负载有何要求？

（4）简述时间继电器的种类和作用。

（5）丫－△启动控制电路在安装时的注意事项有哪些？

任务6-4 三相交流异步电动机的铭牌和技术数据

6.4.1 铭牌

每台电动机出厂前，机座上都钉有一块铭牌，如图6.67所示，它就是一个最简单的说明书（主要包括型号、额定值、接法等）。

三相交流异步电动机			
型号	Y112M-4	功率	4kW
电压	380V	电流	8.8A
接法	△	转速	1440r/min
频率	50Hz	绝缘等级	B
温升	80℃	工作方式	S1
防护等级	IP44	重量	45kg
××电机股份有限公司		2010年×月×日	

图6.67 Y系列三相交流异步电动机的铭牌

6.4.2 技术数据

要正确使用电动机，必须要看懂铭牌上的技术数据。现以Y112M—4型三相交流异步电动机为例（见图6.67），说明铭牌上各数据的含义。

1. 型号

型号是电动机类型和规格的代号。国产三相交流异步电动机的型号由汉语拼音字母和阿拉伯数字等组成。

例如，Y112M—4型三相交流异步电动机，其中：

Y——三相交流异步电动机的代号（异步）；

112——机座中心高度（112mm）；

M——机座长度代号（L 为长机座，M 为中机座，S 为短机座）；

4——磁极数（4 极）。

2. 额定功率

额定功率 4kW 是指电动机在额定运行工作情况下，轴上输出的机械功率。

3. 额定电压

额定电压 380V，是指电动机在额定运行工作情况下，定子绕组应加的线电压值。

4. 额定电流

额定电流 8.8A，是指电动机在额定运行工作情况下，定子绕组的线电流值。

5. 额定转速

额定转速 1440r/min，是指电动机在额定运行工作情况下的转速。

6. 接法

接法△，是指三相交流异步电动机定子绕组的连接方式。国家标准规定 3kW 以下的三相交流异步电动机均采用星形（Y）连接，4kW 以上的三相交流异步电动机可采用三角形（△）连接。

7. 额定工作方式

额定工作方式（S），是指三相交流异步电动机按铭牌额定值工作时允许的工作方式。分为：

S1——连续工作方式，表示可长期连续运行，温升不会超过允许值，如水泵等。

S2——短时工作方式，表示按铭牌额定值工作时，只能在规定的时间内短时运行，时间为 10s、30s、60s、90s 四种。否则，将会引起电动机过热。

S3——断续工作方式，表示按铭牌额定值工作时，可长期运行于间歇方式，如吊车等。

8. 频率

频率 50Hz，是指三相交流异步电动机使用的交流电源的频率，我国统一为 50Hz。

9. 温升

温升 80℃，是指三相交流异步电动机在运行时允许温度的升高值。最高允许温度等于室温加上此温升。

10. 绝缘等级

绝缘等级 B，是指三相交流异步电动机所用的绝缘材料等级。三相交流异步电动机允许温升的高低与所采用的绝缘材料的耐热性能有关，共分为七个等级，绝缘等级与三相交流异

步电动机的允许温升关系如表6.33所示。

表6.33　绝缘材料耐热性能等级

绝缘材料等级	Y	A	E	B	F	H	C
最高允许温度（℃）	90	105	120	130	155	180	大于180
电动机允许温升（℃）		60	75	80	120	125	大于125

11. 防护等级

防护等级IP44，是指三相交流异步电动机外壳防护形式的分级。IP表示防固体异物进入和防水综合防护等级，后两位数字分别表示防异物和防水的等级均为四级。

任务 6-5　三相交流异步电动机的选择、使用和维护

6.5.1　三相交流异步电动机的选择

1. 容量的选择

电动机的容量是根据它的发热情况来选择的。在允许温度以内，电动机绝缘材料的寿命约为15～25年。如果经常超过允许温度，绝缘会老化，电动机的使用年限会缩短。一般来说，多超过8℃，使用年限就要缩短一半。电动机的发热情况，又与生产机械的负载大小及运行时间长短有关。如果电动机的容量选择过小，则电动机会经常过载发热而缩短寿命。如果电动机的容量选择过大，又会经常工作在轻载状态，使效率和功率因数很低、不经济，所以应按不同的工作方式选择电动机容量，可参考表6.34。

表6.34　电动机效率、功率因数随负载的变化

负载情况	空　载	1/4负载	1/2负载	3/4负载	满　载
功率因数	0.2	0.5	0.77	0.84	0.88
效　　率	0	0.78	0.85	0.88	0.88

（1）连续工作的电动机：容量等于生产机械功率除以效率。

（2）短时工作的电动机：允许短时过载，过载时间越短，则过载可以越大。但过载量不能无限增大，必须小于电动机的最大转矩。电动机的额定功率应大于生产机械功率除以过载系数。

（3）断续工作的电动机：可选择短时工作的专用电动机。容量的选择，可采用等效负载等方法，所选容量应大于或等于等效负载。

2. 结构外形的选择

为保证电动机在不同环境中安全可靠地运行，电动机结构外形的选择应参照以下原则：

（1）清洁、干燥的场合应选用开启式。

（2）灰尘少、潮气不大、无腐蚀性气体的场合应选用防护式。

（3）灰尘多、潮湿或含有腐蚀性气体的场合应选用封闭式。

（4）有爆炸性气体的场合应选用防爆式。

3. 类型的选择

根据笼型转子和绕线转子三相交流异步电动机的不同特点，在不需要调速和启动、制动不频繁情况时，应首先考虑选用笼型转子三相交流异步电动机。在需要调速和大启动转矩情况下（如起重机、卷扬机），应考虑选用绕线转子三相交流异步电动机。

4. 电压和转速的选择

电动机的额定电压一定要和所使用的电源线电压相等。

电动机的额定转速是根据生产机械的要求来选定的。为简化传动机构，应尽量选择接近所拖动的生产机械的转速。在可能的情况下，一般应选择高转速的电动机。因为在相同功率的情况下，转速越高，极对数越少，电动机的体积越小，价格也就越便宜。但高转速电动机转矩小，启动电流大。若用在频繁启动、制动的机械上，为缩短启动时间可考虑选择低速电动机。

6.5.2 三相交流异步电动机的使用

1. 三相交流异步电动机的接线

三相交流异步电动机的接线主要是指接线盒内的接线。三相交流异步电动机的定子绕组是电动机的电路部分，由三相对称绕组组成，三个绕组按一定的空间角度依次嵌放在定子槽内。三相绕组的首端分别用 U_1（D_1）、V_1（D_2）、W_1（D_3）表示，尾端对应用 U_2（D_4）、V_2（D_5）、W_2（D_6）表示。为了便于变换接法，三相绕组的六个线头都引到电动机的接线盒内，如图6.68（a）所示。

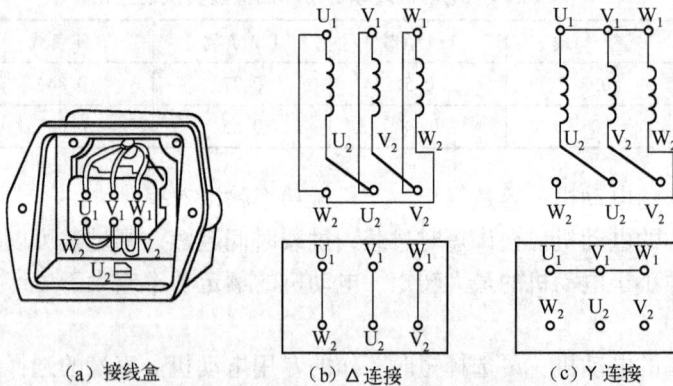

（a）接线盒　　　　（b）△连接　　　　（c）Y连接

图6.68　三相交流异步电动机的接线

根据电源电压的不同和电动机铭牌的要求，电动机三相定子绕组可以接成三角形（△）或星形（Y）两种形式。

三角形（△）连接：将第一相的尾端 U_2 接第二相的首端 V_1，第二相的尾端 V_2 接第三相的首端 W_1，第三相的尾端 W_2 接第一相的首端 U_1，然后将三个接点分别接三相电源，如

图 6.68（b）所示。

星形（Y）连接：将三相绕组的尾端 U_2、V_2、W_2 接在一起，首端 U_1、V_1、W_1 分别接到三相电源，如图 6.68（c）所示。

2. 三相交流异步电动机的型号、结构形式和用途

常见三相交流异步电动机的型号、结构形式和用途如表 6.35 所示。

表 6.35　常见三相交流异步电动机的型号、结构形式和用途

名　　称	型　　号		型号的汉字意义	结构形式	主要用途
	新	旧			
笼型转子异步电动机	Y	J JQ	异 异（封闭）	防护式、铸铁机座、铸铝转子	用于启动性能、调速性能及转差率均无特殊要求的一般机械
绕线转子异步电动机	YR	JR	异绕	防护式、铸铁机座、绕线转子	用于要求启动转矩较大和小范围调速的机械，如起重机、吊车等
高启动转矩异步电动机	YQ	JQ	异起	防护式、铸铁机座、铸铝转子	用于启动静止负荷或惯性负荷较大而需要较大启动转矩的机械上（如压缩机）
多速异步电动机	YD	JD JDD	异多 异多（封闭）	同 J 型、外风扇吹冷、铸铝转子	用于各种万能和专用机床等需要调速的机械设备中（如车床、铣床、钻床、磨床）
起重、冶金用异步电动机	YZ	JZ	异重	封闭式、外风扇吹冷、笼型铜条转子	为起重和冶金用电动机，具有较高机械强度和过载能力
防爆用电动机	YB	JB	异爆	钢板机座、铸铝转子	适用于含爆炸性气体场合

【自己动手】　观察三相交流异步电动机的铭牌、型号、结构形式等，判断绕组首尾端、接线（每人一个低功率三相交流异步电动机，一块万用表，两节干电池）。

6.5.3　三相交流异步电动机检修

1. 启动前注意事项

对新安装或久未运行的电动机，在启动前必须先做下列检查，以验证电动机能否通电运行。

（1）安装检查。要求电动机装配灵活、螺栓拧紧、轴承运行无阻、联轴器中心无偏移等。

（2）绝缘电阻检查。要求用兆欧表检查电动机的绝缘电阻，包括两相绕组相间绝缘电阻和三相绕组对地绝缘电阻，测得的数值一般大于 $0.5 M\Omega$。

（3）电源检查。一般当电源电压波动超出额定值 +10% 或 −5% 时，应改善电源条件后投运。

（4）启动、保护措施检查。要求启动设备接线正确（直接启动的中小型异步电动机除外），电动机所配熔丝的型号合适，外壳接地良好。

以上各项检查无误后，方可合闸启动。

2. 启动时注意事项

（1）合闸后，若电动机不转，应迅速、果断地拉闸，以免烧毁电动机。

（2）电动机启动后，注意观察电动机，若有异常情况，立即停机。查明故障并排除后，才能重新合闸启动。

（3）笼型电动机采用全压启动时，次数不宜过于频繁，一般不超过 3～5 次。对功率较大的电动机要随时注意电动机的温升。

（4）绕线转子电动机启动前，应注意检查启动电阻是否接入。接通电源后，随着电动机转速的提高而逐渐切除启动电阻。

（5）几台电动机由同一台变压器供电时，不能同时启动，应由大到小逐台启动。

3. 运行中注意事项

（1）对运行中的电动机应经常检查它的机座有无裂纹，螺钉是否有脱落或松动，电动机有无异响或振动等。监视时，要特别注意电动机有无冒烟和异味出现，若嗅到焦糊味或看到冒烟，必须立即停机检查处理。

（2）对轴承部位，要注意它的温度和响度。温度升高、响声异常则可能是轴承缺油或磨损。

（3）用联轴器传动的电动机，若中心校正不好，会在运行中发出响声，并伴随着发生电动机振动和联轴节螺栓胶垫的迅速磨损。这时应重新校正中心线。用皮带传动的电动机，应注意皮带不应过松而导致打滑，但也不能过紧而使电动机轴承过热。

4. 运行中故障处理

发生以下严重故障情况时，立即停机处理：

（1）人身触电。

（2）电动机冒烟。

（3）电动机剧烈振动。

（4）电动机轴承异常发热。

（5）电动机转速异常下降，温度异常升高。

5. 电动机定期维修

电动机定期维修是消除故障隐患、防止故障发生的重要措施。电动机维修分月修和年修，俗称小修和大修。前者不拆开电动机，后者需把电动机拆开进行维修。

1）小修

小修是对电动机的一般清理和检查，应经常进行。

（1）清擦电动机外壳，除掉运行中积累的污垢。

（2）测量电动机绝缘电阻，测后重新接好线，拧紧接线螺钉。

（3）检查电动机端盖、地脚螺钉是否紧固。

（4）检查电动机接地线是否可靠。

（5）检查电动机与负载机械间的传动装置是否良好。

（6）拆下轴承盖，检查润滑介质是否变脏、干涸，及时加油或换油。处理完毕后，注意上好端盖及紧固螺钉。

（7）检查电动机附属启动和保护设备是否完好。

2）大修

电动机的大修应结合负载机械的大修进行。大修时，拆开电动机进行以下项目的检修。

（1）检查电动机各部件有无机械损伤，若有则应做相应修复。

（2）对拆开的电动机和启动设备进行清理，清除所有油泥、污垢。清理时注意观察绕组绝缘状况。若绝缘为暗褐色，说明绝缘已经老化，对这种绝缘要特别注意不要碰伤使它脱落。若发现有脱落就进行局部绝缘修复和刷漆。

（3）拆下轴承，浸在柴油或汽油中彻底清洗。把轴承架与钢珠间残留的油脂及脏物洗掉后，用干净柴（汽）油清洗一遍。清洗后的轴承应转动灵活，不松动。若轴承表面粗糙，说明油脂不合格；若轴承表面变色（发蓝），则已经退火。根据检查结果，对油脂或轴承进行更换，并消除故障原因（如清除油中砂、铁屑等杂物；正确安装电机等）。轴承新安装时，加油应从一侧加入。油脂占轴承内容积 $1/3 \sim 2/3$ 即可。油加得太满会发热流出。润滑油可采用钙基润滑脂或钠基润滑脂。

（4）检查定子绕组是否存在故障。使用兆欧表测绕组电阻可判断绕组绝缘是否受潮或是否有短路。若有，应进行相应处理。

（5）检查定、转子铁芯有无磨损和变形，若观察到有磨损处或发亮点，说明可能存在定子、转子铁芯相擦。应使用锉刀或刮刀把亮点刮低。若有变形应做相应修复。

（6）在进行以下各项修理、检查后，对电动机进行装配、安装。

（7）安装完毕的电动机，应进行修后检查，符合要求后，方可带负载运行。

6. 常见故障及处理

1）电源接通后电动机不启动的可能原因

（1）定子绕组接线错误。检查接线，纠正错误。

（2）定子绕组断路、短路或接地，转子绕组断路。找出故障点，排除故障。

（3）负载过重或传动机构被卡住。检查传动机构及负载。

（4）绕线转子异步电动机转子回路断线（电刷与滑环接触不良、变阻器断路、引线接触不良等）。找出断路点，修复。

（5）电源电压过低。检查原因并排除。

2）电动机温升过高或冒烟的可能原因

（1）负载过重或启动过于频繁。减轻负载、减少启动次数。

（2）电动机断相运行。检查原因，排除故障。

（3）定子绕组接线错误。检查定子绕组接线，纠正。

（4）定子绕组接地或匝间、相间短路。查出接地或短路部位，修复。

（5）笼型转子断条。铸铝转子必须更换，铜条转子可修理或更换。

（6）绕线转子绕组断相运行。找出故障点，修复。

（7）定子与转子相擦。检查轴承、转子是否变形，修理或更换。

（8）通风不良。检查通风道是否畅通，对不可反转的电动机检查其转向。

（9）电源电压过高或过低。检查原因，排除。

3）电动机振动的可能原因

（1）转子不平衡。校正平衡。

（2）皮带轮不平稳或轴弯曲。检查并校正。

（3）电动机与负载轴线不对。检查、调整机组的轴线。

（4）电动机安装不良。检查安装情况及地脚螺栓。

（5）负载突然过重。减轻负载。

4）运行时有异声的可能原因

（1）定子与转子相擦。检查轴承、转子是否变形，修理或更换。

（2）轴承损坏或润滑不良。更换轴承或清洗轴承。

（3）电动机两相运行。查出故障点，修复。

（4）风叶碰机壳等。检查，消除故障。

5）电动机带负载时转速过低可能原因

（1）电源电压过低。检查电源电压。

（2）负载过大。核对负载。

（3）笼形异步电动机转子断条。铸铝转子必须更换，铜条转子可修理或更换。

（4）绕线转子异步电动机转子绕组一相接触不良或断开。检查电刷压力，电刷与滑环接触情况及转子绕组。

6）电动机机座带电的可能原因

（1）接地不良或接地电阻太大。按规定接好地线，消除接地不良处。

（2）绕组受潮。进行烘干处理。

（3）绝缘有损坏，有脏物或引出线碰机座。修理，浸漆，消除脏物，重接引出线。

实训 17　兆欧表的使用

【实训目的】

（1）通过自己动手，掌握兆欧表的结构和用途。

（2）通过实物练习，学会兆欧表的使用。

【实训内容】

识别兆欧表，了解其用途和使用方法。

【实训原理】

兆欧表又称摇表，是专门用于测量绝缘电阻的仪表，它的计量单位是兆欧（$M\Omega$）。

1. 兆欧表的结构

常用的手摇式兆欧表，如图 6.69 所示，主要由磁电式流比计和手摇直流发电机组成，输出电压有 500V、1000V、2500V、5000V 等几种。随着电子技术的发展，现在也出现用干电池及晶体管直流变换器把电池低压直流转换为高压直流，来代替手摇发电机的兆欧表。

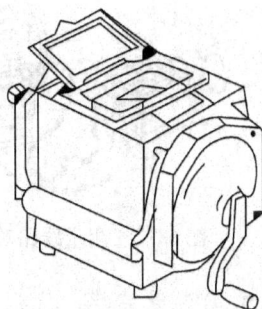

图 6.69　兆欧表

2. 兆欧表的使用

（1）正确选用兆欧表。兆欧表的额定电压应根据被测电气设备的额定电压来选择。测量 500V 以下的设备，选用 500V 或 1000V 的兆欧表；测量 500V 以上的设备，应选用 1000V 或 2500V 的兆欧表；对于绝缘子、母线等要选用 2500V 或 3000V 兆欧表。

（2）使用前检查兆欧表是否完好。将兆欧表水平且平稳放置，检查指针偏转情况：将"线路 E"和"接地 L"两根线两端开路，如图 6.70 所示，以约 120r/min 的转速摇动手柄，观测指针是否指到"∞"处；然后将"线路 E"和"接地 L"两根线两端短接，如图 6.71 所示，缓慢摇动手柄，观测指针是否指到"0"处，经检查完好才能使用。

（3）兆欧表的使用方法。

① 兆欧表放置平稳牢固，被测物表面擦干净，以保证测量正确。

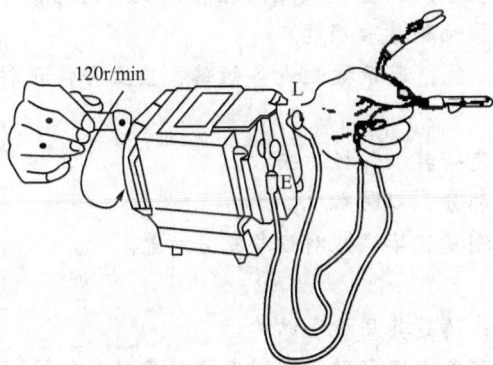

图 6.70　兆欧表用前检查"∞"　　　　图 6.71　兆欧表用前检查"0"

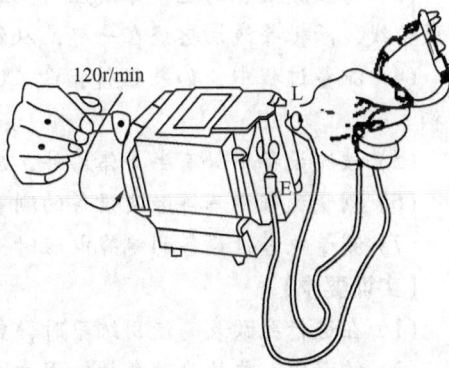

② 正确接线。兆欧表有三个接线柱：线路（L）、接地（E）、屏蔽（G）。根据不同测量对象，做相应接线，如图 6.72、图 6.73 所示。测量线路对地绝缘电阻时，E 端接地，L 端接于被测线路上；测量电动机或设备绝缘电阻时，E 端接电动机或设备机座，L 端接被测绕组的一端；测量电动机或变压器绕组间绝缘电阻时先拆除绕组间的连接线，将 E、L 端分别接于被测的两相绕组上；测量电缆绝缘电阻时 E 端接电缆外表皮（铅套）上，L 端接芯线，G 端接芯线最外层绝缘层上。

③ 由慢到快摇动手柄，直到转速达 120r/min 左右，保持手柄的转速均匀、稳定，一般转动 1min，待指针稳定后读数。

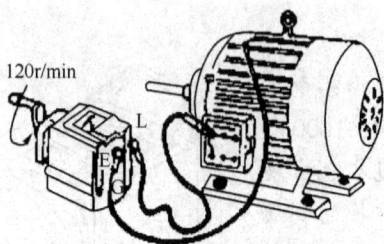

图 6.72　测量线路对地绝缘电阻

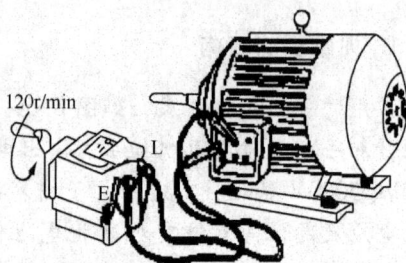

图 6.73　测量绕组间绝缘电阻

④ 测量完毕，待兆欧表停止转动和放电后方能拆除表上的连接导线，如图 6.74 所示。

3. 兆欧表使用注意事项

图 6.74　放电

因兆欧表本身工作时产生高压电，为避免人身及设备事故必须注意以下几点：

（1）不能在设备带电的情况下测量其绝缘电阻。测量前被测设备必须切断电源和负载，并进行放电；已用兆欧表测量过的设备若要再次测量，也必须先接地放电。

（2）兆欧表测量时要远离大电流导体和外磁场。

（3）与被测设备的连接导线应用兆欧表专用测量线或选用绝缘强度高的两根单芯多股软线，两根导线切忌绞在一起，以免影响测量准确度。

（4）测量过程中，如果指针指向"0"位，表示被测设备短路，应立即停止转动手柄。

（5）被测设备中如有半导体器件，应先将其插件板拆去。

（6）测量过程中不得触及设备的测量部分，以防触电。

（7）测量电容性设备的绝缘电阻时，测量完毕，应对设备充分放电。

【实训要求】

（1）在进行兆欧表的使用练习时，要先清楚其用途和结构。

（2）练习中，要按兆欧表的使用方法和要求进行练习，一定要注意安全防护。

【实训器材】

实训器材如表 6.36 所示。

表 6.36　实训器材

名　称	万用表	兆欧表	电动机
数量	50 块	50 块	50 台

【实训程序】

（1）观察、了解兆欧表的外形、结构和原理。

（2）学习用兆欧表测量三相交流异步电动机的绝缘电阻。

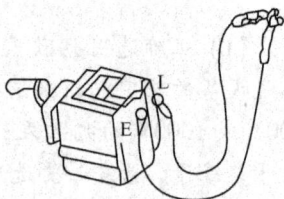

【实训评价】

实训评价如表6.37所示。

表6.37 实训评价

序 号	评价内容	配 分
1	对兆欧表的认知、提问、测试	30%
2	兆欧表的使用	70%

【实训小结】

（1）小结兆欧表的用途。

（2）小结本课题练习后的收获、体会和认识。

（3）小结对本课题内容的评价和修改意见。

【实训思考】

（1）兆欧表有何特点？

（2）兆欧表有哪些类型？

（3）使用兆欧表时应注意什么？

知识梳理与总结

本章从任务入手，介绍了三相交流异步电动机的用途。介绍了三相交流异步电动机的结构、运行原理、启动、调速、制动、选用和维护等内容。主要内容如下：

（1）三相交流异步电动机广泛用于工业、农业、交通运输、国防和日常生活等许多方面。

（2）三相交流异步电动机的结构主要由两部分组成。

（3）三相交流异步电动机的运行原理基础是电磁感应原理。

（4）三相交流异步电动机有两种启动方法。

（5）三相交流异步电动机有三种调速方法。

（6）三相交流异步电动机有三种制动方法。

（7）三相交流异步电动机的选用要考虑四个方面。

（8）三相交流异步电动机有两种基本接线方式。

（9）三相交流异步电动机运行前后的小修、大修与故障处理。

思考与练习6

6.1 如何使三相交流异步电动机反转？

6.2 三相交流异步电动机在正常运行时，如转子被突然卡住而不能转动，有何危险？为什么？

6.3 绕线转子异步电动机为什么不用变极的方法来调速？

6.4　额定电压为380V 的三相交流异步电动机，当采用能耗制动时，若将定子绕组直接接到380V 的直流电源上是否可以？为什么？

6.5　绕线转子三相交流异步电动机在反接制动时，是否需要在定子电路中串接限流电阻？为限制反接制动时的电流，应采取什么措施？

6.6　三相交流异步电动机在断了一根电源线后，为何不能启动？而在运行中断了一根电源线却能继续运转，为什么？

6.7　选择三相交流异步电动机时应考虑哪些因素？

6.8　三相交流异步电动机的额定功率、额定电压、额定电流、额定转速的含义是什么？

6.9　三相交流异步电动机绕组的接法有几种？

第7章

常用控制电器

教	知识重点	1. 接触器、继电器、控制断路器、主令电器的选用
		2. 接触器、继电器、控制断路器、主令电器的接线
		3. 接触器、继电器、控制断路器、主令电器的维修
		4. 接触器、继电器、控制断路器、主令电器的更换
	知识难点	接触器、继电器、控制断路器、主令电器结构、接线、维修
	推荐教学方式	从应用入手，实物教学，讲解接触器、继电器、控制断路器、主令电器等的结构、原理、选用、接线、维修、更换
	建议学时	6 学时
学	推荐学习方法	自己先找个接触器、继电器、控制断路器、主令电器等分析，但不要盲目拆卸或通电，不懂的地方做出记录，查资料，听老师讲解，在老师指导下动手练习
	必须掌握的理论知识	接触器、继电器、控制断路器、主令电器等的结构、原理
	需要掌握的工作技能	1. 正确选用接触器、继电器、控制断路器、主令电器
		2. 正确连接接触器、继电器、控制断路器、主令电器
		3. 正确维修接触器、继电器、控制断路器、主令电器
		4. 正确更换接触器、继电器、控制断路器、主令电器

控制电器是根据外界特定的信号和要求，自动或手动接通和断开电路，断续或连续地改变电路参数，在实现电能的生产、输送、分配和应用中，起着切换、控制、保护和调节等作用，广泛应用于电力输配、电力拖动和自动控制系统中。

控制电器经过长期使用或使用不当会发生各种故障，必须正确安装和使用，并加强维护与修理，以保证电力拖动或自动控制系统能良好、安全、可靠地工作。为此，既要掌握电器的基本知识，以便于选择和使用；又要掌握常见故障的分析与处理，并学会其修理与调整的方法。下面学习部分常用控制电器。

任务 7-1　认识常用控制电器

7.1.1　接触器

接触器是用来频繁地远距离接通或断开交直流控制电路及大容量控制电路的控制电器。接触器是利用电磁吸力和弹簧反作用力配合动作，而使触点闭合和分断，具有失电压保护、控制容量大、可远距离控制等特点。按其触点通过的电流种类不同，分为交流接触器和直流接触器两种。

1. 交流接触器

交流接触器有 CJ12、CJ15、CJ20 和 B 系列等。

交流接触器的外形如图 7.1 所示，结构如图 7.2 所示，主要由电磁系统、触点系统和灭弧装置三个主要部分组成。

图 7.1　交流接触器的外形　　　　图 7.2　交流接触器的结构

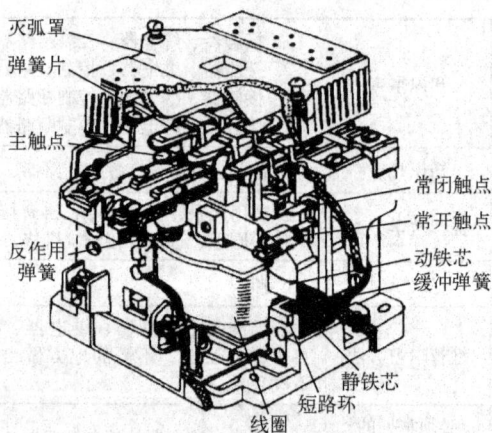

1）电磁系统

电磁系统用来操作触点的闭合与分断，包括线圈、动铁芯和静铁芯。

交流接触器的线圈是由绝缘铜导线绕制而成的，一般制成粗而短的圆筒形，并与铁芯之间有一定的间隙，便于铁芯散热，以免线圈与铁芯直接接触而受热烧坏。

交流接触器的铁芯由厚度 0.5mm 或 0.3mm 硅钢片叠压而成，以减小铁芯中的涡流损耗，避免铁芯过热。在铁芯上装有一个短路的铜环作为减振器，使铁芯中产生不同相位的磁通量 Φ_1、Φ_2，以减少交流接触器吸合时的振动和噪声，如图 7.3 所示，其材料为铜、康铜或镍铬合金等。

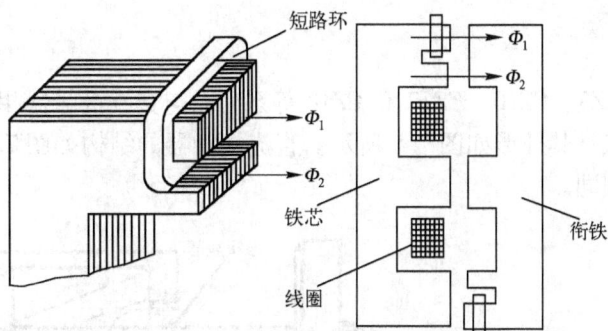

图 7.3　交流接触器的短路环

2）触点系统

触点系统用来直接接通和分断所控制的电路，分主触点和辅助触点。主触点用来通断电流较大的主电路，面积较大，一般由三对动合触点组成；辅助触点用来通断电流较小的控制电路，面积较小，它有动合和动断两种触点。触点是用导电性能较好的纯铜制成的，并在接触点部分镶上银或银合金块，以减小接触电阻。为了使触点接触得更紧密，减小接触电阻，并消除开始接触时发生的有害振动，在触点上装有接触弹簧，以加大触点闭合时的互压力（压紧力）。

3）灭弧装置

灭弧装置用来熄灭主触点在切断电路时所产生的电弧，保护触点不受电弧灼伤。在交流接触器中常用下列几种灭弧方法。

（1）电动力灭弧。电弧在触点回路电流磁场的作用下，受到电动力作用拉长，并迅速离开触点而熄灭，如图 7.4（a）所示。

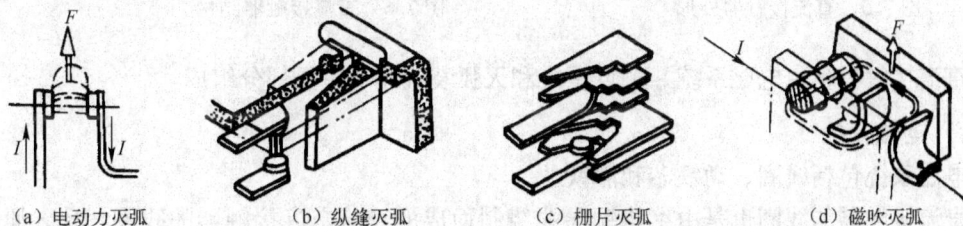

(a) 电动力灭弧　　(b) 纵缝灭弧　　(c) 栅片灭弧　　(d) 磁吹灭弧

图 7.4　接触器的灭弧方法

（2）纵缝灭弧。电弧在电动力的作用下，进入由陶土或石棉水泥制成的灭弧室窄缝中，电弧与室壁紧密接触，被迅速冷却而熄灭，如图 7.4（b）所示。

（3）栅片灭弧。电弧在电动力的作用下，进入由许多间隔着的金属片所组成的灭弧栅之中，电弧被栅片分割成若干段短弧，使每段短弧上的电压达不到燃弧电压，同时栅片具有强烈的冷却作用，致使电弧迅速熄灭，如图 7.4（c）所示。

（4）磁吹灭弧。灭弧装置设有与触点串联的磁吹线圈，电弧在吹弧磁场的作用下受力拉长，吹离触点，加速冷却而熄灭，如图7.4（d）所示。

为了加强灭弧效果，往往要同时采取几种灭弧措施。

此外，交流接触器还有其他部分，如反作用弹簧、缓冲弹簧、传动机构和接线柱等。

2. 直流接触器

直流接触器有 CZ5、CZ16、CZ17 和 CZ18 等系列，与交流接触器相比，具有冲击小、噪声低、寿命长等优点，其外形如图7.5所示。直流接触器的结构如图7.6所示，其工作原理与交流接触器基本相同。

图7.5 直流接触器外形　　　　　图7.6 直流接触器结构

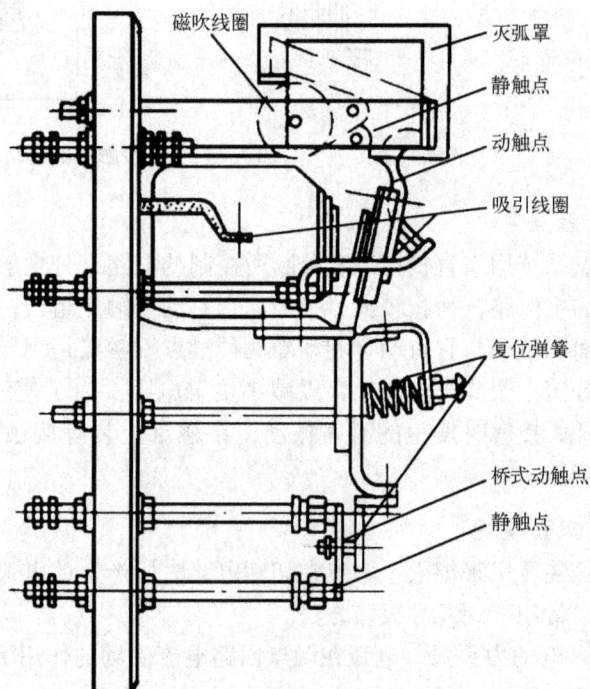

直流接触器也由电磁系统、触点系统和灭弧装置三个主要部分组成。

1）电磁系统

电磁系统包括线圈、动铁芯和静铁芯。

直流接触器的线圈也是由绝缘铜导线绕制而成的，与交流接触器的线圈相比，匝数多、电阻大，故制成细而长的圆筒形，以保证线圈散热良好。直流接触器的铁芯在直流电通入线圈时不会产生涡流，故铁芯可用整块的铸铁或铸钢做成。由于直流电没有过零点问题，因此铁芯极面上也不需要装短路环。为了保证动铁芯的可靠释放，常在磁路中夹有非磁性垫片，以减弱剩磁的影响。

2）触点系统

直流接触器的触点也分主触点和辅助触点，其动合触点和动断触点的通断情况与交流接触器相同。

3）灭弧装置

直流接触器的主触点在切断电路时，灭弧更加困难，所以灭弧装置更为重要。在直流接触器中一般采用磁吹灭弧法，对小容量的直流接触器也可采用永久磁铁磁吹灭弧法，对大、中容量的直流接触器则常采用纵缝灭弧加磁吹灭弧法。此外，直流接触器还有其他部分，如复位弹簧、传动机构和接线柱等。

【自己动手】　观察接触器的结构和工作原理（每人一个交流接触器和直流接触器）。

7.1.2　继电器

继电器是根据电流、电压、温度、时间和速度等信号的变化来接通和分断小电流电路的自动控制元件。继电器一般不直接控制主电路，而是通过接触器或其他电器对主电路进行控制，因此继电器触点的额定电流很小（5～10A），不需要灭弧装置，具有结构简单、体积小、重量轻等优点，但对其动作的准确性则要求较高。按照它在自动控制系统中的作用，分为热继电器、时间继电器、中间继电器、速度继电器、电流继电器和电压继电器等。

1. 热继电器

热继电器的作用是对电动机进行过载保护，以免电动机温升过高而使绝缘老化或绕组烧坏。热继电器有 JR14、JR16、JR20、JRS1、3UA 和 T 系列等，外形如图 7.7 所示。

常用的 JR 热继电器主要由热元件、触点系统、动作机构、复位按钮和整定电流装置等部分组成，如图 7.8 所示。

图7.7　JR 型热继电器外形　　　　图 7.8　JR 型热继电器结构

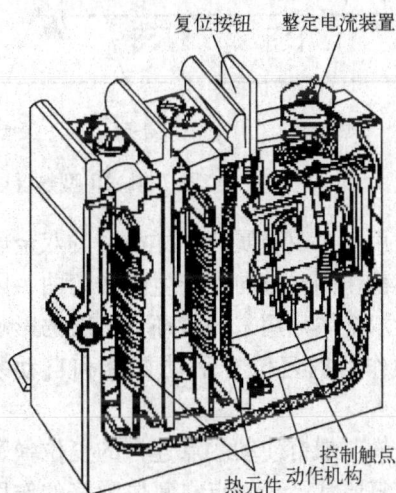

1）热元件

热元件是热继电器接收过载信号部分，它由双金属片及绕在双金属片外面的绝缘电阻丝

组成。双金属片由两种热膨胀系数不同的金属片复合而成，如铁镍铬合金和铁镍合金。电阻丝用康铜或镍铬合金等材料制成，使用时串联在被保护的电路中。

热元件一般有两个，属于两相结构热继电器。此外，还有三相结构热继电器。

2）触点系统

触点系统一般配有一组切换触点，即一个动合触点、一个动断触点。

3）动作机构、复位按钮和整定电流装置

动作机构由导板、补偿双金属片、推杆、杠杆及拉簧等组成，用来将双金属片的热变形转化为触点的动作。

热继电器是依靠电流通过发热元件所产生的热量，使金属片受热变形的，如图7.9所示。当电动机过载时，过载电流使电阻丝发热过量，引起双金属片受热弯曲。推动导板向右移动。导板又推动温度补偿片，使推杆绕轴转动，又推动了动触点连杆，使动触点与静触点分开，从而使电动机控制线路中的接触器线圈断电释放而切断电动机的电源。

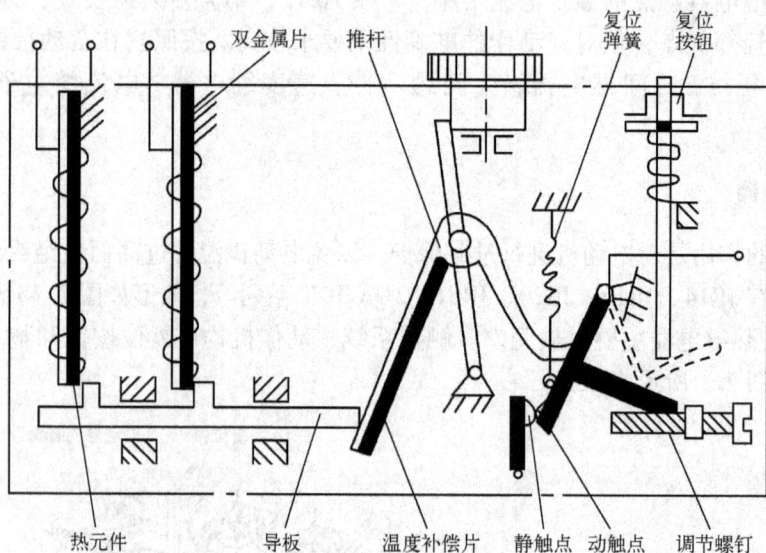

图7.9　JR型热继电器工作原理

温度补偿片用与主双金属片同样类型的双金属片制成。当环境温度变化时，这一双金属片与主双金属片都在同一方向上产生附加弯曲，因而就可以补偿环境温度对热继电器动作精度的影响。补偿双金属片用来补偿环境温度的影响。

热继电器动作后的复位有手动复位和自动复位两种，手动复位的功能由复位按钮来完成。

自动复位：调节螺钉使动触点连杆的复位弹簧始终位于连杆转轴的左侧。当热元件冷却后，双金属片恢复原状，动触点在复位弹簧的作用下自动复位，与静触点闭合。

手动复位：将调节螺钉拧出一段距离，使复位弹簧位于动触点连杆的转轴右侧。双金属片冷却后，由于复位弹簧的作用，动触点不能自动复位。这时，必须按动复位按钮推动动触点连杆，使复位弹簧偏到动触点连杆的左侧，便可利用复位弹簧的拉力使动触点复位。

整定电流装置由旋钮和偏心轮组成，用来调节整定电流的数值。热继电器的整定电流是指热继电器长期不动作的最大值，超过此值就要动作。

【自己动手】 观察热继电器的结构和工作原理（每人一个热继电器）。

2. 时间继电器

时间继电器接收信号后，触点能够按设定时间延时动作。根据延时动作的不同原理，时间继电器有空气阻尼式、电磁式、电动式和晶体管式等，如 JS23、JS11 等系列，其外形如图 7.10 所示，结构如图 7.11 所示。

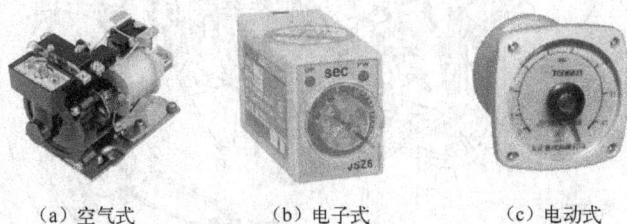

（a）空气式　　　　（b）电子式　　　　（c）电动式

图 7.10　时间继电器的外形

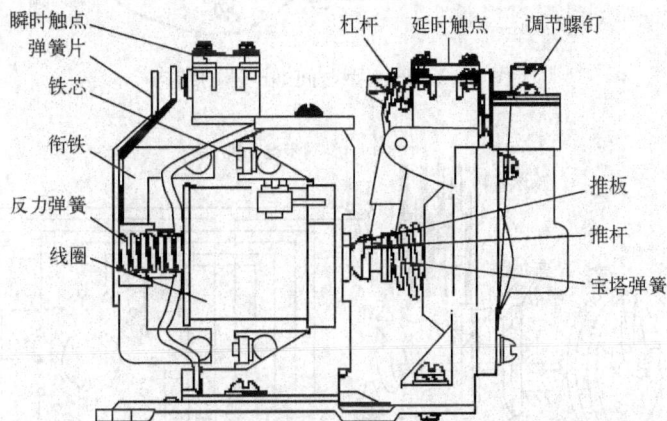

图 7.11　JS23 型时间继电器结构

JS23 系列是空气阻尼式时间继电器，分为通电延时和断电延时两种类型，其中 JS23—1、JS23—2 和 JS23—3 为通电延时，而 JS23—4、JS23—5 和 JS23—6 为断电延时。JS23 系列通电延时型时间继电器由电磁系统、工作触点、气室及传动机构等部分组成。

（1）电磁系统。电磁系统包括线圈、衔铁和铁芯，还有反力弹簧和弹簧片等。

（2）工作触点。工作触点由两对瞬时触点（一对瞬时闭合，另一对瞬时分断）及两对延时触点组成。

（3）气室。气室内有一块橡皮薄膜和活塞，活塞随空气量的增减而移动，气室上面的调节螺钉可以改变气量增加的速度，从而调节延时的长短。

（4）传动机构。传动机构由杠杆、推板、推杆和宝塔弹簧组成，用来将活塞的移动转变为触点的分断运动。

JS11 系列为电动式时间继电器，其结构与工作原理如图 7.12、图 7.13 所示，也分为通电延时（JS11—1）和断电延时（JS11—2）两种类型。JS11 型时间继电器由同步电动机、减速齿轮、差动齿轮、离合电磁铁、触点、脱扣机构、凸轮和复位游丝等组成。

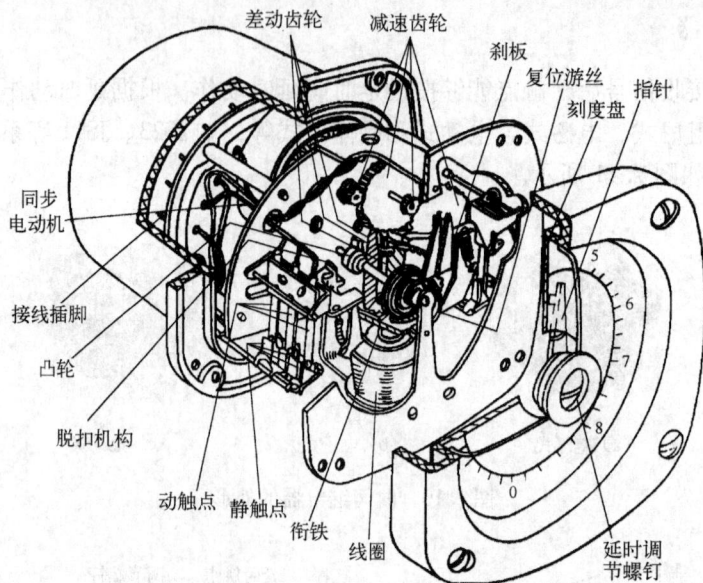

图 7.12　JS11 型时间继电器的结构

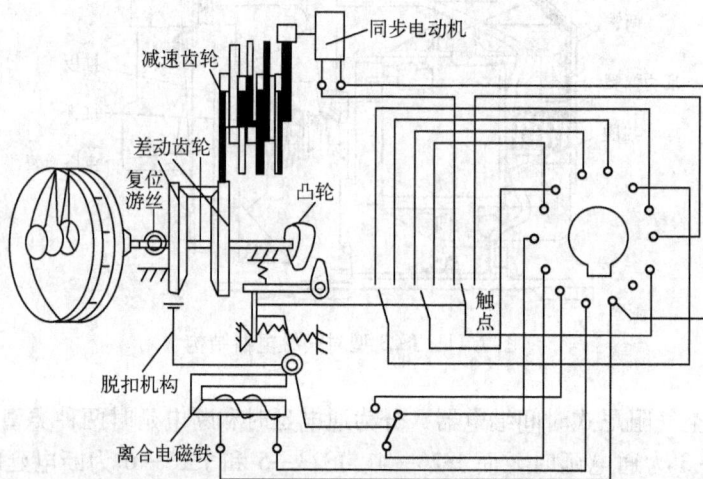

图 7.13　JS11 型时间继电器的原理

【自己动手】 观察时间继电器的结构和工作原理（每人一个不同类型的时间继电器）。

3. 速度继电器

速度继电器又称反接制动继电器，它与接触器配合，实现对电动机的反接制动。

在机床控制线路中常用的速度继电器有 JYI 和 JFZ0 系列，速度继电器的外形和结构如图 7.14、图 7.15 所示。JFZ0 系列速度继电器由永久磁铁制成的转子、笼型绕组制成的定子、传动杠杆、反力弹簧和触点系统（两对动合触点和两对动断触点）等组成。定转子可以同轴旋转，转子与被控制电动机的轴一起旋转时，定子则由传动杠杆推动触点动作。速度继电器的动作转速一般不低于 300r/min，复位转速大约在 100r/min 以下。

图 7.14　速度继电器的外形　　　　图 7.15　速度继电器的结构

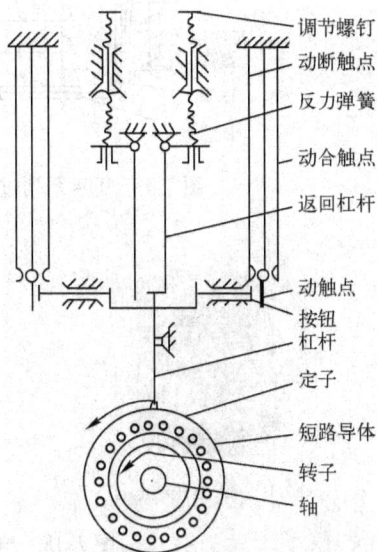

【自己动手】　观察速度继电器的结构和工作原理（每人一个速度继电器）。

4. 电流继电器和电压继电器

电流继电器分为过电流继电器和欠电流继电器两种。过电流继电器主要用于重载频繁启动的场合，作为电动机和主控制电路的过载或短路保护，其线圈串联在主控制电路中，当主控制电路的电流高于允许值时，过电流继电器就吸合动作。常用的过电流继电器有 JL15、DL、JT17 和 JT4 等系列。JL15、DL、JT17 的外形图如图 7.16 所示。JT4 系列过电流继电器的结构如图 7.17 所示，它由线圈、铁芯、衔铁、触点系统及反作用弹簧等组成。

（a）JL15 过电流继电器　　（b）DL 系列过电流继电器　　（c）JT17 电流继电器

图 7.16　电流继电器的外形

电压继电器分为过电压继电器和欠电压继电器两种。如图 7.18 所示为 BY—4A 电压继电器和 DY—20CE 电压继电器。欠电压继电器又称零电压继电器，用做交流电路的欠电压或失电压保护。常用的欠电压继电器有 JT4P 系列，其外形、结构及动作原理与 JT4 过电流继电器相似，不同点是电压继电器的线圈匝数多、导线细、阻抗大。

【自己动手】　观察电流和电压继电器的结构和工作原理（每人一个电流继电器和电压继电器）。

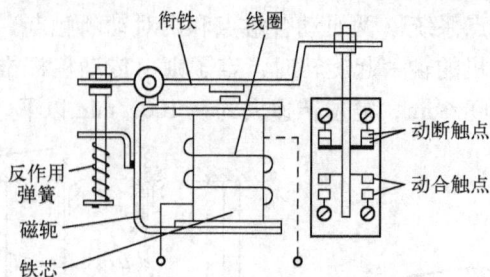

图 7.17　JT4 系列过电流继电器的结构

（a）BY-4A 电压继电器　　　　　　（b）DY-20CE 系列电压继电器

图 7.18　电压继电器

5. 中间继电器

中间继电器一般用来控制各种电磁线圈，使信号得到放大，或将信号同时传给几个控制元件，其工作原理和结构与交流接触器相似。JZ7 系列中间继电器的外形及结构如图 7.19 所示。

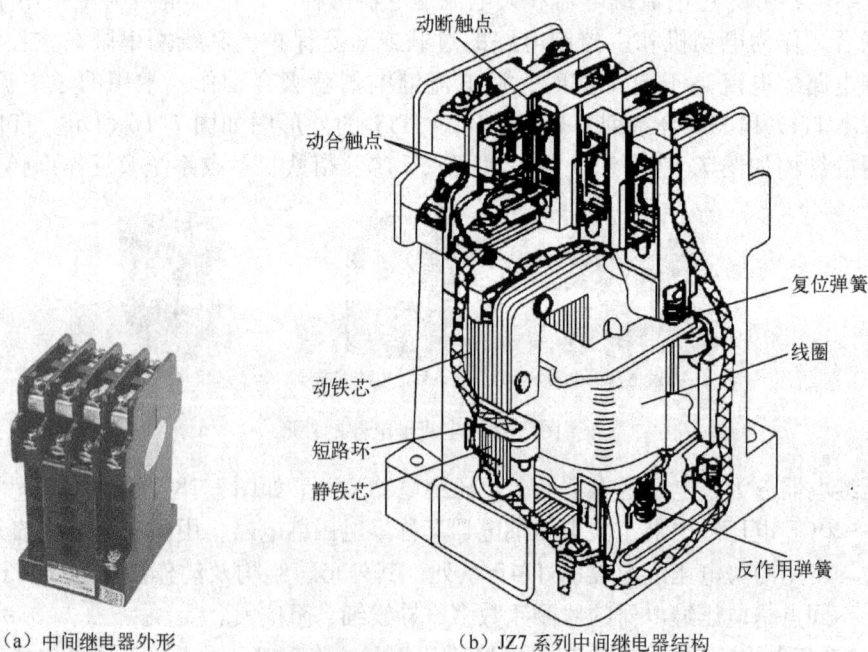

（a）中间继电器外形　　　　　　（b）JZ7 系列中间继电器结构

图 7.19　JZ7 系列中间继电器

JZ7 中间继电器由线圈、静铁芯、动铁芯、触点系统、反作用弹簧及复位弹簧等组成。它的触点较多，一般有八对，可组成四对动合、四对动断或六对动合、两对动断或八对动合三种形式。

【自己动手】 观察中间继电器的结构和工作原理（每人一个中间继电器）。

7.1.3 主令电器

在电气控制系统中，用来发布指令的控制电器称为主令电器。人们可以根据需要通过主令电器来控制继电器、接触器或其他控制元件的工作，从而完成整个自动控制过程。常用的主令电器有控制按钮、行程开关、万能转换开关和主令控制器等。

1. 控制按钮

控制按钮是一种手动的、具有自动复位功能的主令电器，用于短时间接通和分断 5A 以下的小电流电路。

控制按钮按用途和触点的结构不同分为停止按钮（动断按钮）、启动按钮（动合按钮）和复合按钮（动合和动断组合按钮）。

常用的控制按钮如图 7.20 所示。触点数目可按需要拼装，一般拼装成两对动合触点和两对动断触点，也可拼装成六对动合触点和六对动断触点。带灯按钮内装有信号灯，除了作为控制电路的主令电器使用外，还可作为信号指示灯使用，它由按钮帽、复位弹簧、动合触点和动断触点等组成。

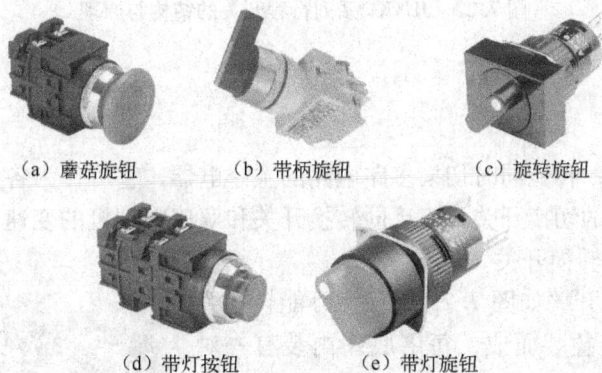

| （a）蘑菇旋钮 | （b）带柄旋钮 | （c）旋转旋钮 |
| （d）带灯按钮 | （e）带灯旋钮 | |

图 7.20 控制按钮的外形

2. 行程开关

行程开关（即限位开关）的作用与控制按钮相同，只是其触点的动作不是靠手动，而是利用生产机械运动部件的碰撞来完成的。根据机械运动部件的不同规律与要求，行程开关的形式很多，常用的有滚轮式（即旋转式）和按钮式（即直动式），有的能自动复位，有的则不能自动复位。它们在机床控制线路中常用来限制机械运动的行程或位置，实现工作台的自动停车、反转或变速。

常用的行程开关如图 7.21 所示，这些行程开关一般都有一对动合触点和一对动断触点。JLXK1 系列行程开关的结构和动作原理如图 7.22 所示。

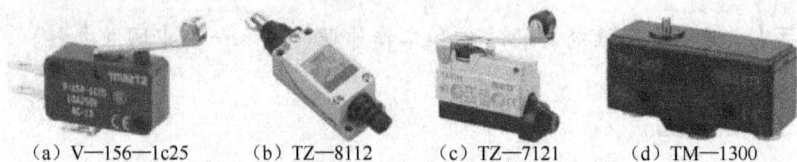

(a) V—156—1c25　　(b) TZ—8112　　(c) TZ—7121　　(d) TM—1300

图 7.21　行程开关的外形

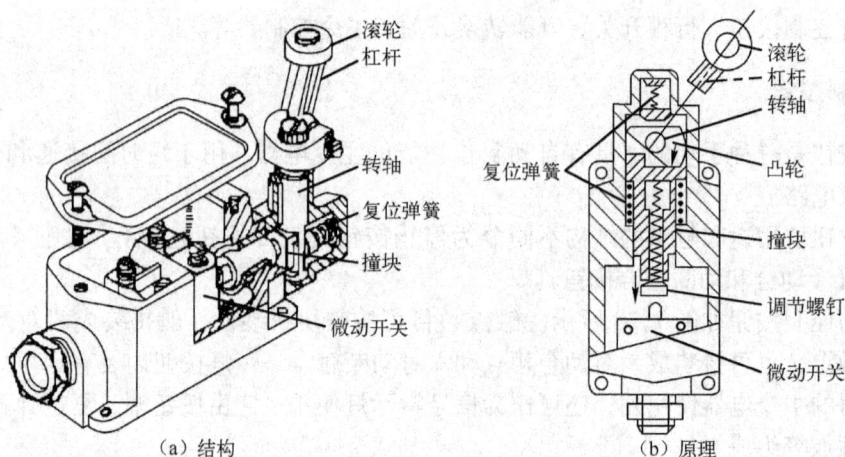

（a）结构　　　　　　　　　　　　（b）原理

图 7.22　JLXK1 系列行程开关的结构与原理

3. 万能转换开关

万能转换开关是一种能同时切换多路电路的主令电器，它可作为各种配电设备的远距离控制开关、各种仪表的切换开关、正反向转换开关和双速电动机的变速开关等，用途十分广泛，故称为"万能"转换开关。

常用的万能转换开关如图 7.23 所示。万能转换开关由很多层触点底座叠装而成，每层底座内装有一对（或三对）触点和一个装在转轴上的凸轮，操作时手柄带动转轴和凸轮一起旋转，凸轮推动触点，从而达到换接电路的目的。LW5 系列万能转换开关的外形及触点通断情况如图 7.24 所示。

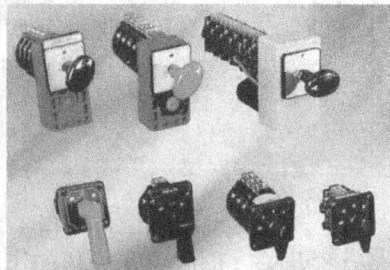

4. 主令控制器

主令控制器用于频繁地按顺序操纵多个控制回路，用它通过接触器来实现控制电动机的启动、制动、调速和反转。

常用的主令控制器如图 7.25 所示。

图 7.23　万能转换开关的外形

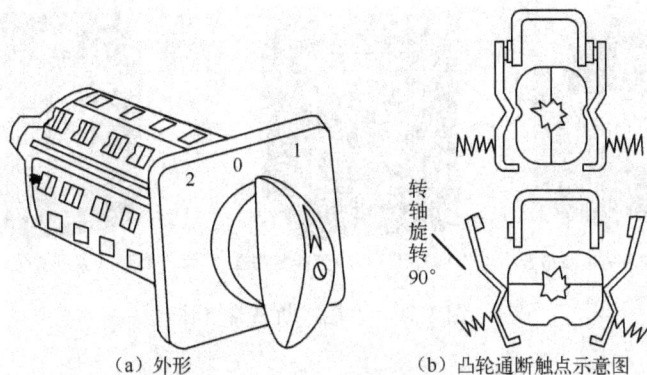

（a）外形　　　　　　　　　　　（b）凸轮通断触点示意图

图 7.24　LW5 系列万能转换开关

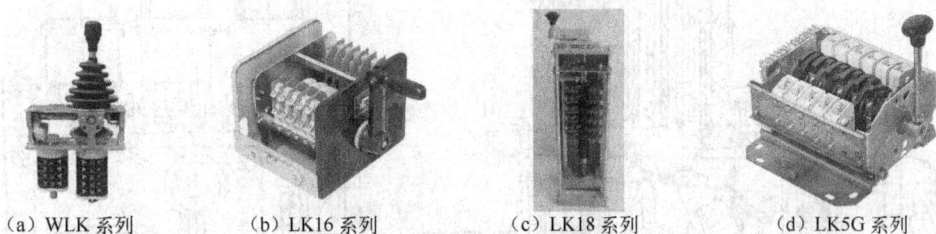

（a）WLK 系列　　　（b）LK16 系列　　　（c）LK18 系列　　　（d）LK5G 系列

图 7.25　主令控制器的外形

【自己动手】　观察按钮、行程开关、万能转换开关等的结构和工作原理（每人一套开关）。

7.1.4　断路器

断路器是指能接通、分断线路正常承载电流，也能在规定的异常电路条件下（如短路），在一定时间内接通、分断承载电流的机械式开关电器。低压断路器常用于交流 1200V、直流 1500V 及以下电路中，是低压配电系统中的主要电器元件。低压断路器主要用于保护交、直流低压电网内电气设备，使之免受过电流、短路、欠电压等不正常情况的危害，同时也可用于不频繁启动的电动机操作或转换电路。

低压断路器一般有 DZ20、DZ5、525OS 和 DW 等系列。常用的类型有万能式断路器和塑料外壳式断路器等。

1. 万能式断路器

如图 7.26 所示的万能式断路器又称框架式断路器，它的特点是所有部件都装在一个钢制框架（小容量的也有用塑料底板）内，导电部件需加绝缘，部件敞开，大都是可拆卸式，便于装配和调整。

万能式断路器的结构如图 7.27 所示。万能式断路器一般具有可维修的特点。它可装设较多的附件，也有较多的结构变化；有较高的短路分断能力，也有较高的动稳定性；同时又可实现短延时短路分断，使电路能选择性断开。

(a) DW15 系列万能断路器　(b) DW1—3200 万能断路器　(c) HSTW1 系列智能型万能断路器

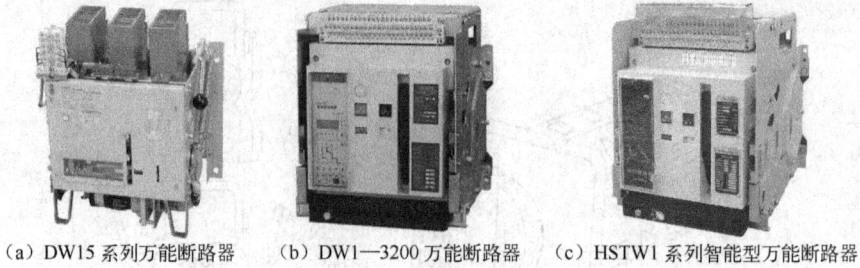

图 7.26　万能式断路器外形

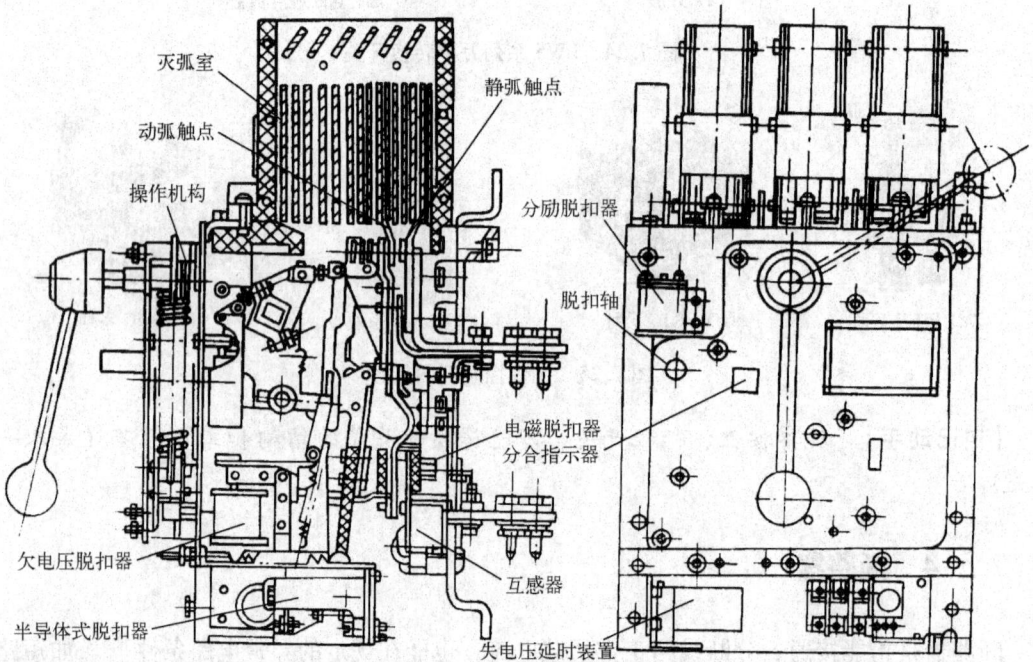

灭弧室
动弧触点
操作机构
静弧触点
分励脱扣器
脱扣轴
电磁脱扣器
分合指示器
欠电压脱扣器
互感器
半导体式脱扣器
失电压延时装置

图 7.27　万能式断路器的结构

　　万能式断路器有 DW10、DW15、DW15C、DWX15 和 DWX15C 等系列，从国外引进的 ME（DW17）、AE—S（DW18）、3WE、AH（DW914）、M 及 F 系列万能式断路器应用也日渐增多。

2. 塑料外壳式断路器

　　如图 7.28 所示的塑料外壳式（简称塑壳式）断路器，它的特点是它的触点系统、灭弧室、机构及脱扣器等元件均装在一个塑料壳体内，结构紧凑简单，防护性能较好，可独立安装。塑壳式断路器大多是非选择型的，宜用做配电支路负载端开关或电动机保护用开关。

　　DZ20 系列塑壳式断路器可取代 DZ10 和 DZX10 系列断路器，DZ20 系列塑壳式断路器的结构如图 7.29 所示。触点系统由动触点和静触点组成，为了使动触点动作灵活、减少发热，采用多股编织铜线点焊而成的软连接与动触点相连接；灭弧装置在结构上与万能式断路器基

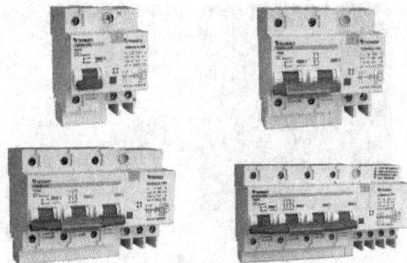

图 7.28　塑料外壳式断路器

本相同，但灭弧室壁多采用钢纸板制造，因为钢纸板不仅耐弧、耐高温，而且在电弧作用下能产生气体吹弧；操作机构为五连杆机构，具有使触点快速合闸和分闸的功能，其"合"、"分"、"再扣"和"自由脱扣"位置以手柄位置来区分；外壳采用机械强度高、电气绝缘性能好的 DMC 玻璃纤维增强不饱和聚脂材料压制而成。

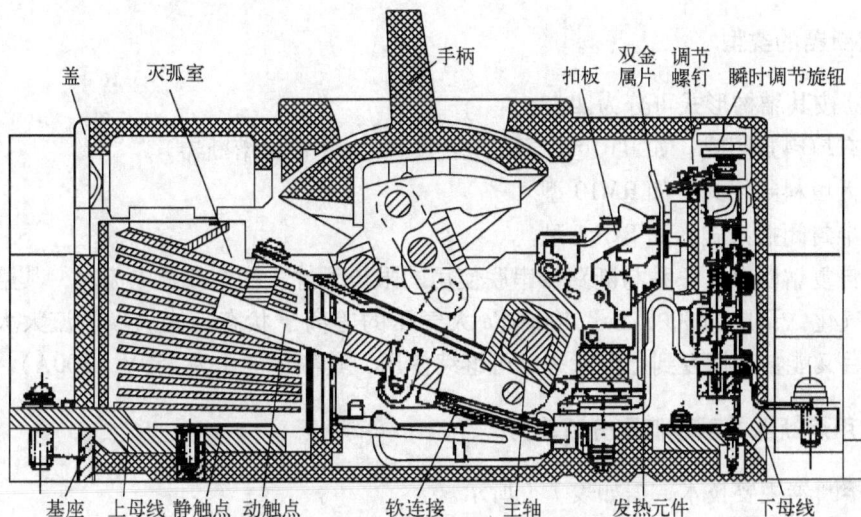

图 7.29　DZ20 系列塑壳式断路器的结构

DZ20 系列断路器的过电流脱扣器分为瞬时脱扣器和复式脱扣器（即瞬时脱扣器和过载脱扣器），断路器可加装分励脱扣器、欠电压脱扣器、辅助触点及报警触点等附件。DZ20 系列断路器按短路分断能力不同分为 Y 型（一般型）、J 型（较高型）、C 型（经济型）、G 型（最高型）和 H 型（高级型）。

【自己动手】　观察万能式断路器、塑料外壳式断路器的结构和工作原理（每人一套断路器）。

7.1.5　熔断器

如图 7.30 所示为各种熔断器，当电流超过规定值并经过足够长的时间后，使熔体熔化，断开所接入的电路，对电路和设备起短路或过载保护作用。

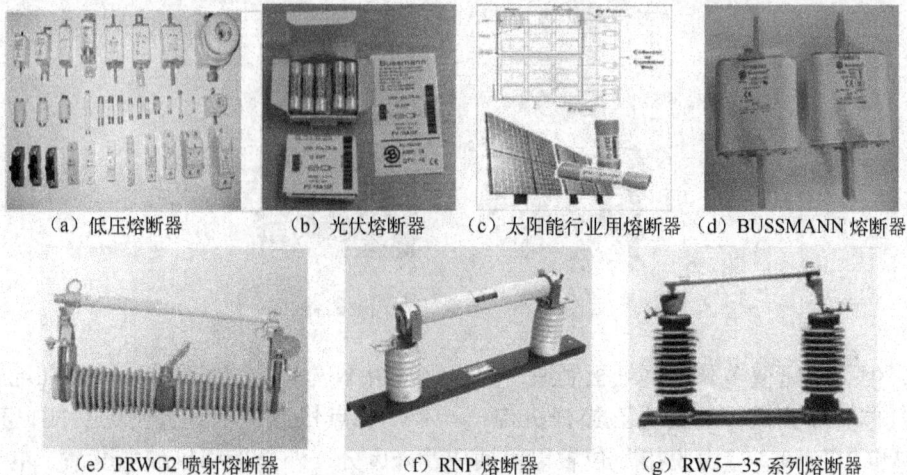

（a）低压熔断器　　（b）光伏熔断器　　（c）太阳能行业用熔断器　（d）BUSSMANN 熔断器

（e）PRWG2 喷射熔断器　　　（f）RNP 熔断器　　　（g）RW5—35 系列熔断器

图 7.30　熔断器

1. 熔断器的类型

熔断器按其结构形式可分为四类：

（1）有填料封闭式，如 RT0 型、RL1 型、RS0 型（快速熔断器）。

（2）无填料封闭式，如 RM10 型。

（3）半封闭插入式，如 RC1A 型。

（4）自复熔断器，一种与断路器串联使用的限流元件。当有故障电流时，其熔体（金属钠）迅速气化，形成约 3000kPa、4000kPa 大气压的等离子状态，使故障电流大大降低。当故障消除后又能自动恢复到导电状态，可继续使用，其额定电压为 380V（100A）。

2. 常用熔断器的额定值及分断能力

常用熔断器主要技术数据如表 7.1 所示。

表 7.1　熔断器主要技术数据

熔断器的形式	型　　号	额定电压（V）	额定电流（A）	分断能力（kA）
有填料封闭式	RT0	380	4～1000	50
无填料封闭式	RT1	380	2～200	25
半封闭插入式	RM10	380	6～15 15～60 100～250 350～600	1200 3500 10000 12000
保护半导体器件	RC1A	380	5 10～15 30 60～200	250 500 1500 3000
	RS0	250、500、750	10～480	50

【自己动手】　观察熔断器的结构（每人一套熔断器）。

7.1.6　电子电器

1. 漏电保护器

如图 7.31 所示，漏电保护器主要用于触电保护，也兼有漏电保护作用，一般和过载保护、短路保护元件组装在一起，成为一种多用途的组合电器。如果在低压网络中发生触电事故或绝缘损坏漏电，它会立即发出警报信号或切断电源，使人身和设备得到保护，起到这种保护作用的设备称为低压漏电保护器。据统计，某城市普遍安装漏电保护器后，同一时间触电伤亡人数减少了 2/3。可见，安全技术保护措施的作用不可忽视。

（a）ZS1080L1—32 漏电保护器　（b）ZSLL1 智能漏电保护器　（c）ZSLL1 电动／手动智能漏电保护器

图 7.31　漏电保护器

漏电保护器有电压型和电流型两种，其工作原理有共同性，即都可把它看做是一种灵敏继电器，如图 7.32 所示，检测器 JC 控制开关 S 的通断。对电压型而言，JC 检测用电器对地电压；对电流型则检测漏电流，超过安全值即控制 S 动作切断电源。

由于电压型漏电保护器安装较复杂，目前，使用广泛的是电流型漏电保护器。它不仅能防止人触电，而且能防止漏电造成火灾，既可用于中性点接地系统也可用于中性点不接地系统，既可单独使用也可与保护接地，保护接零共同使用，而且安装方便，值得大力推广。

典型的电流型漏电保护器工作原理如图 7.33 所示。当电器正常工作时，流经零序互感器的电流大小相等，方向相反，检测输出为零，保护器闭合电路正常工作。

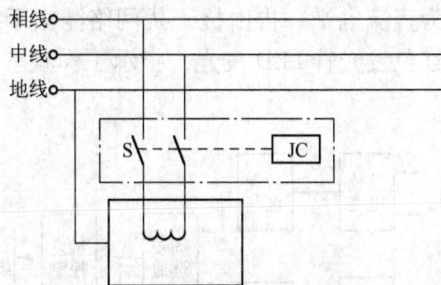

图 7.32　电压型漏电保护器接线图

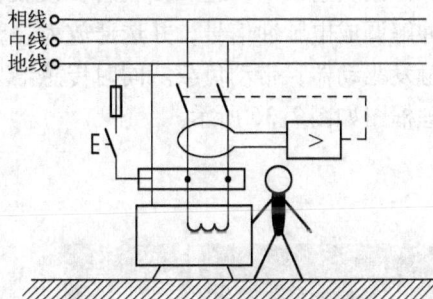

图 7.33　电流型漏电保护器接线图

当电器发生漏电时，漏电流不通过零线，零序互感器检测到不平衡电流并达到一定数值时，通过放大器输出信号将开关切断。

图 7.32 中由按钮与电阻组成检测电路，选择电阻使此支路电流为最小动作电流，即可测试漏电保护器是否正常。

2. 接近开关

接近开关是一种无接触式物体检测装置，即某一物体接近某一信号机构时，信号机构就发出"动作"信号的开关。它不需要像机械式行程开关必须施以机械力。接近开关的用途已远超出一般行程控制和限位保护，它还可以用于高速计数、测速、液面控制、检测金属与非金属、检测零件尺寸及用做无触点按钮等。

接近开关主要有 LJ、LJ1A—24、LJ2 等系列。LJ2 系列晶体管接近开关适用于直流 12V 和 24V 线路中，作为机床与自动流水线定位和信号检测之用。LJ 系列交直流集成接近开关是晶体管接近开关的升级换代产品，适用于机床限位、检测、计数、测速、液面控制、信号及自动保护等，可用于连接计算机、可编程序控制器等传感头。特别是电容式接近开关还适用于对多种非金属，如纸张、橡胶、烟草、塑料、液体、木材及人体等进行检测。

图 7.34　接近开关

3. 光电开关

光电开关又称无接触检测控制开关，如图 7.35 所示。它是利用物体对光束的遮蔽、吸收或反射等作用，实现对物体的位置、形状、标志、符号等进行检测。

光电开关能非接触、无损伤地检测各种固体、液体、透明体、烟雾等。它具有体积小、功能多、寿命长、功耗低、精度高、响应速度快、检测距离远和对光、电、磁的抗干扰性能好等优点，它广泛应用于各种生产设备中，如物体检测、液位检测、行程控制、产品计数、速度监测、产品精度检测、产品尺寸控制、产品宽度鉴别、信号延时、色斑与标记识别、自动门、人体接近开关和防盗器等，成为自动控制系统和各生产流水线中不可缺少的重要元件，光电开关型号有 HWK、FETO、GDN15、GD—T 等系列。

HWK 系列光电开关采用主动式红外系统，由调制脉冲发生器产生的调制脉冲，经发射管 GL 辐射出 $(9.1 \sim 9.4) \times 10^{-7}$m 红外线脉冲。当被检测体进入传感头作用范围时，反射红外线脉冲被反射回来，进入接收管，接收管的光电效应加上控制器中的解调放大器，将红外线脉冲解调成电脉冲信号，并选通放大，整流为直流电平，再由抗干扰网络滤去干扰脉冲后，去触发驱动器，带动负载。同时传感器上的红色发光管 LED 发光，指示工作状态。它的工作原理框图如图 7.36 所示。

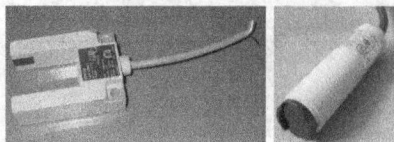

图 7.35　光电开关

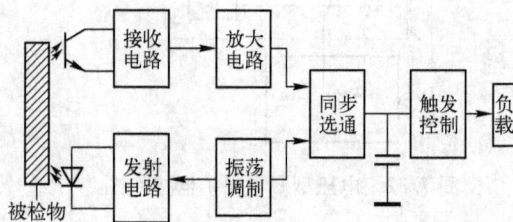

图 7.36　HWK 系列光电开关的工作原理框图

【自己动手】 观察漏电保护器、接近开关、光电开关等的结构和工作原理（每人一套开关）。

任务 7-2　常用控制电器的选择、使用和维修

为了保证电力拖动或自动控制系统良好、可靠地工作，必须根据控制线路的技术要求正确选择和使用控制电器。若选择或使用不当，将导致各种故障，严重时会损坏电气设备。为此，要求掌握控制电器的选择原则和使用方法。

7.2.1　常用控制电器的选择

为使控制电器的选择更直观，现以 丫 - △减压启动自动控制线路为例，对常用的接触器、热继电器、时间继电器、中间继电器及主令电器的选择做详细说明。

丫 - △减压启动自动控制线路图如图 7.37 所示，主电动机采用 Y112M—4，$P_N = 4\text{kW}$。

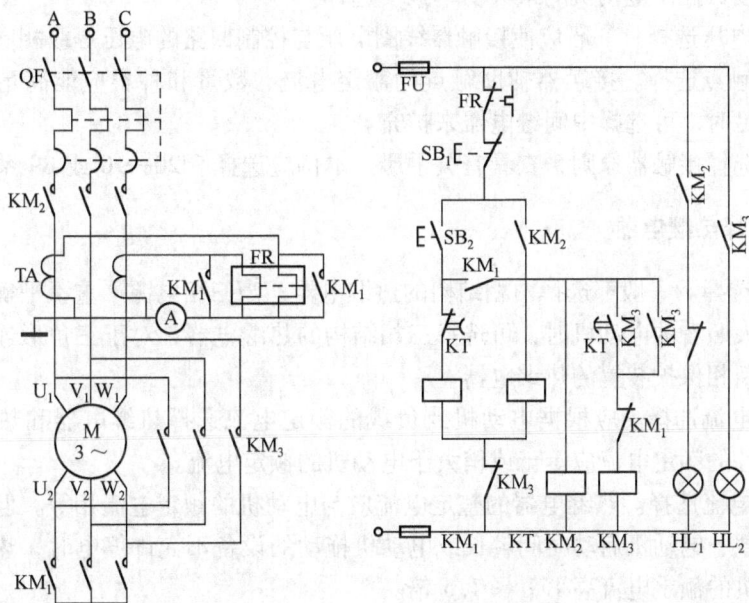

图 7.37　丫 - △减压启动自动控制线路

1. 正确选择接触器

（1）类型选择。根据被控制电动机或负载电流类型来选择，交流负载应使用交流接触器，直流负载应使用直流接触器。如果整个控制系统中主要是交流负载，而直流负载的容量较小时，也可以全部使用交流接触器，但触点的额定电流应适当选大些。本例采用三相笼型异步电动机，理应选择交流接触器。

（2）主触点额定电压选择。一般选择接触器触点的额定电压大于或等于负载回路的额定电压。

（3）主触点额定电流选择。接触器主触点的额定电流应大于或等于电动机或负载的额定电流。由于电动机的额定电流与其额定功率有关，因此也可根据电动机的额定功率进行选择。

三相交流异步电动机额定电压为380V时，电动机的额定运行线电流为

$$I_N = P_N \times 2A/kW \tag{7.1}$$

式中，P_N——电动机额定容量（kW）。

三相交流异步电动机额定电压为660V时，电动机的额定运行线电流为

$$I_N = P_N \times 1.2A/kW \tag{7.2}$$

式中，P_N——电动机额定容量（kW）。

在本例中，$P_N = 4kW$，$U_N = 220/380V$。由式（7.1）可知：$I_N = 4kW \times 2A/kW = 8A$。则选择接触器主触点额定电流大于或等于8A。

当接触器使用在频繁启动、制动和正反转的场合时，一般将接触器主触点的额定电流降低一个等级或按可控制电动机的最大功率减半选择。

（4）线圈电压选择。一般应使接触器线圈电压与控制回路的电压等级相同。

（5）辅助触点选择。接触器辅助触点的额定电流、数量和种类应能满足控制线路的要求，若不能满足时，可选择中间继电器来扩充。

综合上述选择接触器原则，查看有关手册，本例应选择CJ20—10或B9系列接触器。

2. 正确选择热继电器

（1）类型选择。一般都选择两相结构的热继电器；当三相电源严重不平衡、工作环境恶劣或遇较少有人照看的电动机时，可选择三相结构的热继电器；对于三角形连接的重要电动机，可选择带断相保护装置的热继电器。

（2）额定电流选择。应根据电动机或负载的额定电流选择热继电器和热元件的额定电流，一般热元件的额定电流应等于或稍大于电动机的额定电流。

（3）整定电流选择。热继电器的整定电流应与电动机的额定电流相等。但当电动机拖动的是冲击性负载、电动机启动时间较长或电动机拖动的设备不允许停电时，热继电器的整定电流可比电动机的额定电流高$1.1 \sim 1.5$倍。

按经验公式可知，电动机额定电流约8A，查有关手册，可选择热继电器型号为3UA50。

3. 正确选择时间继电器

（1）类型选择。对延时要求不高的场合，一般选择价格较低的JS23系列空气阻尼时间继电器；对延时要求较高的场合，则应选择JS11系列电动式时间继电器。

（2）延时方式选择。延时方式分为通电延时和断电延时两种方式，应根据控制线路的要求选择延时方式，并且满足延时范围。

（3）线圈电压选择。应根据控制线路的电压选择吸引线圈的电压。

由于Y－△启动控制线路的减压启动时间一般在10s左右，对延时要求不是很高，查看有关手册，可选择时间继电器型号为JS23—3。

4. 正确选择速度继电器

速度继电器主要根据电动机的额定转速选择。当额定转速在 $300 \sim 3000 \mathrm{r/min}$ 时，可选择 JY1 或 JFZ0 系列速度继电器；当额定转速低于 $300 \mathrm{r/min}$ 时，则必须选择 JY1 系列速度继电器。

5. 正确选择中间继电器

中间继电器主要根据控制线路的电压等级、所需触点的数量和种类、容量等要求选择。

6. 正确选择过电流和欠电压继电器

选择过电流继电器保护中小容量直流电动机和绕线型转子异步电动机时，其线圈的额定电流一般可按电动机的额定电流选择；对于频繁启动的电动机，考虑启动电流在继电器中的发热效应，其线圈的额定电流可选大一级。过电流继电器的整定值一般为电动机额定电流的 $1.7 \sim 2$ 倍，频繁启动场合可取 $2.25 \sim 2.5$ 倍。

欠电压继电器应根据电源电压、控制线路所需触点的种类和数量选择。

7. 正确选择主令电器

主令电器的选择主要包括下面几种：

（1）控制按钮选择。控制按钮主要根据使用场合、触点类型、数量和所需颜色选择。

（2）行程开关选择。行程开关根据动作要求和触点的数量选择。

（3）万能转换开关选择。万能转换开关根据用途、所需触点的切换方式和额定电流选择。

8. 正确选择熔断器

选择熔断器可从下面三个方面来考虑：

（1）根据短路电流大小选择。根据不同场合短路电流的大小，选择不同结构形式和相应分断能力的熔断器。

（2）根据启动电流大小选择。作为电动机保护用熔断器应考虑电动机的启动电流，一般熔断器的额定电流为电动机额定电流的 $2 \sim 2.5$ 倍。

（3）根据保护对象选择。选择 RS 型快速熔断器对硅半导体器件做保护时，一般熔断器的额定电流为器件额定电流的 1.57 倍，在电气传动系统中取 $0.8 \sim 1$ 倍。

9. 正确选择漏电保护器

漏电保护器的选择应根据使用目的、安装场所、电压等级、被保护回路泄漏电流及用电设备的接地电阻数值等因素来确定，常用的选择方法有以下三个方面：

（1）根据使用目的的选择。例如，直接触电保护是防止人体直接触及电气设备的带电导体而造成的触电伤亡事故。

（2）根据工作电压和使用场所选择。例如，在潮湿场所、建筑工地及可能受到雨淋或充

满水蒸气的地方由于这些场所触电危险大，所以适宜装动作电流较小（15mA）并能在 0.1s 内动作的漏电保护器。

（3）根据电路和用电设备的正常泄漏电流选择。任何供电线路和用电设备的绝缘电阻不可能是无穷大的，都有一定的泄漏电流存在，所以漏电保护器的动作电流不应小于正常的泄漏电流，否则就破坏了供电的可靠性。

7.2.2　常用控制电器的使用

1. 正确使用接触器

（1）安装前检查。

① 检查接触器的铭牌及线圈的技术数据，如额定电压、电流、操作频率和通电持续率等，是否符合实际使用要求。

② 将铁芯极面上的防锈油擦净，以免油垢黏滞造成接触器线圈断电后铁芯不释放。

③ 用手分合接触器的活动部分，要求动作灵活、无卡住现象。

④ 检查与调整触点的工作参数，如开距、超程、初压力和终压力等，并要求各级触点接触良好、分合同步。

（2）安装与调整。

① 安装接线时，应注意勿使螺钉、垫圈、接线头等零件失落，以免落入接触器内部造成卡住或短路现象，并将螺钉拧紧，以免振动松脱。

② 安装时，接触器底面与地面的倾斜度应不小于5°。CJQ20 系列接触器安装时，应使有孔两面放在上下方向，以利于散热。

③ 检查接线正确无误后，应在主触点不带电的情况下，先使吸引线圈通电分合数次，检查其动作是否可靠，然后才能投入使用。

（3）使用。

① 使用中，应定期检查接触器的各部件，要求可动部分无卡住、紧固件无松脱。若有损坏，应及时检修。

② 触点表面应经常保持清洁，不允许涂油。当触点表面因电弧作用形成金属小珠时，应及时铲除，但银及银基合金触点表面产生的氧化膜其接触电阻很小，不必锉修，否则将缩短触点的寿命。当触点严重磨损后，应及时调整超程，当厚度只剩下原来的1/3时，应调换触点。

③ 原来有灭弧室的接触器，一定要带灭弧室使用，以免发生短路事故。

2. 正确使用控制继电器

（1）安装前检查。

① 检查继电器的铭牌及线圈的技术数据，如额定电压、电流、过电流继电器和热继电器的整定电流等，是否符合实际使用要求。

② 检查继电器的可动部分，要求动作灵活可靠。

③ 去除部件表面污垢，如中间继电器铁芯表面的防锈油等，以保证运行可靠。

（2）安装与调整。

① 安装接线时，应检查接线正确无误、安装螺钉不得松动。

② 对电磁式控制继电器，应先在主电路触点不带电的情况下，使吸引线圈通电分合数次，经检查证明其动作无误后，才能投入使用。对保护用继电器，如过电流继电器及热继电器，应再次检查其整定电流是否符合要求，必须在符合要求后才能投入使用，以保证其保护性能。

（3）使用。

① 使用中，应定期检查继电器的各部件，要求可动部分无卡住、紧固件无松脱。若有损坏，应及时更换。

② 及时擦净触点上的积灰及油污，以保证接触良好。触点烧损后，应及时清理，当触点磨损至原厚度的三分之一时，应更换触点。电磁式继电器触点修整后，应注意调整好触点开距、超程、接触压力及动静触点接触面。

③ 电磁式继电器整定值的调整，应在线圈工作温度下进行。对热继电器，动作特性应定期复验，复验时应保持电流稳定，避免外界气流、阳光照射及其他因素的影响。

3. 正确使用断路器

1）安装前的检查

（1）外观检查，检查断路器在运输过程中有无损坏、紧固件有否松动、可动部分是否灵活等，若有缺陷应进行相应的处理或更换。

（2）技术指标检查，检查核实断路器工作电压、电流、脱扣器电流整定值等参数是否符合要求。断路器的脱扣器整定值等各项参数出厂前已整定好，原则上不准再动。

（3）绝缘电阻检查，安装前先用 500V 兆欧表检查断路器相与相、相与地之间的绝缘电阻，在周围空气温度为（20±5）℃ 和相对湿度为 50%～70% 时应不小于 10MΩ，否则断路器应烘干。

（4）清除灰尘和污垢，擦净极面防锈油。

2）安装与调整

（1）断路器底板应垂直于水平位置，固定后断路器应安装平整，不应有附加机械应力。

（2）电源进线应接在断路器的上母线上，而连接负载的出线则应接在下母线上。

（3）为防止发生飞弧，安装时应考虑断路器的飞弧距离，并注意在灭弧室上方接近飞弧距离处不跨接母线。如果是塑壳式断路器，进线端的裸母线宜包上 200mm 长的绝缘带，有时还要求在进线端的各相间加装隔弧板。

（4）凡设有接地螺钉的断路器，均应可靠接地。

3）使用

（1）每隔一定时间（一般为半年），应清除落于断路器上的灰尘，以保证断路器良好的绝缘。

（2）操作机构在使用一段时间后（一般为 1～2 年），在传动机构部分应加润滑油（小容量塑壳式断路器不需要）。

（3）灭弧室在因短路分断或较长时期使用后，应清除灭弧室内壁和栅片上的金属颗粒与

黑烟灰。有的陶瓷灭弧室容易破损，如发现破损的灭弧室，绝不再使用，以免造成不应有的事故。长期未使用的灭弧室（如作为配件的灭弧室），在需要使用前应先烘干，以保证良好的绝缘。

（4）断路器的触点在长期使用后，如触点表面有毛刺、金属颗粒等，应予以清理，以保证良好的接触。可更换的触点，如磨损至原厚度的三分之一时应予以更换。

（5）定期检查各脱扣器的电流整定值和延时，特别是电子式脱扣器，应定期用试验按钮检查其动作情况。

（6）在定期检查、全部检修工作完毕后，应做几次传动试验，检查动作是否正常，特别对于联锁系统，要确保动作准确无误。

4. 正确使用漏电保护器

（1）搞好安全用电。要正确对待人和物的关系，不要以为安装了漏电保护器，就麻痹大意。认真搞好安全用电的宣传、教育工作，才是搞好安全用电的积极措施。

（2）单相触电保护。漏电保护器是当发生人体单相触电事故时，才起保护作用。如果人体对地绝缘触及两根相线或一相线一零线时，漏电保护器不动作。

（3）对地绝缘必须良好。漏电保护器后面的线路是对地绝缘的，如果对地绝缘损坏，漏电超过 15mA 时，漏电保护器也会动作切断电源。所以要求对地绝缘必须良好，否则将经常发生误动作。

（4）事故排除后恢复送电。漏电保护器动作后，应立即查明动作原因。待事故排除后，才能恢复送电。

漏电保护器的主要型号有 DZ5—20L、DZ15L—40—100，漏电开关有 FIN 型。

DZ15L 系列漏电开关适用于交流 50Hz、电压 380V 及以下、额定电流 63A、电源中性点接地的电路中，当人身触电或电路漏电时能迅速分断故障电路，作为漏电保护之用，同时还可保护线路和电动机的过载及短路，也可作为线路的不频繁转换及电动机的不频繁启动。

DZ15L 系列漏电开关是电流动作型纯电磁式快速保护器，主要由高导磁材料（坡莫合金）制造的零序电流互感器、漏电脱扣器和带有过载及短路保护的断路器组成，全部零件安装在塑料外壳中。

FIN 型漏电开关适用于工矿企业、建筑业、商业和家庭的交流 50 ～ 60Hz、单相 240V、三相 415V 及以下的电路。

FIN 型漏电开关为电磁式电流动作型保护开关，主要由磁性材料制成的零序电流互感器、高灵敏漏电脱扣器、动作机构及漏电试验装置组成，全部零件安装在一密封外壳中。

（5）下列场合不宜安装使用漏电保护器。

① 用于消防设备的电源，如火灾报警铃、消防警铃、消防水泵、消防专用电梯等。

② 用于防盗报警设备电源。

③ 公共场所及高层建筑的通道照明、紧急进出口照明、应急设备电源等。

④ 无人值班或不易被人接触的地下设备或深井电源。

⑤ 特殊工作环境排水设备、通风设备电源，如井下、地铁、隧道、手术台等。

⑥ 其他不允许间断停电的设备。

5. 正确使用时间继电器

（1）正确选用电动机。进行丫－△启动控制的电动机，必须有 6 个出线端，定子绕组在三角形连接时的额定电压等于三相电源线电压。

（2）正确接线。接线时注意电动机的三角形连接不能接错，应将电动机定子绕组的 U_{21}、V_{21}、W_{21} 通过 $KM_\triangle$ 接触器分别与 W_{22}、U_{22}、V_{22} 连接，否则，会使电动机在三角形连接时造成三绕组各接同一相电源或其中一相绕组接入同一相电源而无法工作等故障。

$KM_丫$ 接触器的进线必须从三相绕组的末端引入，若误将首端引入，则在 $KM_丫$ 接触器吸合时，会产生三相电源短路事故。

（3）接线牢固。导线端头采用针形或叉形轧头时，要做到线头与接线端子的连接紧密、不得松动。

（4）通电前检查。通电校验前要再检查一下熔体规格及各整定值是否符合要求。

（5）可靠接地。电动机、时间继电器、接线端子排不带电金属外壳或底板应可靠接地。

7.2.3　常用控制电器的维修

控制电器经过长期使用或使用不当，均会造成损坏，必须及时进行修理，以保证电力拖动或自动控制系统良好、可靠地工作。为此，要求掌握常用低压电器的常见故障分析与处理方法。常用控制电器品种较多，其常见故障有整体故障和零部件故障。这里只介绍接触器、继电器和断路器常见故障的现象、原因与处理方法，如表 7.2、表 7.3、表 7.4 所示。

电磁式控制继电器常见故障与处理方法可参阅接触器常见故障与处理方法部分。

表 7.2　接触器常见故障现象与维修方法

故障现象	造成原因	维修方法
吸不上或吸力不足（触点已闭合而铁芯尚未完全闭合）	1. 电源电压过低 2. 操作回路电源容量不足或断线、配线错误及控制触点接触不良 3. 线圈参数及使用技术条件不符 4. 接触器受损，如线圈断线或烧毁，机械可动部分被卡住，转轴生锈或歪斜等 5. 触点弹簧压力与超程过大	1. 调整电源电压至额定值 2. 增加电源容量，更换线路，修理控制触点 3. 更换线圈 4. 更换线圈，排除扣住故障，修理受损零件 5. 按要求调整触点参数
不释放或释放缓慢	1. 触点弹簧压力过小 2. 触点熔焊 3. 机械可动部分被卡住，转轴生锈或歪斜 4. 反力弹簧损坏 5. 铁芯极面有油污或尘埃黏着 6. E 形铁芯，当寿命终了时，因去磁气隙消失，剩磁增大，使铁芯不释放	1. 调整触点弹簧压力 2. 排除熔焊故障，修理或更换触点 3. 排除扣住现象，修理受扎的零件 4. 更换反力弹簧 5. 清理铁芯极面 6. 更换铁芯
电磁噪声大	1. 电源电压过低 2. 触点弹簧压力过大 3. 磁系统歪斜或机械上卡住，使铁芯不能吸平 4. 极面生锈或油垢、尘埃等异物侵入铁芯极面 5. 短路环断裂 6. 铁芯极面磨损过度而不平	1. 调整电源电压至额定值 2. 调整触点弹簧压力 3. 排除歪斜或卡住现象 4. 清理铁芯极面 5. 更换短路环 6. 更换铁芯

故障现象	造成原因	维修方法
线圈过热或烧毁	1. 电源电压过高或过低 2. 线圈参数与实际使用条件不符 3. 交流操作频率过高 4. 线圈制造不良或机械损伤、绝缘损坏 5. 运动部分卡住 6. 交流铁芯极面不平或中间气隙过大 7. 交流接触器派生直流操作的双线圈，因动断联锁触点熔焊不释放，而使线圈过热 8. 使用环境条件特殊，如空气潮湿、含有腐蚀性气体或环境温度过高	1. 调整电源电压 2. 调换线圈或接触器 3. 调换合适的接触器 4. 更换线圈，排除引起机械损伤、绝缘损坏的故障 5. 排除卡住现象 6. 清理铁芯极面或更换铁芯 7. 调整联锁触点参数及更换烧毁线圈 8. 采用特殊设计的线圈
触点熔焊	1. 操作频率过高或过载使用 2. 负载侧短路 3. 触点弹簧压力过小 4. 触点表面有金属颗粒凸起或异物 5. 操作回路电压过低或机械上卡住，致使吸合过程中有停滞现象，触点停顿在刚接触的位置上	1. 调换合适的接触器 2. 排除短路故障，更换触点 3. 调整触点弹簧压力 4. 清理触点表面 5. 调整操作回路电压至额定值，排除机械卡住故障，使接触器吸合可靠
触点过热或灼伤	1. 触点弹簧压力过小 2. 触点的超程太小 3. 触点上有油污，或表面高低不平、有金属颗粒凸起 4. 操作频率过高或工作电流过大，触点的断开容量不够 5. 铜触点用于长期工作制 6. 环境温度过高或使用在密闭的控制箱中	1. 调整触点弹簧压力 2. 调整触点超程或更换触点 3. 清理触点表面 4. 调换容量较大的接触器 5. 接触器降容使用 6. 接触器降容使用
触点过度磨损	1. 接触器选择不当，在以下场合时容量不足：①反接制动；②有较多密接操作；③操作频率过高 2. 三相触点动作不同步 3. 负载侧短路	1. 接触器降容使用或改用适于繁重任务的接触器 2. 调整至同步 3. 排除短路故障，更换触点
相间短路	1. 尘埃堆积或粘有水气、油垢，使绝缘变坏 2. 接触器零部件损坏（如灭弧室碎裂） 3. 可逆转换的接触器联锁不可靠，由于误操作，致使两台接触器同时投入运行而造成相间短路；或因接触器动作过快，转换时间短，在转换过程中发生电弧短路	1. 经常清理，保持清洁 2. 更换损坏零部件 3. 检查电气联锁与机械联锁；在控制线路中加中间环节或调换动作时间长的接触器，延长可逆转换时间

表7.3　热继电器常见故障现象与维修方法

故障现象	造成原因	维修方法
热继电器误动作	1. 整定值偏小 2. 电动机启动时间过长 3. 反复短时工作，操作次数过高 4. 强烈的冲击振动 5. 连接导线太细	1. 合理调整整定值，如热继电器额定电流或热元件不符要求应予更换 2. 从线路上采取措施，启动过程中使热继电器短接 3. 调换合适的热继电器 4. 选用带防冲装置的专用热继电器 5. 调换合适的连接导线

续表

故障现象	造成原因	维修方法
热继电器不动作	1. 整定值偏大 2. 触点接触不良 3. 热元件烧断或脱掉 4. 运动部分卡住 5. 导板脱出 6. 连接导线太粗	1. 合理调整整定值，如热继电器额定电流或热元件不符要求应予更换 2. 清理触点表面 3. 更换热元件或补焊 4. 排除卡住现象，但用户不得随意调整，以免造成动作特性变化 5. 重新放入，推动几次看其动作是否灵活 6. 调换合适的连接导线
热元件烧断	1. 负载侧短路，电流过大 2. 反复短时工作，操作次数过高 3. 机械故障，在启动过程中热继电器不能动作	1. 检查电路，排除短路故障及更换热元件 2. 调换合适的热继电器 3. 排除机械故障及更换热元件

表 7.4　断路器常见故障现象与维修方法

故障现象	造成原因	维修方法
电动操作断路器，触点不能闭合	1. 电源电压不符或容量不够 2. 电磁铁拉杆行程不够 3. 电动机操作定位开关失灵 4. 控制器中整流管或电容器损坏	1. 更换电源 2. 重新调整或更换拉杆 3. 重新调整 4. 更换整流管或电容器
触点闭合后缺相	1. 断路器一相连杆断裂 2. 限流断路器拆开机构的可拆连杆之间的角度变大 3. 锁扣杆不到位	1. 更换连杆 2. 调整角度至 170° 3. 调整连杆在方轴部位的锁扣杆角度
分励脱扣不能使断路器分断	1. 线圈短路 2. 电源电压过低 3. 脱扣器整定值太大 4. 螺钉松动	1. 更换线圈 2. 调整电源电压至额定值 3. 重新调整脱扣值或更换断路器 4. 拧紧螺钉
欠电压脱扣器不能使断路器分断	1. 反力弹簧力变小 2. 若属储能释放，则储能弹簧力变小 3. 机构卡死	1. 调整反力弹簧 2. 调整储能弹簧 3. 消除卡死原因
手动操作断路器，触点不能闭合	1. 失压脱扣器无电压或线圈烧坏 2. 储能弹簧变形，导致闭合力减少 3. 反作用弹簧力过大 4. 机构不能复位再扣	1. 加上电压或更换线圈 2. 更换储能弹簧 3. 重新调整 4. 调整脱扣器至规定值
启动电动机时，断路器立即分断	1. 过电流脱扣器瞬时整定电流太小 2. 空气式脱扣器阀门失灵或橡皮膜破裂	1. 调整过电流脱扣器瞬时整定弹簧 2. 修复阀门或更换橡皮膜
断路器工作一段时间后分断	1. 过电流脱扣器长延时整定值不符 2. 热元件或半导体延时电路元件损坏	1. 重新调整 2. 更换热元件或延时电路元件
欠电压脱扣器噪声大	1. 反力弹簧力太大 2. 铁芯工作面有污物 3. 短路环断裂	1. 调整反力弹簧 2. 清除污物 3. 更换衔铁或铁芯
断路器温升过高	1. 触点压力过低 2. 触点表面磨损或接触表面粗糙严重 3. 连接导线紧固螺钉松动	1. 调整触点压力或更换弹簧 2. 更换触点或修正触点工作面，使之平整、清洁，或更换断路器 3. 拧紧螺钉
辅助触点不通	1. 辅助开关动触桥卡死或脱落 2. 辅助开关传动杆断裂或滚轮脱落	1. 重新调整装配 2. 更换传动杆或滚轮，或更换辅助开关
半导体过电流脱扣器误动作使断路器断开	1. 半导体自身故障 2. 周围强磁场引起半导体脱扣器误触发	1. 按脱扣器电路原理检查故障，并加以修复 2. 检查脱扣器误触发原因，并采取相应的屏蔽措施或改进线路

知识梳理与总结

本章从任务入手，介绍了常用控制电器的应用；介绍了接触器、继电器、主令电器、断路器、熔断器、电子电器等的结构、原理、选用和维修。主要内容如下：

（1）控制电器主要用来实现电能的生产、输送、分配。

（2）控制电器主要用来切换、控制、保护和调节控制系统和负载。

（3）控制电器一般由两大部分组成。

（4）控制电器的选用要重点考虑负载的电压、电流等因素。

（5）控制电器的维护、维修、更换要断电操作。

思考与练习7

7.1　如何掌握常用控制电器的结构、作用和工作原理？

7.2　如何选择常用控制电器？

7.3　安装和使用常用控制电器时应注意哪些问题？

7.4　常用控制电器的常见故障有哪些？如何分析和处理？

第8章

照明电路基础

教	知识重点	1. 照明电器用导线选择 2. 开关选择 3. 灯具选择 4. 照明电路配线方法 5. 照明电路图形符号
	知识难点	照明电路配线方法和照明电路
	推荐教学方式	从应用入手，讲解照明电器用导线种类及选择、开关种类及选择、灯具种类及选择、照明电路配线方法和照明电路
	建议学时	6 学时
学	推荐学习方法	自己先试接一个照明电路，但不要盲目通电，不懂的地方记录下来，查资料，听老师讲解，在老师指导下动手练习
	必须掌握 的理论知识	照明电路配线方法和照明电路分析
	需要掌握 的工作技能	1. 照明电器用导线选择 2. 开关选择与接线 3. 灯具选择与接线

任务 8-1 选择照明电器用导线

8.1.1 根据材质选择导线

导线的材质一般有铜芯或铝芯的，一般情况下宜选用铝芯导线，下列情况下宜选用铜芯导线：

（1）重要的照明操作回路及二次回路；

（2）移动灯具的配电电路及连接灯头的软线；

（3）剧烈振动场所的照明电路；

（4）爆炸危险场所的照明电路；

（5）重要场所及建筑的照明电路。

8.1.2 根据绝缘选择导线

1. 塑料绝缘导线的选择

如图 8.1 所示的塑料绝缘导线，绝缘性能良好，价格较低，不论明设还是穿管敷设均可代替橡皮绝缘线。由于不能耐高温，绝缘容易老化，所以塑料绝缘线不宜在室外敷设。

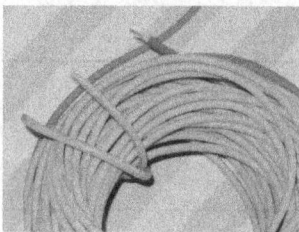

（a）单股塑线　　　　　　　　　（b）BV 双绞线

图 8.1　塑料绝缘导线

2. 编织层绝缘导线的选择

根据玻璃丝或棉纱原料的货源情况，选配编织层材料。型号不再区分，统一使用 BX、BLX 表示。

3. 氯丁橡皮绝缘导线的选择

氯丁橡皮绝缘导线的特点是耐油性能好，不易霉，不延燃，光老化过程缓慢，因此可以在室外敷设。$35mm^2$ 及以下的普通橡皮绝缘线有被氯丁橡皮绝缘线取代的趋势。

4. 油浸纸绝缘电力电缆的选择

油浸纸绝缘电力电缆的耐热能力强，允许运行温度较高，使用寿命长。由于绝缘层内油的流淌，电缆两端水平高差不宜过大。

5. 聚氯乙烯绝缘及护套电力电缆的选择

聚氯乙烯绝缘及护套电力电缆的主要优点是重量轻，弯曲性能好，接头制作简便，没有敷设高差的限制，适宜于高层建筑使用。

6. 橡皮绝缘电力电缆的选择

如图 8.2 所示，橡皮绝缘电力电缆弯曲性能好，能够在严寒气候下敷设，特别适合于水平高差大和垂直敷设的场合。它不仅适用于固定敷设的电路，也适用于定期移动的电路。

照明电路常用导线的型号及用途如表 8.1 所示。

图 8.2 橡皮绝缘电力电缆

表 8.1 照明电路常用导线的型号及用途

序　号	导线型号	名　　称	主要用途
1	BX（BLX）	铜（铝）芯橡皮绝缘线	固定明暗敷
2	BXF（BLXF）	铜（铝）芯氯丁橡皮绝缘线	固定明暗敷，尤其适用于室外
3	BV（BLV）	铜（铝）芯氯聚乙烯绝缘线	固定明暗敷
4	BV—105（BLV—105）	耐热105℃铜（铝）芯聚氯乙烯绝缘线	用于温度较高的场所
5	BVV（BLVV）	铜（铝）芯聚氯乙烯绝缘、聚氯乙烯护套线	用于直贴墙壁敷设
6	BXR	铜芯橡皮绝缘软线	用于 250V 以下的移动电器
7	RV	铜芯聚氯乙烯软线	用于 250V 以下的移动电器
8	RVB	铜芯聚氯乙烯绝缘扁平线	用于 250V 以下的移动电器
9	RVS	铜芯聚氯乙烯绝缘软绞线	用于 250V 以下的移动电器
10	RVV	铜芯聚氯乙烯绝缘、聚氯乙烯护套软线	用于 250V 以下的移动电器
11	RVX—105	铜芯耐热聚氯乙烯绝缘软线	同上，耐热 105℃

【自己动手】 观察照明电器用导线种类（每人十种导线）。

任务 8-2　选择和安装照明电器开关

8.2.1　照明电器开关的安装原则

开关（控制设备、保护设备）的安装，是为了保证照明配电的可靠和便于维护管理，在其安装时应遵循如下原则：

（1）当电源进线为动力与照明负荷共用时，则照明电源应接在动力用电总开关之前，照明馈电电路应安装带有保护装置的总开关上。

（2）为了节约用电，配电设备应尽量采用分散控制，照明配电箱和开关位置要靠近负荷中心。

（3）照明配电箱在结构上有别于动力配电箱，通常为壁挂式（明装）和嵌入式（暗装）两种结构。电路结构主要为出线（分支线）是单相多回路的，也有三相四线或二相三线制出线的。进线一般为三相四线制。有的带电源进线总开关，有的则没有。我国生产有多种系列和型号的照明配电箱可供选择。

（4）照明开关在结构上有明装式和暗装式，在民用建筑中的照明配电一般采用暗配，故开关宜采用暗装式为好。

8.2.2 照明电器用开关的功能和选用

1. 低压断路器

低压断路器又称"低压自动开关"，要求既能带负荷通断电路，又能在短路、过负荷和低电压（失压）时自动跳闸，即它具有控制电路通断的功能，又具有保护装置的功能，因此它必须具有比较完善的灭弧结构，又具有一定的保护灵敏度。

2. 低压负荷开关

低压负荷开关由闸刀与低压熔断器串联组成，外装封闭式铁壳或开启式胶盖，又称"开关熔断器组"。它具有开关和熔断器的双重功能，既可带负荷操作，又能借助熔断器进行短路保护，但熔断器熔断后，需要更换熔断体后才能恢复供电。

3. 低压普通开关

如图 8.3 所示为常见的几种低压普通开关。低压普通开关分带灭弧罩和不带灭弧罩两种。带灭弧罩的开关能带一定的负荷电流通断电路；不带灭弧罩的开关只能当做隔离开关使用，用来隔离电源，以保证安全检修。

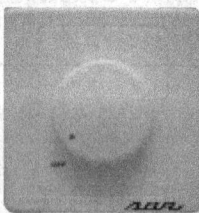

（a）墙壁开关　　　（b）旋钮调光开关　　　（c）五速排风扇开关

图 8.3　低压普通开关

4. 智能开关

如图 8.4 所示，智能开关能够实现远程遥控。智能开关是一种国际通用的智能家居电力载波协议（即一种通信"语言"），是基于电力载波原理的智能家居国际标准，在欧洲美国有 25 年的成功应用，主要用于家庭网络化智能照明控制，技术简单、经济、成熟、可靠，目前已成为国内外智能家居行业的主流技术。

用这种"语言"兼容的产品可以通过电力线互相说话，无须布线，安装便捷，电力线在提供电能的同时又可以像网络线一样传送控制指令，从而实现网络化智能开关等控制，花费很少就可使实现家居的智能化控制。

图 8.4 智能开关

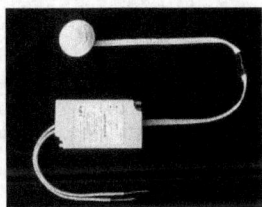

5. 光控开关和声控开关

根据环境光的明暗来控制照明电路通断的开关叫光控开关，如图 8.5 所示。

（a）分体式红外感应开关　　（b）教室照明专用红外节电开关　　（c）MRS－50型声光控开关

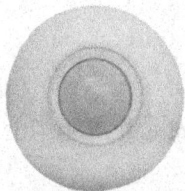

图 8.5 光控开关

根据声音的大小来控制照明电路通断的开关叫声控开关，如图 8.6 所示。

（a）86型声控开关　　　（b）60型声控开关　　　（c）装有声控开关的灯座

图 8.6 声控开关

【自己动手】 拆装照明电器开关（每人十种开关）。

任务 8-3　选择照明灯具

8.3.1 照明灯具种类

照明灯具种类有白炽灯、日光灯、荧光高压汞灯、卤钨灯、高压钠灯、金属卤化物灯等。照明灯具的型号按 GB6859—1986《灯具型号命名方法》规定。如图 8.7 所示，介绍了照明灯具种类。

電光源
├ 固体发光光源
│ ├ 白炽灯
│ │ ├ 真空灯
│ │ └ 充气灯
│ │   ├ 非卤钨灯
│ │   └ 卤钨灯
│ ├ 场效发光灯
│ └ 半导体放光器件
└ 气体放电发光光源
   ├ 弧光放电灯
   │ ├ 低气压灯
   │ │ ├ 荧光灯
   │ │ └ 低压钠灯
   │ └ 高气压灯
   │   ├ 高压汞灯
   │   ├ 高压钠灯
   │   ├ 高压氙灯
   │   ├ 金属卤化物灯
   │   └ 碳弧灯
   └ 辉光放电灯：霓虹灯、氖灯

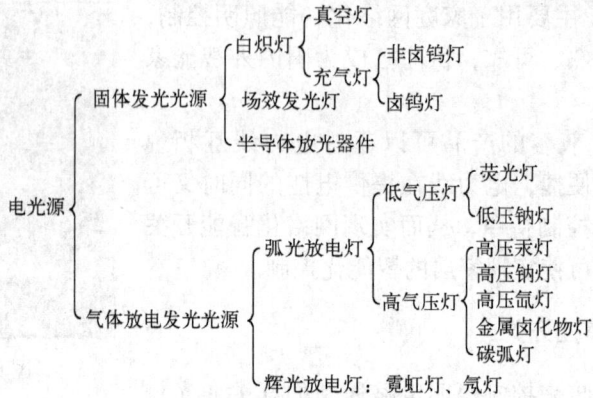

图8.7 照明灯具种类

8.3.2 发光光源种类

根据工作原理，照明灯具利用的发光光源基本上可分固体发光光源（即热辐射光源）和气体放电发光光源两大类。

1. 固体发光光源

固定发光光源（热辐射光源）是指利用电流将物体加热到白炽程度而产生发光的光源，如白炽灯、场效发光灯。

2. 气体放电发光光源

气体放电发光光源是指利用电流通过气体而发射光的光源。这种光源具有发光效率高、使用寿命长等特点，使用极为广泛。气体放电发光光源按放电的形式可分为以下两种。

（1）弧光放电。这类光源主要利用弧光放电柱产生光（热阴极灯），放电的特点是阴极位降较小。这类光源通常需要专门的启动器件和电路才能工作。日光灯、汞灯、钠灯均属于此类。

（2）辉光放电。这类光源由正辉光放电柱产生光，放电的特点是阴极的次级发射比热电子发射大得多（冷阴极），阴极位降较大（100V左右），电流密度较小。这种灯也叫冷阳极灯，霓虹灯属于此类，这类光源一般需要很高的电压。

【自己动手】 观察照明灯具（每人十种灯具）。

任务8-4 照明电路配线

8.4.1 照明电路配电方式

配电系统由配电装置（配电箱）及配电电路（干线和支线）组成。一组照明设备接入一条支线，若干条支线接入一条干线，若干条干线接入一条总进户线。汇集支线接入干线的配电装置称为分配电箱，汇集干线接入总进户线的配电装置称为总配电箱。

配电接线方式大致分为以下四种。

1. 放射式接线

放射式接线（见图8.8）的优点是各负荷独立受电，电路发生故障时，不影响其他回路供电，可靠性较高。同时，回路中电动机启动引起的电压波动，对其回路的影响较小，但建设费用较高，有色金属耗量较大，一般用于重要的负荷。

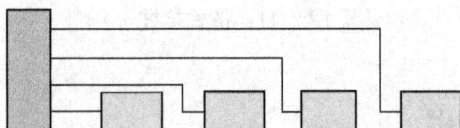

图8.8　放射式接线

2. 树干式接线

树干式接线（见图8.9）与放射式接线相比，其优点是建设费用低，但干线出现故障时影响范围大，可靠性差。

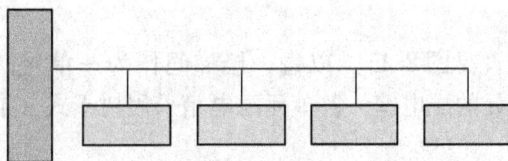

图8.9　树干式接线

3. 混合式接线

混合式接线（见图8.10）是放射式接线和树干式接线的综合，具有两者的优点，因此在实际中应用最广。

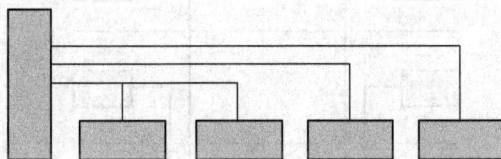

图8.10　混合式接线

4. 链式接线

链式接线（见图8.11）与树干式接线相似，适用于距离配电所较远，而彼此之间相距又比较近的不重要的小容量照明设备。

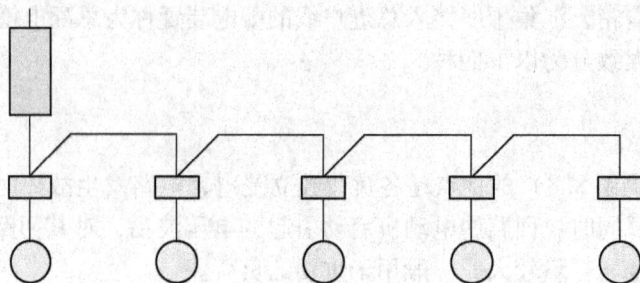

图 8.11　链式接线

8.4.2　照明配电应用

1. 多层公共建筑配电

多层公共建筑的配电系统（见图 8.12）进户线直接接入大楼的传达室或配电间的总配电箱，由总配电箱采取干线立管式向各层分配电箱馈电，再经分配电箱引出支线向各房间的照明设备供电。

2. 住宅照明配电

住宅的照明配电系统（见图 8.13）以每一楼梯间作为一单元，进户线引至楼的总配电箱，再由干线引至每一单元的配电箱，各单元配电箱采用树干式（或放射式）向各层用户的分配电箱馈电。

为了便于管理，住宅楼的总配电箱和单元配电箱一般装在楼梯公共过道的墙面上，分配电箱可装设电能表，以便用户单独计算电费。

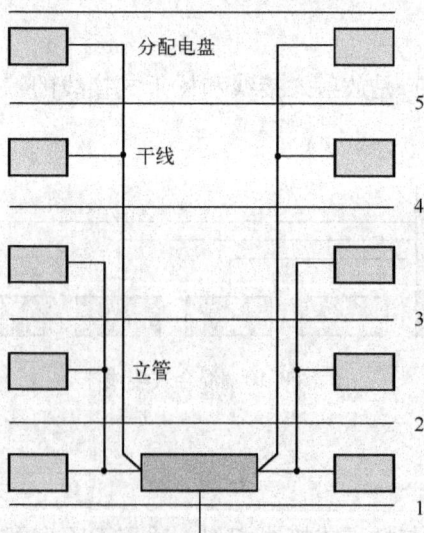

图 8.12　多层公共建筑的配电系统总配电盘

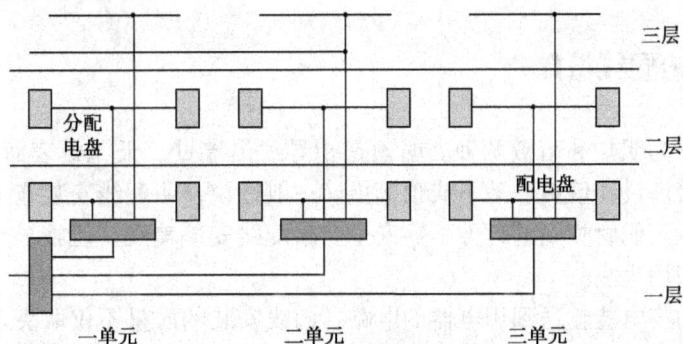

图 8.13　住宅的照明配电系统总配电盘

3. 高层建筑照明配电

高层建筑的照明配电系统总配电盘如图 8.14 所示，包括常用的四种方案。其中方案（a）、（b）、（c）为混合式，它们先将整幢楼按层分为若干供电区，每区的层数为 2～6 层。每路干线向一个供电区配电，故又称为分区树干式配电系统。

方案（a）与（b）基本相同，但方案（b）增加了公用的备用回路，备用回路采用大树干配电方式。方案（c）增加了一个分区配电箱，它与方案（a）和（b）比较，可靠性较高。

方案（d）采用大树干配电方式，从而大大减少了低压配电屏的数量，安装、维护方便，适用于楼层数量多，负荷较大的大型建筑物。

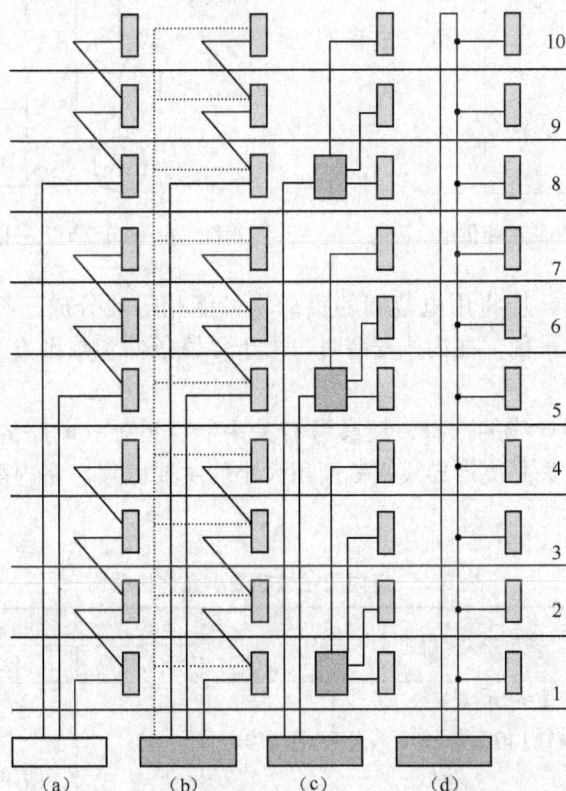

图 8.14　高层建筑的照明配电系统总配电盘

8.4.3 室内配线选择

室内配线可分为明敷和暗敷两种。明敷是指导线沿墙壁、天花板表面、屋柱等处敷设。暗敷是指导线穿管埋设在墙内、地下或顶棚里。一般地说，明配线安装施工和检查维修比较方便，但不美观，人们触摸到的地方不够安全。暗配线安装美观，但施工要求高，检查和维护较困难，成本费用也高。

内线是在室内将电能输送到用电器的电路。内线安装的质量不仅取决于电路本身，还取决于电工的技术水平，取决于是否按正确的施工工艺和施工要求进行操作。

由于室内用电量大小的不同，我国室内配电通常用220V单相制和380V三相四线制两种制式。

220V单相制供电适合于小容量的场合，如家庭、小实验室、小型办公场所等。它是由一根相线（火线）和一根零线构成的单相供电回路，如图8.15所示。

一般是在380V三相四线制中取出一相（火线）和一根零线而得到220V的电压，用于容量较大的场所，如车间、礼堂、机关、学校等采用380/220V三相四线制供电，如图8.16所示。

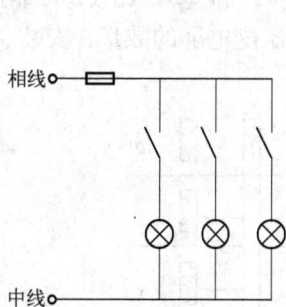

图 8.15 220V 单相供电   图 8.16 380/220V 三相四线制供电

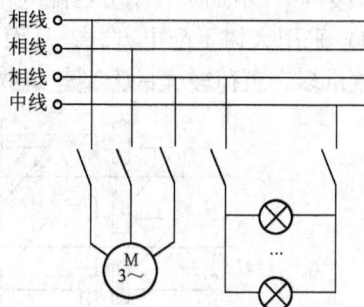

在进行电路设计时，应将用电范围的负荷尽可能相等地分成三相，分别由三相电源供电，使三相负荷尽可能平衡，在内线安装时，由于环境条件和敷设方式的不同，使用导线型号、横截面积也不一样。

有关内线安装常用导线的选择，请参考有关手册。另外，电路的载流量（负载电流）、机械强度、允许电压损失是决定导线横截面积大小的主要因素。室内配线线芯最小允许横截面积如表8.2所示。

表 8.2 室内配线线芯最小允许横截面

敷设方式及用途	线芯最小允许横截面积（mm²）		
	铜芯软线	铜线	铝线
1. 敷设在室内绝缘支持上的裸导线		2.5	4.0
2. 敷设在绝缘支持件上的绝缘导线，其支持点间距为：			
（1）1m 及以下　　　　室内	1.0		1.5
室外	1.5		2.5

续表

敷设方式及用途	线芯最小允许横截面积（mm²）		
	铜芯软线	铜线	铝线
（2）2m 及以下　　　　室内		1.0	2.5
室外		1.5	2.5
（3）6m 及以下		2.5	4.0
（4）12m 及以下		2.5	6.0
3. 穿管敷设的绝缘导线	1.0	1.0	2.5
4. 槽板内敷设的绝缘导线	1.0	1.0	2.5
5. 塑料护套线敷设	1.0	1.0	2.5

室内照明灯具的最低悬挂高度设计和选择如表 8.3 所示。

表 8.3　室内照明灯具最低悬挂高度

光 源 种 类	灯 具 形 式	灯具保护角	灯泡功率（W）	最低悬挂高度（m）
白炽灯	带反射罩	10°～30°	≤100	2.5
			150～200	3.0
			300～500	3.5
			>500	4.0
	乳白玻璃漫射罩		≤100	2.0
			150～200	2.5
			300～500	3.0
日光灯	无罩		≤40	2.0
高压汞灯	带反射罩	10°～30°	≤250	5.0
			≥400	6.0
碘钨灯	带反射罩	≥30°	1000～2000	6.0
				7.0

灯具至天花板的距离应根据室内空间高度考虑，通常在 0.3～1.5m 之间，一般住宅选 0.7m。普通灯开关及普通插座距地面的高度不低于 1.3m，若有特殊需要，插座降低时，其高度应大于 150mm，并以安装安全插座为佳。

8.4.4　室内配线基本要求

（1）不同电价的用电电路应分别安装并有明显区别。特别是动力电路和照明电路，电价不同，应各自用电能表分别计量用电量。

（2）低压等级的电路和设备在一个区域安装时，应有明显区别，必要时用文字或符号标注。

（3）在低压供电系统中，禁止用大地做零线，可采用三线一地制、两线一地制或一线一地制。

（4）导线的电压等级应大于电路工作电压（峰值），导线截面积应满足电路最大载流量和机械强度的要求，导线的绝缘性能应能满足敷设方式和工作环境的要求。

（5）导线敷设时尽量避免接头。管道配线，无论如何都不允许在管道内接头，接头一般

应放在接线盒内。在导线的接头处、分支处不能受外力（挤压和拉伸）作用。

（6）电路沿建筑物敷设时，应保持横平竖直。在水平敷设时若电路距地面低于 2m，或者垂直敷设时在地面上 1.8m 以内的线段内，均应穿钢管和塑料管加以保护。

（7）电路穿越楼板时，应加钢管保护。钢管上端距楼板 2m，下端以刚穿出楼板为好。导线穿墙时应加穿套保护，套管两端出墙长度不小于 10mm，以防止导线直接接触墙面而受潮。

8.4.5 照明电路敷设

照明电路敷设方式应在考虑建筑的功能、室内装饰的要求和使用环境等因素，经技术经济比较后来选定。其中首选的因素是使用环境（见表 8.4），这是按使用环境选择导线型号和敷设方式的。

表 8.4 按导线使用环境选择布线方式

导线类别	敷设方式	场所性质															
		干燥		潮湿	特别潮湿	高温	震动	多尘	化学腐蚀	火灾危险场所			爆炸危险场所					室外
		生活	生产							H-1	H-2	H-3	Q-1	Q-2	Q-3	Q-4	Q-5	
塑料护套线	直敷布线	○	○	+	×	×	−	+	+	−	−	−	×	×	×	×	×	×
绝缘线	瓷（塑料）夹布线	○	○	×	×	×	×	×	×	×	×	×	×	×	×	×	×	×
	鼓型绝缘子布线	○	○	−	−	○	○	−	×	×	×	×	×	×	×	×	×	+
	针式绝缘子布线	+	○	○	○	○	○	+	+	+	+	×	×	×	×	×	×	○
	焊接钢管布线	○	○	○	+	○	○	○	+	○	○	○	○	○	○	○	○	+
	电线管布线	○	○	+	○	○	○	○	○	○	○	○	×	×	×	×	×	−
	硬塑料管布线	+	+	○	○	×	−	○	○	−	−	−	×	×	×	×	×	×

注：表中"○"推荐使用，"+"可采用，"−"建议不用，"×"不允许使用。

1. 绝缘导线明敷设

在室内敷设的电路应该采用有护套绝缘导线，沿墙壁和顶棚表面、屋柱等处敷设。电路的配线方式常用瓷夹板配线、瓷珠配线、瓷瓶配线、木槽板配线等。以上这些配线方式比较简单，节省费用，但不够美观，容易受到机械损伤。在水平敷设时若电路距地面低于 2m，或者垂直敷设时在地面上 1.8m 以内的线段，均应穿钢管和塑料管加以保护。

2. 绝缘导线穿管敷设

照明电路的暗敷设，一般用焊接钢管、电线管或塑料管埋入墙内、地板内或装设在顶棚内。这种敷设方式美观，也不易受到机械损伤，但施工工程量大，耗费也大。

穿管敷设的绝缘导线，其电压等级不应低于 500V。不同回路、不同电压、不同用途和不同电流种类的导线不得穿入同一管内。工作照明与事故照明的电路不允许共管敷设。

3. 电缆敷设

电缆可在排沟、电缆沟、电缆隧道内敷设，室外电缆可以直接埋设，室内电缆通常采用托架或托盘明设。电缆在室内明设时，不应有黄麻或其他可引燃的外包装。无铠装的电缆在室内明设时，水平敷设至地面的距离应大于 2.5m，垂直敷设至地面的距离应大于 1.8m，否则应有防止机械损伤的措施。

电缆在室内埋地敷设时，或穿墙、穿楼板时，应穿管或采取其他保护措施，穿管内径应大于电缆外径的 1.5 倍。

8.4.6 照明电路图

照明供配电系统如图 8.17 所示。

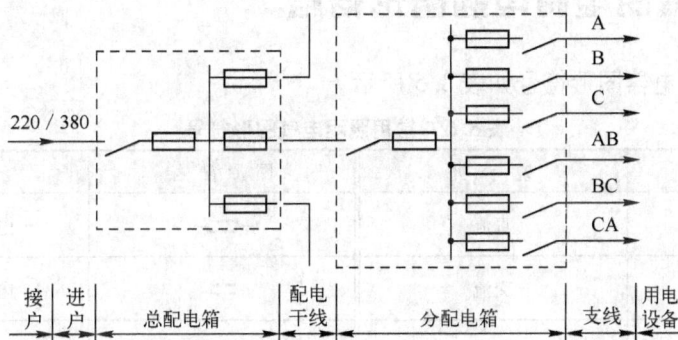

图 8.17 照明供配电系统

1. 白炽灯电路

如图 8.18（a）所示为一只开关一处控制电路，图 8.18（b）所示为两只双联开关两处控制电路。图中的 S、S1、S2 可以是各类控制开关，L 是照明灯。

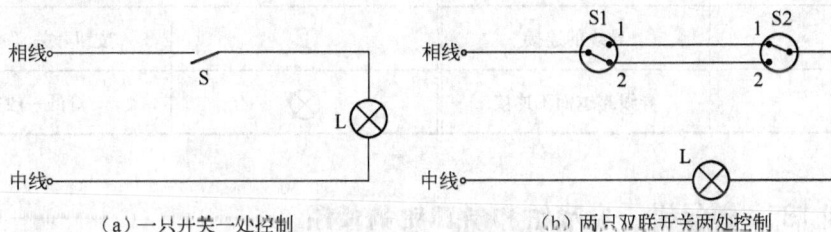

（a）一只开关一处控制　　　　　　　　（b）两只双联开关两处控制

图 8.18 白炽灯电路

2. 日光灯电路

如图 8.19 所示为日光灯常用电路。

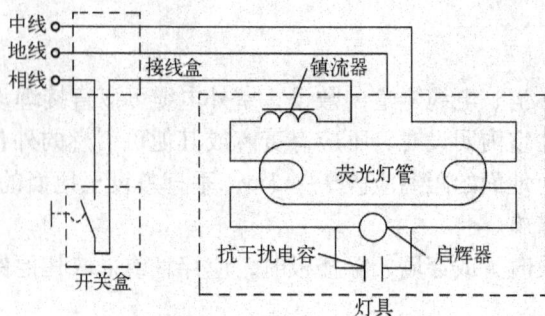

图 8.19 日光灯电路

【自己动手】 参观照明电路的配线和敷设（集体参观）。

任务 8-5 照明电路电器图形符号

照明电路常用电器图形符号如表8.5所示。

表8.5 常用照明电气图形符号

图 形 符 号	说　明	图 形 符 号	说　明
——	直流	—▭—	电阻器一般符号
～	交流	┴	电容器一般符号
≈	交直流	⌒⌒⌒	电感器、线圈、绕组、扼流圈
+ －	正极 负极	┤├	原电池或蓄电池
⟶	运动、方向或力	／	动合（常开）触点
➔	能量、信号传输方向	⌐	动断（常闭）触点
⊥	接地一般符号	一	手动开关的一般符号
⊤	导线的连接		按钮开关（不闭锁）
╋	导线跨越而不连接	⊗	灯的一般符号

实训18　钢丝钳、尖嘴钳和斜口钳的使用

【实训目的】

（1）通过自己动手，掌握钢丝钳、尖嘴钳和斜口钳的结构和用途。

（2）通过实物使用练习，学会钢丝钳、尖嘴钳和斜口钳的使用。

【实训内容】

识别钢丝钳、尖嘴钳和斜口钳，了解其用途和使用方法。

【实训原理】

1. 钢丝钳

钢丝钳是电工应用最频繁的工具。电工钢丝钳由钳头、钳柄和绝缘套管三部分组成，如图 8.20 所示。钳头包括钳口、齿口、切口、铡口四部分，其中钳口可用来钳夹和弯绞导线；齿口可代替扳手来拧小型螺母；切口可用来剪切电线、掀拔铁钉；铡口可用来铡切钢丝等硬金属丝。

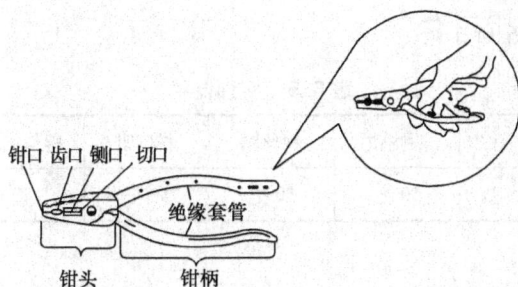

图 8.20　钢丝钳

使用时应注意如下事项：

（1）使用前，必须检查其绝缘柄，确定绝缘状况良好；不得带电操作，以免发生触电事故。

（2）用钢丝钳剪切带电导线时，必须单根进行，不得用刀口同时剪切相线和零线或者两根相线，以免造成短路事故。

（3）使用钢丝钳时要刀口朝向内侧，便于控制剪切部位。

（4）不能用钳头代替手锤作为敲打工具，以免变形。钳头的轴销应经常加机油润滑，保证其开闭灵活。

2. 尖嘴钳

尖嘴钳的头部尖细，适用于在狭小的空间操作，钳头用于夹持较小螺钉、垫圈、导线和把导线端头弯曲成所需形状；小刀口用于剪断细小的导线、金属丝等，如图 8.21 所示。

3. 斜口钳

斜口钳其头部扁斜，电工用斜口钳的钳柄采用绝缘柄，其耐压等级为 1000V，如图 8.22 所示。

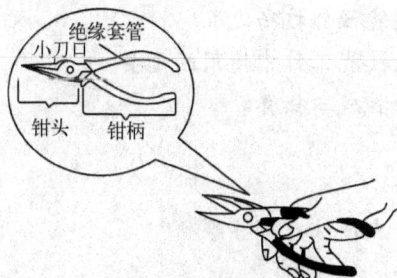

图 8.21　尖嘴钳　　　　　图 8.22　斜口钳

斜口钳专门用来剪断较粗的金属丝、线材及电线电缆等。

【实训要求】

（1）在进行钢丝钳、尖嘴钳和斜口钳的使用练习时，要先清楚其用途、知识学习和结构。

（2）练习中，要按钢丝钳、尖嘴钳和斜口钳的使用方法和要求进行练习，一定要注意安全防护。

【实训器材】

实训器材如表8.6所示。

表8.6　实训器材

名　　称	尖嘴钳	钢丝钳	斜口钳	塑料铜芯线
数　　量	50把	50把	50把	若干

【实训程序】

（1）斜口钳的使用练习。做剪切导线练习。

（2）钢丝钳的使用练习。

① 做弯绞导线练习。

② 做剪切导线练习。

③ 做铡切钢丝练习。

（3）尖嘴钳的使用练习。将直径为 1～2mm 的单股导线，弯成 4～5mm 的 10 个圆形接线鼻子。

【实训评价】

实训评价如表8.7所示。

表8.7　实训评价

序　号	评价内容	配　分
1	尖嘴钳的使用	30%
2	钢丝钳的使用	40%
3	斜口钳的使用	30%

【实训小结】

（1）总结钢丝钳、尖嘴钳和斜口钳技能操作技巧。

（2）总结钢丝钳、尖嘴钳和斜口钳在技能工作中使用的重要性。

（3）总结本课题练习消耗器材的统计和成本核算。

【实训思考】

（1）剪线工具有哪几类？

（2）钢丝钳、尖嘴钳和斜口钳使用中应该注意哪些事项？

实训 19 电工刀和剥线钳的使用

【实训目的】

（1）通过自己动手，掌握电工刀和剥线钳的结构和用途。

（2）通过实物使用练习，学会电工刀和剥线钳的使用。

【实训内容】

识别电工刀和剥线钳，了解其用途和使用方法。

【实训原理】

1. 电工刀

电工刀是用来剖削和切割电工器材的常用工具，如图 8.23 所示。

电工刀的刀口磨制成单面呈圆弧状的刃口，刀刃部分锋利一些。在剖削电线绝缘层时，可把刀略微向内倾斜，用刀刃的圆角抵住线芯，刀口向外推出。这样既不易削伤线芯，又防止操作者受伤。切忌把刀刃垂直对着导线切割绝缘，以免削伤线芯。严禁在带电体上使用没有绝缘柄的电工刀进行操作。

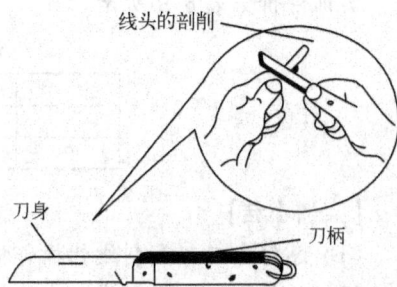

图 8.23 电工刀

2. 剥线钳

剥线钳用来剥削直径 3mm 及以下绝缘导线的塑料或橡胶绝缘层，如图 8.24 所示。它由钳口和钳柄两部分组成。剥线钳钳口分有 0.5～3mm 的多个直径切口，用于不同规格线芯的剥削。使用时应使切口与被剥削导线芯线直径相匹配，切口过大难以剥离绝缘层，切口过小会切断芯线。剥线钳钳柄也装有绝缘套管。

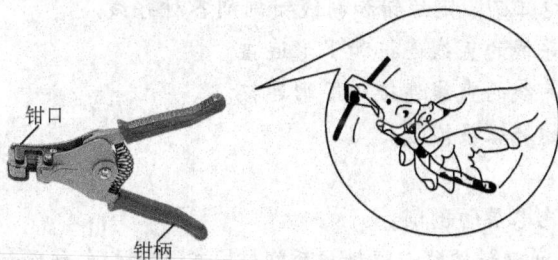

图 8.24 剥线钳

【实训要求】

（1）在进行电工刀和剥线钳的使用练习时，要先清楚其用途、知识学习和结构。

（2）练习中，要按照电工刀和剥线钳的使用方法和要求进行练习，一定要注意安全防护。

【实训器材】

实训器材如表8.8所示。

表8.8　实训器材

名　　称	剥线钳	电工刀	塑料铜芯线
数　　量	50把	50把	若干

【实训程序】

(1) 剥线钳的使用练习。用剥线钳对不同线径的电线做剥削练习。

(2) 电工刀的使用练习。用电工刀对塑料单芯硬线做剖削练习。

【实训评价】

实训评价如表8.9所示。

表8.9　实训评价

序　号	评价内容	配　分
1	剥线钳的使用	50%
2	电工刀的使用	50%

【实训小结】

(1) 总结电工刀和剥线钳操作技巧。

(2) 总结电工刀和剥线钳在技能工作中使用的重要性。

(3) 总结本课题练习消耗器材的统计和成本核算。

【实训思考】

(1) 剥线工具有哪几类？

(2) 电工刀和剥线钳使用中应该注意哪些事项？

实训20　导线连接和绝缘恢复

【实训目的】

(1) 学会使用电工刀、钢丝钳和剥线钳剖削各种导线。

(2) 学会单股导线的直线连接和T形连接。

(3) 学会多股导线的直线连接和T形连接。

(4) 学会导线的绝缘层恢复。

【实训内容】

(1) 导线线头绝缘层的剖削。

① 用电工刀剖削塑料硬线、塑料护套线、橡皮线和铅包线绝缘层。

② 用钢丝钳和剥线钳剖削塑料硬线和塑料软线绝缘层。

(2) 导线的连接。

① 2根长0.2m的BV2.5mm^2(1.76mm)塑料铜芯线做直线连接。

② 2根长0.2m的BV4mm^2(2.24mm)塑料铜芯线做T形连接。

③ 2根长0.2m的BV10mm^2(7/1.33mm)塑料铜芯线做直线连接。

④ 2根长0.2m的BV16mm^2（7/1.7mm）塑料铜芯线做T形连接。

（3）绝缘的恢复。

① 2根长0.2m的BV16mm^2（7/1.7mm）塑料铜芯硬线直线连接的绝缘层恢复。

② 2根长0.2m的BV16mm^2（7/1.7mm）塑料铜芯硬线T形连接的绝缘层恢复。

【实训原理】

1. 导线绝缘层的剖削

导线连接时需对绝缘层进行剖削。

1）塑料硬线绝缘层的剖削

（1）芯线截面积为4mm^{2}及以下的塑料硬线，一般用钢丝钳进行剖削。剖削方法如下：

① 用左手捏住电线，根据线头所需长短用钢丝钳口切割绝缘层，但不可切入芯线。

② 然后用右手握住钢丝钳头部用力向外勒去塑料绝缘层，如图8.25所示。

③ 剖削出的芯线应保持完好无损，若损伤较大，应重新剖削。

除了用钢丝钳外，还可用剥线钳进行剖削，用剥线钳时要选择合适的齿口。

（2）芯线截面积大于4mm^{2}的塑料硬线，可用电工刀来剖削绝缘层，方法如下：

① 根据所需的长度用电工刀以45°角倾斜切入塑料绝缘层，如图8.26（a）所示。

② 接着刀面与芯线保持25°角左右，用力向线端推削，不可切入芯线，削去上面一层塑料绝缘层，如图8.26（b）所示。

③ 将下面塑料绝缘层向后扳翻，如图8.26（c）所示，最后用电工刀齐根切去。

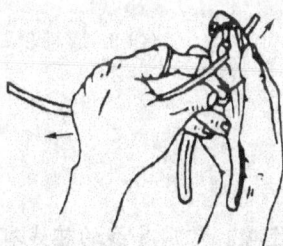

图8.25 钢丝钳剖削塑料硬线绝缘层

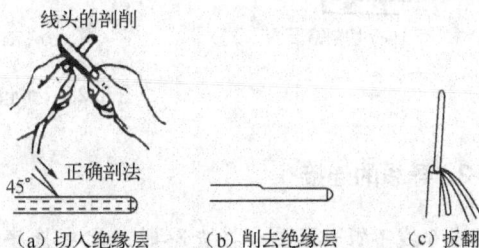

（a）切入绝缘层　（b）削去绝缘层　（c）扳翻

图8.26 电工刀剖削塑料硬线绝缘层

2）塑料软线绝缘层的剖削

塑料软线绝缘层只能用剥线钳或钢丝钳剖削，不可用电工刀剖削，其剖削方法与塑料硬线绝缘层的剖削方法相同。

3）塑料护套线绝缘层的剖削

塑料护套线的绝缘层只能用电工刀来剖削，不可用剥线钳或钢丝钳剖削，其剖削方法如下：

（1）按所需长度用电工刀尖对准芯线缝隙间划开护套线，如图8.27（a）所示。

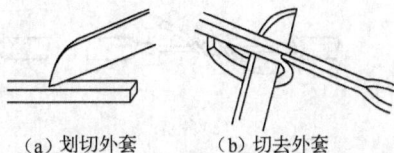

（a）划切外套　（b）切去外套

图8.27 塑料护套线绝缘层的剖削

（2）向后扳翻护套层，用刀齐根切去，如图 8.27（b）所示。

（3）在距离护套层 5～10mm 处，用电工刀以 45°角倾斜切入绝缘层，其他剖削方法与塑料硬线绝缘层的剖削方法相同。

4）橡皮线绝缘层的剖削

（1）先把橡皮线编织保护层用电工刀尖划开，与剖削护套线的护套层方法相同。

（2）然后用剖削塑料线绝缘层相同的方法将橡胶层削去。

（3）最后松散面纱层到根部，用电工刀切去。

5）花线绝缘层的剖削

（1）在所需长度处用电工刀在棉纱织物保护层四周割切一圈后拉去。

（2）距棉纱织物保护层 10mm 处，用钢丝钳刀口切割橡胶绝缘层，不能损伤芯线，然后右手握住钳头，左手把花线用力抽拉，钳口勒出橡胶绝缘层，方法如图 8.25 所示。

（3）最后露出棉纱层，把棉纱层松散开来，用电工刀割断。

6）铅包线绝缘层的剖削

（1）先用电工刀把铅包层切割一刀，如图 8.28（a）所示。

（2）然后用双手来回扳动切口处，铅层便沿着切口折断，就可把铅包层拉出来，如图 8.28（b）所示。

（3）绝缘层的剖削按塑料线绝缘层的剖削方法进行，如图 8.28（c）所示。

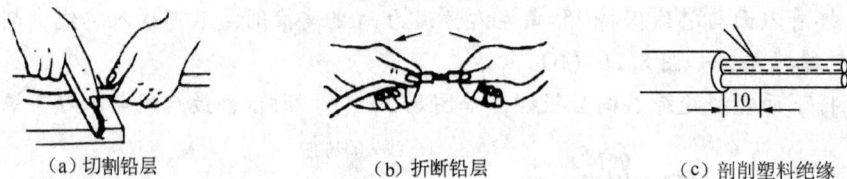

（a）切割铅层　　　（b）折断铅层　　　（c）剖削塑料绝缘

图 8.28　钳包层的剖削

2. 导线的连接

当导线不够长或要分接支路时，就要将导线与导线连接。常用导线的芯线有单股、7 股和 19 股等多种，导线芯线有铜质和铝质连接方法，随芯线的股数和材质的不同而异。

1）铜芯导线的连接

（1）单股铜芯导线的直线连接。

① 把两线头的芯线成 X 形相交，互相绞绕 2～3 圈，如图 8.29（a）所示。

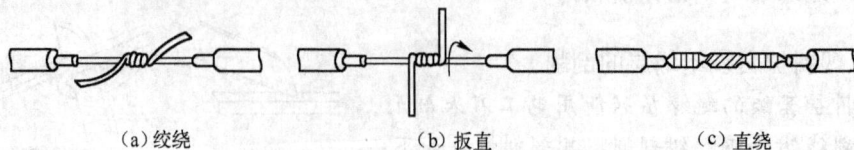

（a）绞绕　　　　　（b）扳直　　　　　（c）直绕

图 8.29　单股铜芯导线的直线连接

② 然后扳直两线头，如图8.29 (b) 所示。

③ 将每个线头在芯线上紧贴并绕4～6圈，用斜口钳切去余下的芯线，并钳平芯线的末端，如图8.29 (c) 所示。

(2) 单股铜芯导线的T形连接。

① 将支路芯线的线头与干线芯线十字相交，使支路芯线根部留出约3～5mm，然后按顺时针方向缠绕支路芯线，缠绕6～8圈后，用斜口钳切去余下的芯线，并钳平芯线末端，如图8.30 所示。

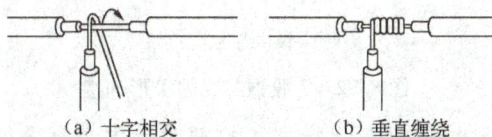

(a) 十字相交　　　　　　(b) 垂直缠绕

图8.30　单股铜芯导线的T字分支连接

② 较小截面积的芯线可按图8.30 (b) 所示方法环绕成结状，然后再把支路芯线线头抽紧扳直，紧密地缠绕6～8圈，剪去多余芯线，钳平切口毛刺。

(3) 7股铜芯导线的直线连接。

① 先将剖去绝缘层的芯线头散开并拉直，接着把靠近绝缘层1/3线段的芯线绞紧，然后把余下的2/3芯线头，按图8.31 (a) 所示方法，分散成伞状，并将每根芯线拉直。

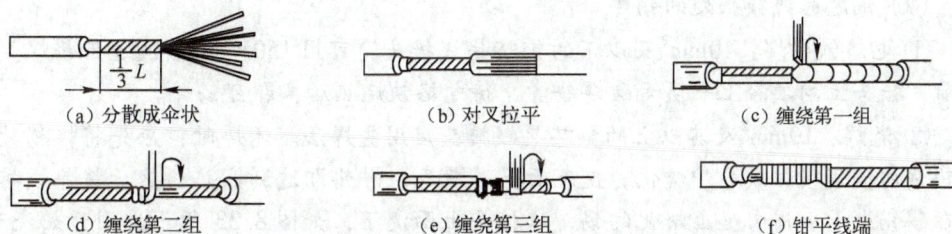

(a) 分散成伞状　　　　　　(b) 对叉拉平　　　　　　(c) 缠绕第一组

(d) 缠绕第二组　　　　　　(e) 缠绕第三组　　　　　　(f) 钳平线端

图8.31　7股铜芯导线的直线连接

② 把两个伞状芯线线头隔根对叉，并拉平两端芯线，如图8.31 (b) 所示。

③ 把一端的7股芯线按2、2、3根分成三组，接着把其中一组2根芯线扳起，垂直于芯线，并按顺时针方向缠绕，如图8.31 (c) 所示。

④ 缠绕2圈后，将余下的芯线向右扳直，再把下边第二组的2根芯线扳直，也按顺时针方向紧紧压着前2根扳直的芯线缠绕，如图8.31 (d) 所示。

⑤ 缠绕两圈后，也将余下的芯线向右扳直，再把下边第三组的3根芯线扳直，按顺时针方向紧紧压着前4根扳直的芯线向右缠绕，如图8.31 (e) 所示。

⑥ 缠绕3圈后，切去每组多余的芯线，钳平线端，如图8.31 (f) 所示。

⑦ 用同样的方法再缠绕另一边芯线。

(4) 7股铜芯导线的T形连接。

① 把分支芯线散开钳直，接着把近绝缘层1/8的芯线绞紧，把支路线头7/8的芯线分成两组，一组4根，另一组3根，并排齐，然后用旋凿把干线的芯线撬分成两组，再把支线中4根芯线的一组插入干线两组芯线中间，而把3根芯线的一组支线放在干线芯线的前面，如图8.32（a）所示。

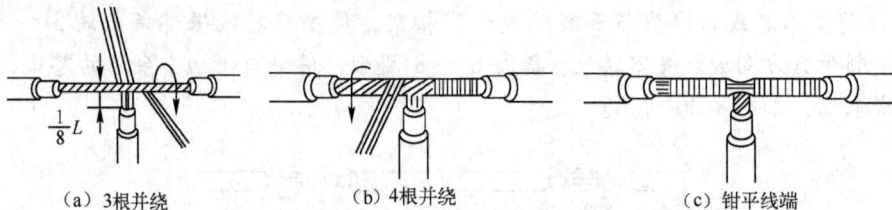

(a) 3根并绕　　　　　　　(b) 4根并绕　　　　　　　(c) 钳平线端

图8.32　7股铜芯线的T形连接

② 把右边3根芯线的一组在干线右边按顺时针方向紧紧缠绕3～4圈，钳平线端，再把左边4根芯线的一组芯线按逆时针方向缠绕，如图8.32（b）所示。

③ 逆时针方向缠绕4～5圈后，钳平线端，如图8.32（c）所示。

（5）19股铜芯导线的直接连接。19股铜芯导线的直接连接方法与7股芯线的连接方法基本相同。芯线太多可剪去中间的几根芯线；连接后，在连接处尚须进行钎焊，以增加其机械强度和改善导电性能。

（6）19股铜芯导线的T形连接。19股铜芯导线的T形连接方法与7股芯线的也基本相同。只是将支路导线分成9根和10根，并将芯线插入干线芯线中，各分两次向左右缠绕。

（7）铜芯导线接头处的锡焊。

① 电烙铁锡焊：10mm² 及以下的铜芯导线接头，可用150W电烙铁进行锡焊。锡焊前，接头上均须涂上一层无酸焊锡膏，待电烙铁烧热后，即可锡焊。

② 浇焊：10mm² 及其以上的铜芯导线接头应用浇焊法。浇焊时，应先将焊锡放在化锡锅内，用喷灯或电炉熔化，使表面呈磷黄色，焊锡即达到高热，然后将导线接头放在锡锅上面，用勺盛上熔化的锡，从接头上面浇下，如图8.33所示。刚开始浇时，因为接头较冷，锡在接头上不会有很好的流动性，应继续浇下去，使接头处温度提高，直到全部焊牢为止。最后用抹布轻轻擦去焊渣，使接头表面光滑。

2）铝芯导线的连接

由于铝极易氧化，且铝氧化膜的电阻率很高，所以铝芯导线不宜采用铜芯导线的方法进行连接，铝芯导线常采用螺钉压接法和压接管压接法连接。

（1）螺钉压接法连接。螺钉压接法适用于负荷较小的单股铝芯导线的连接，其步骤如下：

① 把削去绝缘层的铝芯线头用钢丝刷刷去表面铝氧化层，并涂上中性凡士林，如图8.34（a）所示。

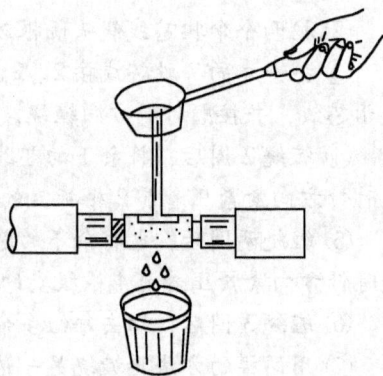

图8.33　铜芯导线接头浇焊法

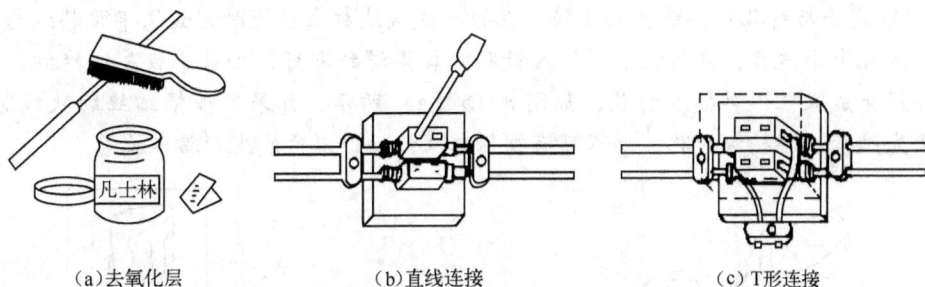

(a)去氧化层　　　　　(b)直线连接　　　　　(c)T形连接

图 8.34　单股铝芯导线的螺钉压接法连接

② 做直线连接时，先把每根铝芯导线在接近线端处卷上 2～3 圈，以备线头断裂后再次连接用，然后把四个线头两两相对地插入两只瓷接头（又称接线桥）的四个接线柱上，旋紧接线柱上的螺钉，如图 8.34（b）所示。

③ 若要做 T 形连接时，要把支路导线的两个芯线头分别插入两个瓷接头的两个接线柱上，然后旋紧螺钉，如图 8.34（c）所示。

④ 最后在瓷接头上加罩铁皮盒盖或木罩盒盖。如果连接处在插座或熔断器附近，则不必用瓷接头，可用插座或熔断器上的接线柱进行过渡连接。

（2）压接管压接法连接。压接管压接法适用于较大负荷的多根铝芯导线的直线连接。手动冷挤压接钳和压接管（又称钳接管）如图 8.35（a）和（b）所示。

其步骤如下：

① 根据多股铝芯线规格选择合适的铝压接管。

② 用钢丝刷清除铝芯线表面和压接管内壁的氧化层，涂上一层中性凡士林。

③ 把两根铝芯导线线端相对穿入压接管，并使线端穿出压接管 25～30mm，如图 8.35（c）所示。

④ 进行压接，如图 8.35（d）所示。压接时，按一道压坑在铝芯端一侧，不可压反，压接坑的距离和数量应符合技术要求，如图 8.35（e）所示。

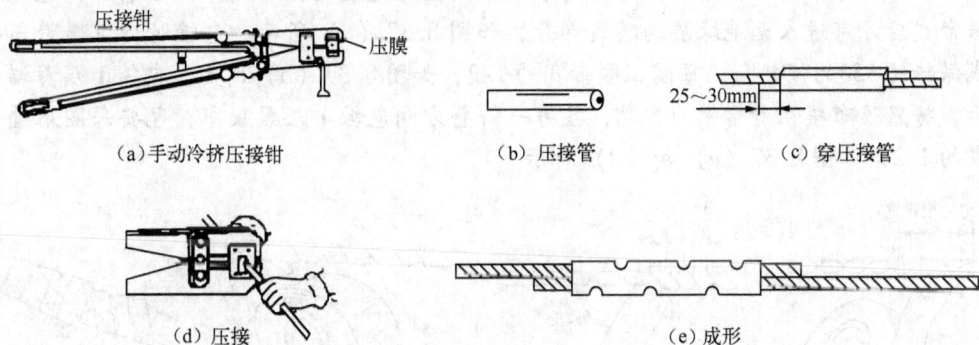

(a)手动冷挤压接钳　　　　　(b)压接管　　　　　(c)穿压接管

(d)压接　　　　　(e)成形

图 8.35　压线钳和压接管压接法

（3）线头与接线柱的连接。在各种用电器或电气装置上，均有接线柱供连接导线用。常用的接线柱有针孔式和螺钉平压式两种。

① 线头与针孔式接线柱的连接。在针孔式接线柱上接线时，如果单股芯线与接线柱插线孔大小适宜，只要把芯线插入针孔，旋紧螺钉即可，如果单股芯线较细，则要把导线折成双根，再插入针孔，如图 8.36（a）所示，如果是多根细丝的软线芯线，必须先绞紧，再插入针孔，切不可有细丝露在外面，以免发生短路事故。

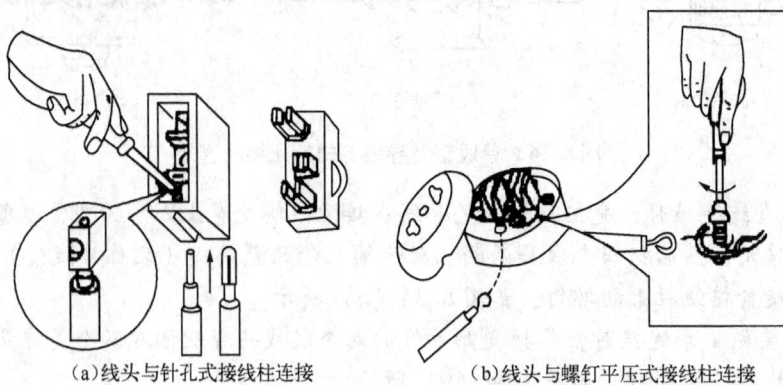

(a)线头与针孔式接线柱连接　　(b)线头与螺钉平压式接线柱连接

图 8.36　线头与接线柱的连接

② 线头与螺钉平压式接线柱的连接。在螺钉平压式接线柱上接线时，如果是较小截面积的单股芯线，则必须把线头弯成羊眼圈，羊眼圈弯曲的方向应与螺钉拧紧的方向一致，如图 8.36（b）所示。较大截面积的单股芯线与螺钉平压式接线柱连接时，线头须装上接线耳，由接线耳与接线柱连接。

3. 导线绝缘层的恢复

导线的绝缘层破损后，必须恢复，导线连接后，也须恢复绝缘。恢复后的绝缘强度不应低于原有绝缘层。通常用黄蜡带、涤纶薄膜带和黑胶带作为恢复绝缘层的材料，黄蜡带和黑胶带一般选用 20mm 宽较适中，包缠也方便。

（1）绝缘带的包缠方法。将黄蜡带从导线左边完整的绝缘层上开始包缠，包缠两根带宽后方可进入无绝缘层的芯线部分，如图 8.37（a）所示。包缠时，黄蜡带与导线保持约 55°的倾斜角，每圈压叠带宽的 1/2，如图 8.37（b）所示。包缠 1 层黄蜡带后，将黑胶布接在黄蜡带的尾端，按另一斜叠方向包缠 1 层黑胶布，也要每圈压叠带宽的 1/2，如图 8.37（c）和（d）所示。

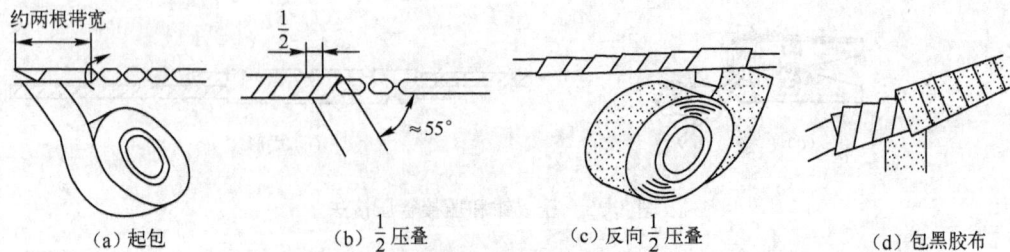

(a) 起包　　　　(b) 1/2 压叠　　　　(c) 反向 1/2 压叠　　　　(d) 包黑胶布

图 8.37　绝缘带的包缠

(2) 注意事项。

① 用在 380V 线路上的导线恢复绝缘时，必须先包缠 1 ~ 2 层黄蜡带，然后再包缠 1 层黑胶布。

② 用在 220V 线路上的导线恢复绝缘时，先包缠 1 层黄蜡带，然后再包缠 1 层黑胶带，也可只包缠 2 层黑胶布。

③ 绝缘带包缠时，不能过疏，更不允许露出芯线，以免造成触电或短路事故。

④ 绝缘带平时不可放在温度很高的地方，也不可浸染油类。

【实训要求】

(1) 剖削出的芯线应保持完整无损。

(2) 塑料软线不可用电工刀剖削。使用电工刀剖削时，刀口向外不要伤手。

(3) 导线连接缠绕方法要正确。缠绕后导线要保持平直光滑、紧密整齐。

(4) 220V 电压的导线绝缘层恢复，可先包缠一层黄蜡带，再包一层黑胶布，也可只包两层黑胶布。380V 导线绝缘恢复，应先包两层黄蜡带，再包一层黑胶布。

(5) 包缠绝缘带时，要适当用力，不能太松，更不能露出芯线。

(6) 恢复绝缘层后，浸入常温水中 30min，应不渗水。

【实训器材】

实训器材如表 8.10 所示。

表 8.10 实训器材

名称	塑料硬线	软线	多股线	橡皮线	钢丝钳	剥线钳	电工刀	绝缘胶带
数量	足	足	足	足	50 把	50 把	50 把	足

【实训程序】

(1) 按允许发热条件，选择某空调或冰箱的电源线，练习剖剥塑料铜芯绝缘线。

(2) 发放领取导线材料和工具。

(3) 指导教师进行知识学习讲解和操作示范。

(4) 进行导线绝缘层的剖削练习。

(5) 进行导线的连接练习。

(6) 进行导线绝缘层的恢复练习。

【实训评价】

实训评价如表 8.11 所示。

表 8.11 实训评价

序 号	评价内容	配 分
1	导线选择，方法正确、选择合适	10%
2	导线的剖削，方法正确、导线无损伤、工具选择正确	30%
3	导线的连接，方法正确、连接平整、连接紧密、无重叠	30%
4	绝缘层的恢复，缠绕平整、缠绕紧密、无渗水现象	30%

【实训小结】

（1）总结导线选用方面的收获体会。

（2）总结各种导线连接的区别以及在技能应用中的体现。

【实训思考】

（1）各种导线的用途。

（2）恢复绝缘层的意义。

（3）导线连接的注意事项。

（4）黄蜡带的作用。

实训21　钳形电流表的使用

【实训目的】

掌握钳形电流表的外形、结构、用途和使用。

【实训内容】

自己动手使用钳形电流表。

【实训原理】

钳形电流表是一种不需要断开电路就可以直接测量交流电路电流的便携式仪表，这种仪表测量精度不高，可对设备或电路的运行情况做粗略的了解，由于使用方便，应用很广泛。

1. 钳形电流表的结构

钳形电流表由电流互感器和电流表组成，如图8.38所示。互感器的铁芯制成活动开口，且成钳形，活动部分与钳柄相连。当紧握钳柄时电流互感器的铁芯张开，可将被测载流导线置于钳口中，该载流导线成为电流互感器的原绕组线圈。关闭钳口，在电流互感器的铁芯中就有交变磁通通过，互感器的副绕组中产生感应电流。电流表接于副绕组两端，它的指针所指示的电流与钳入的载流导线的工作电流成正比，可直接从刻度盘上读出被测电流值。

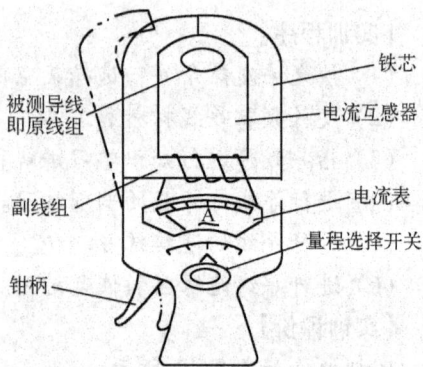

图8.38　钳形电流表

2. 钳形电流表的使用

（1）测量前的准备。

① 检查仪表的钳口上是否有杂物或油污，待清理干净后再测量。

② 进行仪表的机械调零。

（2）用钳形电流表测量电流。

①估计被测电流的大小，将转换开关调至需要的测量挡。若无法估计被测电流大小，先用最高量程挡测量，然后根据测量情况调到合适的量程。

②握紧钳柄，使钳口张开，放置被测导线。为减小误差，被测导线置于钳口的中央。

③钳口要紧密接触，遇有杂音时可检查钳口清洁，或重新开口一次，再闭合。

④测量5A以下的小电流时，为提高测量精度，在条件允许的情况下，可将被测导线多绕几圈，再放入钳口进行测量。此时技能电流应是仪表读数除以放入钳口中的导线圈数。

⑤测量完毕，将选择量程开关拨到最大量程挡位上。

3. 钳形电流表使用注意事项

(1) 被测电路的电压不可超过钳形电流表的额定电压。钳形电流表不能测量高压电气设备。

(2) 不能在测量过程中转动转换开关换挡。在换挡前，应先将载流导线退出钳口。

【实训要求】

(1) 在指导教师讲解钳形电流表知识学习和对钳形电流表有一定的认识后，才允许进行以上操作和练习。观察结构需打开外壳时，要小心操作，并一定要恢复原状。不允许拆封的部件绝不许随意打开。

(2) 在进行钳形电流表使用的操作练习前，一定要对其使用的方法和注意事项先进行一次预习，才能进行操作。

(3) 钳形电流表的使用操作练习可两人一组，相互配合和监督，带电操作时一定要注意操作程序和安全。

【实训器材】

实训器材如表8.12所示。

表8.12　实训器材

名　称	钳形电流表	万用表	兆欧表	电动机
数　量	50块	50块	50块	50台

【实训程序】

(1) 观察、了解钳形电流表的外形、结构和原理。

(2) 学习用钳形电流表测量三相交流电路的电流。

【实训评价】

实训评价如表8.13所示。

表8.13　实训评价

序　号	评价内容	配　分
1	对钳形电流表的认知提问测试	40%
2	钳形电流表的使用	60%

【实训小结】

（1）总结钳形电流表的用途。

（2）总结本课题练习后的收获、体会和认识。

（3）总结对本课题内容的评价和修改意见。

【实训思考】

（1）钳形电流表有何特点？

（2）使用钳形电流表时应注意哪些问题？

实训22　单相配电板的制做

【实训目的】

（1）了解单相配电板的构成和主要电器元件的结构及作用。

（2）学会电能表、漏电保护器等器件的安装和布线接线。

（3）学会用万用表检查安装接线的正确与否。

【实训内容】

（1）正确选择元器件、导线和截面。

（2）画出单相配电板的原理图和元器件布置图。

（3）按原理图或元器件布置图在电工练习板上布置安装元器件和布线接线。

（4）故障排除。

【实训原理】

配电板具有使用灵活和方便等特点，一般由电能表控制开关、过载和短路保护电器等组成，容量较大的还装有隔离开关。

电能表是计量电能的仪表，也叫电度表，俗称火表。电能表分为单相电能表和三相电能表。如图8.39所示为单相交流电能表。通常在使用电能表时，必须注意电能表的额定电压要与被测电路电压一致。电能表的额定电流必须稍大于被测电路的最大电流。此外，还要注意被测负载的性质，例如，负载为白炽灯时，只要用 $P = UI$，就可以直接算出被测电路的电流，其负载电流为 $I = \dfrac{P}{U}$。但若负载为日光灯时，考虑到感抗的影响，必须将负载电流 I 按下式计算：

$$I = \frac{P}{U \cdot \cos\varphi}$$

(a) 感应式　　　(b) 电子预付费式

图8.39　单相交流电能表

式中，$\cos\varphi$——功率因数（如日光灯的 $\cos\varphi$ 取0.5，电动机的 $\cos\varphi$ 取0.7左右）。

1. 单相交流电能表的结构

感应式单相交流电能表的结构如图8.40所示。它的主要组成部分有电压线圈、电流

线圈、转盘、转轴、上下轴承、蜗杆、永久磁铁和磁轭等。工作时，当电压线圈和电流线圈通过交变电流，就有交变的磁通穿过转盘，在转盘上感应产生涡流，这些涡流与交变的磁通互相作用产生电磁力，从而使转盘转动。转盘转动后，涡流与永久磁铁的磁力线相切割，受一反向的磁场力作用，从而产生制动力矩，致使转盘以某一速度旋转，其转速与负载功率的大小成正比。

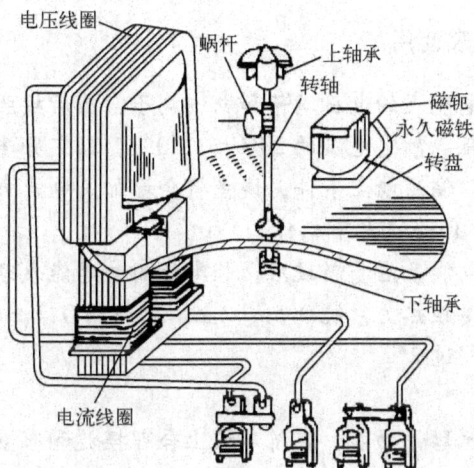

图 8.40　感应式单相交流电能表结构

2. 单相交流电能表的接线

单相交流电能表可直接接在电路上，其接线方式有两种：顺入式和跳入式，如图 8.41 所示，常见为跳入式。

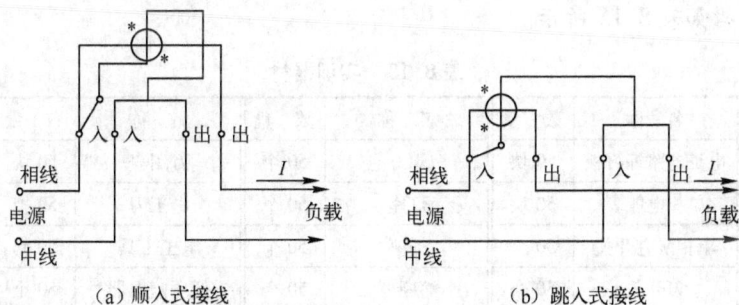

（a）顺入式接线　　　　　（b）跳入式接线

图 8.41　单相电能表接线

3. 单相交流电能表的容量选择

通常按用电负荷的大小来决定电能表的容量。经实测得知：应以用电负荷等于电能表额定电流的 20% ～ 120% 来选择电能表容量。例如，单相 220V 照明负荷以每 1kW 约 5A，三相 380V 动力负荷以每 1kW 约 2A，作为估算电能表容量的参考，如表 8.14 所示。

表8.14　单相交流电能表的容量选择

电能表容量（A）	单相照明220V（kW）	三相动力380V（kW）
3	<0.6	
5	0.6～1	0.6～1.8
10	1～2	2.8～5

4. 单相交流电能表使用

接线前必须分清电能表的电压端子和电流端子，然后按照技术说明书对号接入。

电能表在额定电压、额定电流的20%～120%，额定频率50Hz的条件下工作时，才能保证标准准确度，偏离以上条件，误差将会增加。电能表不宜在小于规定电流的5%和大于额定电流的15%情况下工作。

停电半年以上的电能表应重新校准，长期使用的电能表须2～3年校准一次。

电能表安装时，要距热力系统0.5m以上，距地面0.7～2.0m，并且要力求垂直安装，允许偏差不得超过2°。

【实训要求】

(1) 根据不同的元器件功能，在练习板上合理摆放和布置，安装必须牢靠。

(2) 做到走线合理，紧贴板面，横平竖直，转角90°，尽可能避免交叉和悬空。

(3) 做到接线牢固，不露铜，不损伤导线绝缘。

(4) 仪表、插座的接线，左零右相，电能表要按照其接线图接线。

(5) 白炽灯泡的控制开关，一定要接在相线上。

(6) 接好线后，先用万用表检查确认正确后，才能申请通电。

【实训器材】

实训器材如表8.15所示。

表8.15　实训器材

名　称	数　量	名　称	数　量	名　称	数　量
电工电路练习板	50块	白炽灯泡	50个	万用表	50块
单相电能表	50块	灯座	50个	电工刀	50把
单相漏电开关	50个	插座	50个	电工工具	50套
刀开关	50个	熔断器	50个	低压验电器	50个
单联开关	50个	导线	足	绝缘胶带	足

【实训程序】

(1) 设计画出单相配电板的原理图。

(2) 检测判断所选元器件的好坏。

(3) 指导教师进行知识和要点的讲解和操作示范。

(4) 根据电路原理图，画出元器件布置图。

(5) 布置安装和布线接线。

【实训评价】

实训评价如表 8.16 所示。

表 8.16　实训评价

序　号	评价内容	配　分
1	电路设计合理正确	20%
2	元器件摆放和布置合理，安装牢固可靠	20%
3	走线合理，横平竖直，转角 90°，尽可能避免交叉	30%
4	接线正确、牢固、不露铜	20%
5	一次通电检验通过，仪表指示正常	10%

【实训小结】

(1) 总结电能表和漏电开关在单相配电板中的作用和重要性。

(2) 总结单相配电板在现实生活中的使用情况。

(3) 总结电能表是如何实现电能测量的。

【实训思考】

(1) 描述单相电能表的结构和工作原理。

(2) 试述熔断器的作用。

(3) 试述漏电保护器的作用及原理。

(4) 熔断器选择应注意哪些问题？

(5) 已知负载功率为 2kW，接在 220V 的工频交流电路中，试选择熔断器的规格型号。

(6) 熔断器的灭弧方式有哪些？

实训 23　白炽灯电路的安装

【实训目的】

(1) 掌握白炽灯具的选择。

(2) 学会白炽灯具安装的方法。

(3) 掌握白炽灯具的安装和接线要点。

【实训内容】

(1) 给定负载选择导线的截面积。

(2) 根据选择的元器件，画出白炽灯照明电路（单联开关和双联开关控制）的原理图和布置图。

(3) 根据原理图和布置图在电工练习板上安装、接线。

(4) 故障排除。

【实训原理】

在我们日常生活中，照明是生活中必不可少的光源，白炽灯具有结构简单、安装方便、安全性能好等诸多优点，因此，许多地方都要求安装白炽灯。例如，对于一些照明度要求不高的厂房，需要局部照明的场所和事故照明灯；开关频繁的信号灯或舞台灯、电台或通信中心，为了防止气体放电引起干扰的场所，需要调节光源亮暗的场所以及一些医疗用特殊灯具。白炽灯电路由灯具、开关、插座和导线等组成。

1. 白炽灯具

白炽灯具包括白炽灯泡、灯座，具有结构简单、使用可靠、价格低廉、装修方便等特点。

（1）白炽灯泡。白炽灯泡由灯丝、玻璃壳和灯头三部分组成，如图8.42所示。白炽灯泡的灯丝一般都是用钨丝制成的，当钨丝通过电流时，就被燃至白炽而发光。白炽灯泡的外壳一般用透明的玻璃制成，但也有的采用各种不同颜色的玻璃制成。功率40W以下的白炽灯泡，将玻璃壳内抽成真空；功率为40W或超过40W的白炽灯泡，在玻璃壳内部充有氩气或氮气等惰性气体，使钨丝不易挥发。白炽灯泡的灯头有插口式和螺口式两种，功率超过300W的白炽灯泡，一般采用螺口式灯头，因为螺口式灯头在电接触和散热方面，都要比插口式灯头好得多。

白炽灯泡的规格很多，按其工作电压分，有6V、12V、24V、36V、110V和220V等六种，其中36V以下的属于低压安全白炽灯泡。在安装白炽灯泡时，注意白炽灯泡的工作电压与电路的电压必须一致。

白炽灯发光效率较低，寿命也不长，但光色较受人欢迎。

（2）灯座。灯座又称灯头，品种较多，常用的灯座如图8.43所示，可按使用场所进行选择。

图8.42 常用白炽灯泡

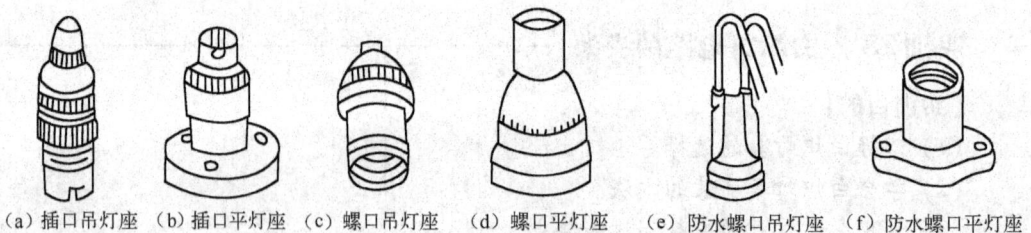

(a)插口吊灯座　(b)插口平灯座　(c)螺口吊灯座　(d)螺口平灯座　(e)防水螺口吊灯座　(f)防水螺口平灯座

图8.43 常用灯座

2. 开关

开关的品种很多，常用的开关如图8.44所示。

3. 插座

插座的种类如图8.45（a）、（b）、（c）、（d）所示。插座主要用于外接白炽灯或其他电器。

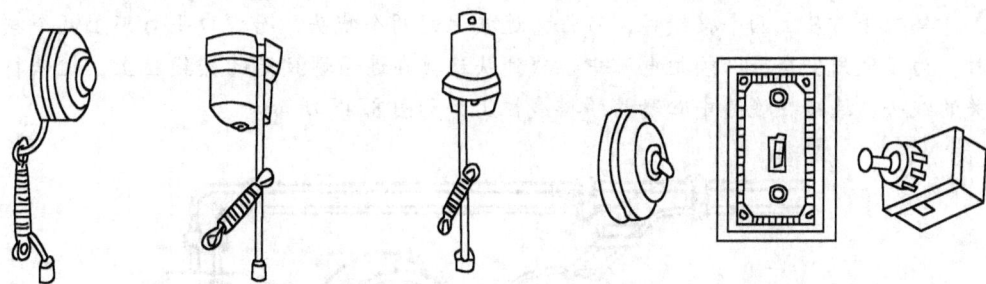

(a) 拉线开关　　(b) 顶装式拉线开关　(c) 防水式拉线开关　(d) 平开关　(e) 暗装开关　　(f) 台灯开关

图 8.44　常用开关

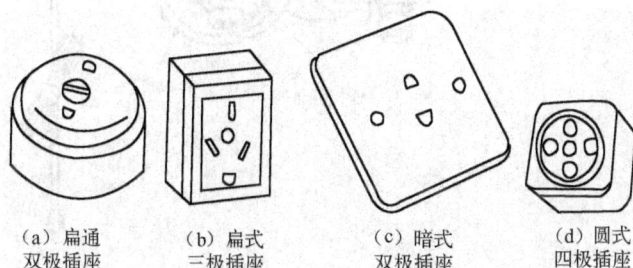

(a) 扁通　　　　(b) 扁式　　　　(c) 暗式　　　　(d) 圆式
双极插座　　　　三极插座　　　　双极插座　　　　四极插座

图 8.45　常用插座

4. 白炽灯电路原理图

（1）单联开关控制白炽灯。一只单联开关控制一只白炽灯的接线原理图如图 8.46 所示。

（2）双联开关控制白炽灯。两只双联开关控制一只白炽灯的接线原理图如图 8.47 所示。

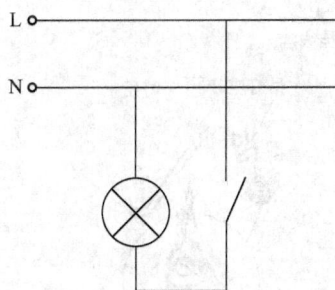

图 8.46　单联开关控制白炽灯接线原理图　　图 8.47　双联开关控制白炽灯接线原理图

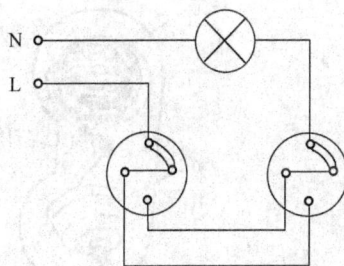

5. 白炽灯电路的安装

1）灯座的安装

（1）平灯座的安装。平灯座上有两个接线柱，一个与电源的中性线连接，另一个与来自开关的一根线（开关线）连接。

插口平灯座上两个接线柱，可任意连接上述两个线头，而螺口平灯座上两个接线柱，为了使用安全，必须把电源中性线线头连接在连通螺纹圈的接线柱上，把来自开关的线头，连接在连通中心簧片的接线桩上，如图8.48所示。

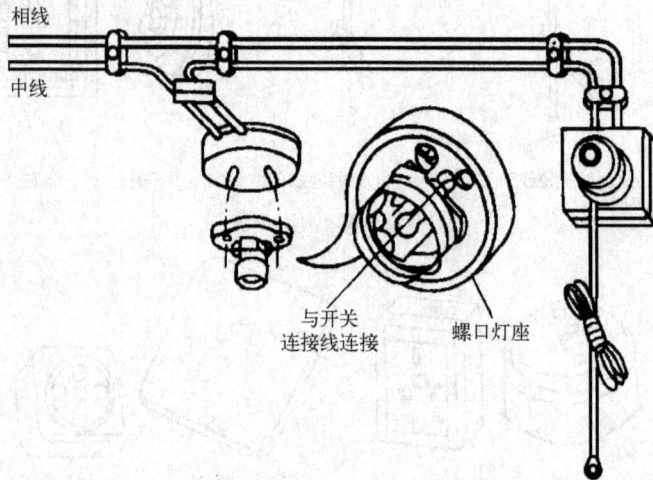

图8.48　螺口平灯座安装

（2）吊灯座的安装。吊灯座必须用两根绞合的塑料软线或花线作为与挂线盒（俗称先令）的连接线。两端均应将线头绝缘层削去。将上端塑料软线穿入挂线盒盖孔内打结，使其能承受吊灯的重量，然后把软线上端两个线头分别穿入挂线盒底座正中凸起部分的两个侧孔里，再分别接到两个接线柱上，罩上挂线盒盖。接着将下端塑料软线穿入吊灯座盖孔内，也打一个结，把两个线头接到吊灯座上的两个接线柱上，罩上吊灯座盖即可。安装方法如图8.49所示。

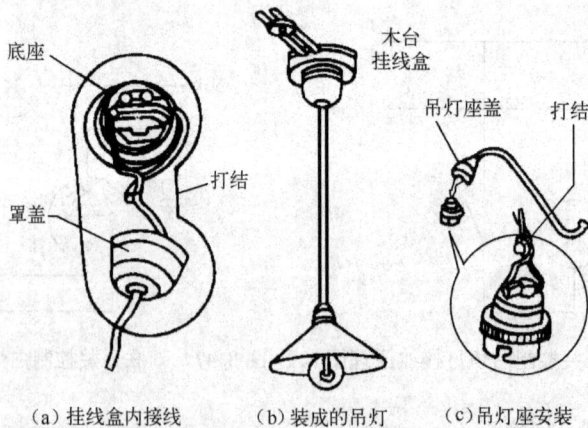

（a）挂线盒内接线　　　（b）装成的吊灯　　　（c）吊灯座安装

图8.49　吊灯座的安装

2）灯泡的安装

灯泡安装前要进行外观和电气检查；安装时要轻拿、轻装；要装到位；要断电安装；避免灯泡受潮；避免磕碰。

3）开关的安装

（1）单联开关的安装。先在墙上准备装开关的地方安装木榫，将一根相线和一根开关线穿过木台两孔，并将木台固定在墙上，再将两根导线穿进开关两孔眼，如图 8.50 所示，接着固定开关并进行接线，装上开关盒子即可。

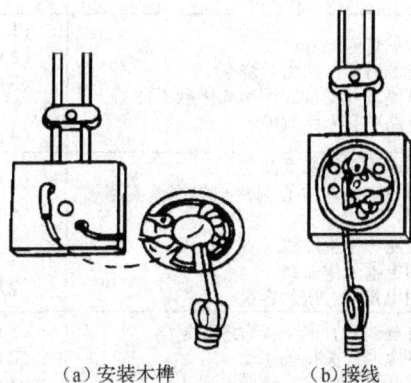

（a）安装木榫　　　　（b）接线

图 8.50　单联开关的安装

（2）双联开关的安装。双联开关一般用于两处控制（异地控制）一只灯的电路。双联开关控制一只灯的电路安装方法，如图 8.51 所示。

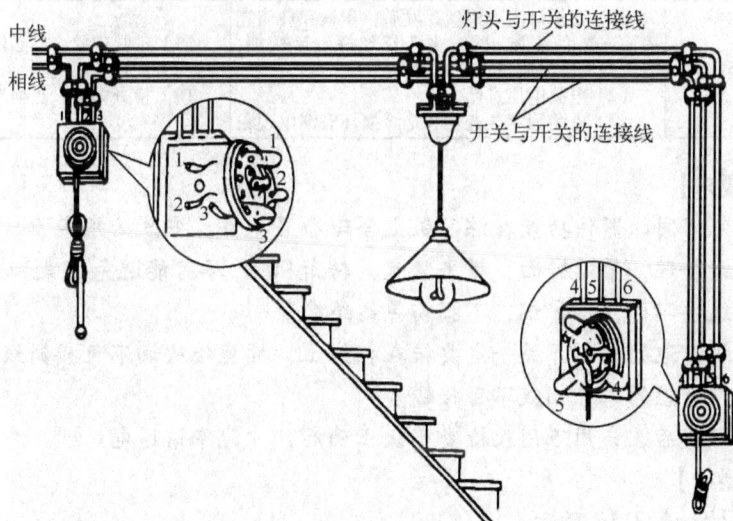

图 8.51　双联开关的安装

图 8.51 中，1 和 6 分别为两只双联开关中连铜片的柱头，两个线头不能接错。双联开关的接线错了易发生短路事故，所以接好线后应经过仔细的检查才可通电使用。

4）插座的安装

单相三极插座的安装方法如图 8.52 所示。插座中接地的接线柱必须与接地线连接，不可借用地线柱头作为中线。

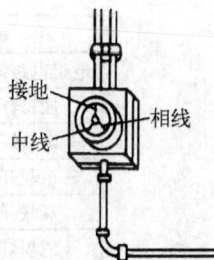

图 8.52　插座安装

6. 白炽灯电路的常见故障分析

白炽灯电路常见故障分析如表8.17所示。

表8.17　常见故障分析及检修方法

故障现象	产生原因	检修方法
白炽灯泡不亮	（1）白炽灯泡钨丝烧断 （2）电源熔断器的熔丝烧断 （3）灯座或开关接线松动或接触不良 （4）电路中有断路故障	（1）调换新白炽灯泡 （2）检查熔丝烧断的原因并更换熔丝 （3）检查灯座和开关的接线处并修复，用表或用校灯检查 （4）检查电路的断路处并修复
开关合上后熔断器熔丝烧断	（1）灯座内两线头短路 （2）螺口灯座内中心铜片与螺旋铜圈相碰、短路 （3）电路中发生短路 （4）用电器发生短路 （5）用电量超过熔丝容量	（1）检查灯座内两根线头并修复 （2）检查灯座并扳准中心铜片 （3）检查导线是否老化或损坏并修复 （4）检查用电器并修复 （5）减少负载或更换熔断器
白炽灯泡忽亮忽暗或忽亮忽熄	（1）灯丝烧断，但受震后忽接忽离 （2）灯座或开关接线松动 （3）熔断器熔丝接头接触不良 （4）电源电压不稳定	（1）调换白炽灯泡 （2）检查灯座和开关并修复 （3）检查熔断器并修复 （4）检查电源电压
白炽灯泡发强烈白光并瞬时或短时烧坏	（1）白炽灯泡额定电压低于电源电压 （2）白炽灯泡钨丝有搭丝，从而使电阻减小，电流增大	（1）更换与电源电压相符的白炽灯泡 （2）更换新白炽灯泡
灯光暗淡	（1）白炽灯泡内钨丝挥发后，积聚在玻璃壳表面透光度减低，同时由于钨丝挥发后变细，电阻增大，电流减小，光通亮减小 （2）电源电压过低 （3）电路因年久老化和绝缘损坏有漏电现象	（1）正常现象，不必修理 （2）调高电源电压 （3）检查电路，更换导线

【实训要求】

（1）按照不同的器件功能在练习板上合理布置元件，安装必须牢靠。

（2）走线合理，紧贴板面，横平竖直，转角90°，尽可能避免交叉和悬空。

（3）接线要牢固，不露铜，不损伤导线绝缘。

（4）白炽灯泡的控制开关一定要接在相线上。插座接头切不可接错线。

（5）螺口灯座的零、相线不可接错。

（6）接好线后，先用万用表检查确认正确后，才能申请通电。

【实训器材】

实训器材如表8.18所示。

表8.18　实训器材

名　称	数　量	名　称	数　量	名　称	数　量
电工电路练习板	50块	插座	50个	尖嘴钳	50把
插口灯座	50块	熔断器	50个	剥线钳	50把
螺口灯座	50个	导线	足	螺丝刀	50把
单联开关	50个	万用表	50块	低压验电器	50个
双联开关	50个	电工刀	50把	绝缘胶带	足
白炽灯泡	50个	钢丝钳	50把		

【实训程序】

(1) 设计画出原理图和对应的布置图。

(2) 选择元器件，熟悉其结构和原理。

(3) 用万用表检测元器件的好坏。

(4) 进行照明电路的布置安装和接线。

(5) 用万用表检查接线是否正确。

(6) 申请通电检验。

(7) 分析测试结果。

【实训评价】

实训评价如表 8.19 所示。

表 8.19　实训评价

序　号	评价内容	配　分
1	电路设计、器件选择正确合理	20%
2	说明电路的元器件的作用和工作原理	20%
3	器件摆放布置合理	20%
4	走线合理、横平竖直，整齐美观，接线牢固	25%
5	通电检测一次成功	15%

【实训小结】

(1) 总结白炽灯照明电路在工作生活中的应用。

(2) 总结白炽灯照明电路的安装接线要点。

(3) 总结白炽灯电路的常见故障。

(4) 撰写练习报告。

【实训思考】

(1) 白炽灯安装应注意什么？

(2) 开关安装应注意什么？

(3) 白炽灯常应用于什么场合？

(4) 白炽灯忽亮忽暗或忽亮忽熄的原因是什么？

(5) 白炽灯不亮的原因是什么？

(6) 插座的安装要点有哪些？

实训 24　日光灯控制电路的安装

【实训目的】

(1) 了解日光灯的结构和工作原理。

(2) 学会日光灯电路的安装和接线。

(3) 学会检测、分析和排除日光灯电路的常见故障。

【实训内容】

(1) 画出日光灯照明控制电路原理图和布置图。

(2) 在电工练习板上进行安装和接线。

(3) 用万用表检查控制电路接线。

(4) 进行故障排除练习。

【实训原理】

日光灯是应用最广的气体放电光源。它靠汞蒸气电离形成气体放电，导致管壁的荧光物质发光。目前我国生产的日光灯有普通日光灯和三基色日光灯。三基色日光灯具有高显色指数（$P_a = 96$），色温达 5600K，在这种光源下，能保证物体颜色的真实性。日光灯广泛用于照明度要求较高、能识别颜色的场所。

1. 控制电路结构

如图 8.53 所示，日光灯控制电路由灯管、启辉器、镇流器、灯架和灯座等组成。

(1) 灯管。灯丝由玻璃管、灯丝和灯丝引线脚等组成。玻璃管内抽成真空后充入少量汞（水银）和氩等惰性气体，管壁涂有荧光粉，在灯丝上涂有电子粉，如图 8.54 所示。

(2) 启辉器。启辉器由玻璃泡（也叫跳泡）、电容器、插头和外壳等组成，如图 8.55 所示。玻璃泡内装有门形动触片和静触片。

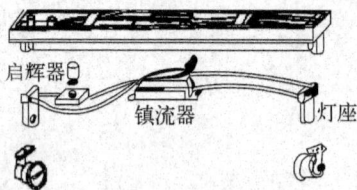

图 8.53 日光灯控制电路组成

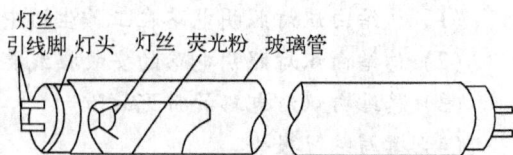

图 8.54 灯管

(3) 镇流器。镇流器主要由铁芯和线圈等组成，其外形如图 8.56 所示。镇流器功率必须与灯管功率相符。

(4) 灯架。灯架有木制和铁制两种，规格应配合灯管长度使用。

(5) 灯座。灯座有开启式和弹簧式（也叫插入式）两种，弹簧式灯座如图 8.57

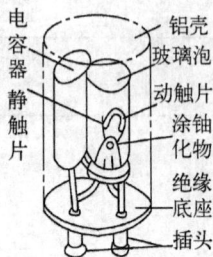

图 8.55 启辉器

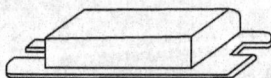

图 8.56 镇流器

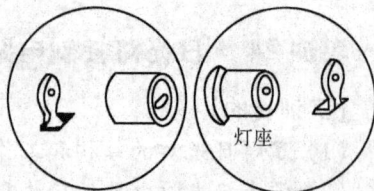

图 8.57 弹簧式灯座

所示。灯座规格有大型和小型两种，大型的适用15W以上灯管，小型的适用6W、8W和12W灯管。

2. 控制电路工作原理

日光灯控制电路的原理图如图8.58所示。镇流器一般为两个接线头。

当日光灯接通电源后，电源电压经过镇流器、灯丝，加在启辉器的门形动触片和静触片之间，引起辉光放电。放电时产生的热量使双金属门形动触片膨胀并向外伸胀，与静触片接触，接通控制电路，使灯丝预热并发射电子。与此同时，由于门形动触片与静触片相接触，使两片间电压为零而停止辉光放电，使门形动触片冷却并恢复原形，脱离静触片。动触片断开瞬间，镇流器两端产生一个比电源电压高得多的感应电动势，这个感应电动势加在灯管两端使灯管内惰性气体被电离而引起弧光放电，随着灯管内温度升高，液态汞就汽化游离，引起汞蒸气弧光放电而发出肉眼看不见的紫外线，紫外线激发灯管内壁的荧光粉后，发出近似日光的灯光。

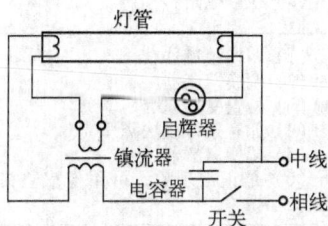

图8.58 两线头镇流器日光灯控制电路原理图

镇流器另外还有两个作用：一个是在灯丝预热时，限制灯丝所需的预热电流值，防止预热过高烧断，并保证灯丝电子的发射能力。二是在灯管启辉后，维持灯管的工作电压和限制灯管工作电流在额定值内，以保证灯管能稳定工作。

并联在玻璃泡上的电容器有两个作用：一是与镇流器线圈形成LC振荡控制电路，能延长灯丝的预热时间和维持感应电动势；二是能吸收干扰收音机和电视机的交流杂声。当电容击穿时，将其剪除，启辉器仍能使用。当灯管一端灯丝断裂时，连接两引出脚后仍可继续使用。若镇流器线圈有四个接线头，控制电路原理图如图8.59所示。

3. 控制电路安装接线

日光灯控制电路接线布置图如图8.60所示。

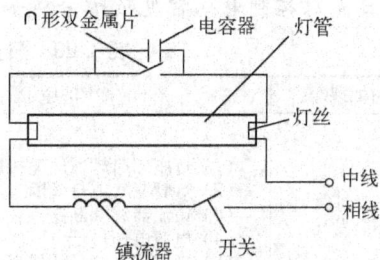

图8.59 四线头镇流器日光灯控制电路原理图

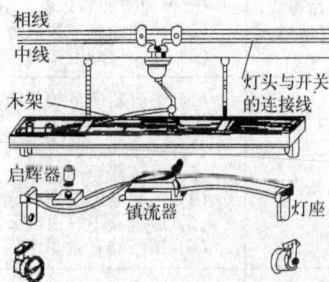

图8.60 日光灯控制电路接线布置图

（1）连接启辉器。启辉器座上的两个连接柱分别与两个灯座中的各一个连接柱连接。

（2）连接镇流器。一个灯座中余下的一个接线柱与电源的中性线连接，另一个灯座中余下的一个接线柱与镇流器的一个线头相连，而镇流器的另一个线头与开关一个接线柱连接，而开关另一个接线柱与电源的相线连接。

4. 控制电路常见故障分析

日光灯控制电路常见故障分析如表8.20所示。

表8.20　日光灯控制电路常见故障分析

故障现象	产生原因	检修方法
日光灯管 不能发光	（1）灯座和启辉器底座接触不良 （2）灯管漏气或灯丝断 （3）镇流器线圈断路 （4）电源电压过低 （5）新装日光灯接线错误	（1）转动灯管，使灯管四极和灯座四夹座接触，使启辉器两极与底座二铜片接触，找出原因并修复 （2）用万用表检查或观察荧光粉是否变色，确认灯管损坏，可换新灯管 （3）修理或调换镇流器 （4）不必修理 （5）检查电路
日光灯抖动或 两头发光	（1）接线错误或灯座灯脚松动 （2）启辉器玻璃泡内动、静触片不能分开或电容器击穿 （3）镇流器配用规格不合适或接头松动 （4）灯管陈旧，灯丝上电子发射物质放电作用低 （5）电源电压过低或电路电压降过大 （6）气压过低	（1）检查电路或修理灯座 （2）将启辉器取下，用两把螺丝刀的金属头分别触及启辉器底座两片铜片，然后将两根金属杆相碰，并立即分开，若灯管继续亮，则启辉器坏了，应更换启辉器 （3）调换适当镇流器或加固接头 （4）调换灯管 （5）如有条件升高电压或加粗导线 （6）用热毛巾对灯管加热
灯管两端发黑 或生黑斑	（1）灯管陈旧，寿命将终的现象 （2）如果是新灯管，可能因启辉器损坏使灯丝发射物质加速挥发 （3）灯管内水银凝结是细灯管常见现象 （4）电源电压太高或镇流器配用不当	（1）调换灯管 （2）调换启辉器 （3）灯管工作后即能蒸发或灯管旋转180° （4）调整电源电压或调换适当的镇流器
灯光闪烁或 光在管内滚动	（1）新灯管暂时现象 （2）灯管质量不好 （3）镇流器配用规格不符或接线松动 （4）启辉器损坏或接触不好	（1）开关几次或对调灯管两端 （2）换一根灯管试一试有无闪烁 （3）调换合适的镇流器或加固接线 （4）调换启辉器或加固启辉器
灯管光度减低或 色彩较差	（1）灯管陈旧的必然现象 （2）灯管上积垢太多 （3）电源电压太低或电路电压降太大 （4）气温过低或冷风直吹灯管	（1）调换灯管 （2）消除灯管积垢 （3）调整电压或加粗导线 （4）加防护罩或避开冷风
灯管寿命短或 发光后立即熄灭	（1）镇流器配用规格不合适或质量较差，或镇流器内部线圈短路，致使灯管电压过高 （2）受到剧震，使灯丝震断 （3）新装灯管因接线错误将灯管烧坏	（1）调换或修理镇流器 （2）调换安装位置或更换灯管 （3）检修电路
镇流器有杂音 或电磁声	（1）镇流器质量较差或其铁芯的硅钢片未夹紧 （2）镇流器过载或其内部短路 （3）镇流器受热过度 （4）电源电压过高引起镇流器发出杂音 （5）启辉器不好引起开启时辉光杂音 （6）镇流器有微弱声，但影响不大	（1）调换镇流器 （2）调换镇流器 （3）检查受热原因 （4）如有条件设法降压 （5）调换启辉器 （6）是正常现象，可用橡皮垫衬，以减少震动
镇流器过 热或冒烟	（1）电源电压过高，或容量过低 （2）镇流器内部线圈短路 （3）灯管闪烁时间长或使用时间太长	（1）有条件可调低电压或换用容量较大的镇流器 （2）调换镇流器 （3）检查闪烁原因或减少连续使用的时间

5. 新型日光灯

新型日光灯有三基色日光灯、环形日光灯、双曲灯、H 灯、双 D 灯和荧光高压汞灯等。其中双曲灯内部藏有镇流器，可以直接替换白炽灯，这些新型日光灯大多属于节能新光源。荧光高压汞灯的发光原理与日光灯的发光原理类似。它的优点是光效高、寿命长，它的缺点是功率因数低。荧光高压汞灯，远看光源的光色洁白，光源的色表好，但灯光照在人脸上是青灰色的，所以说它的显色指数低。它适用于道路、广场等不需要仔细辨别颜色的场所。这种光源目前已逐渐被高压钠灯和钪钠灯所取代。

【实训要求】

(1) 熟悉各元器件的作用和原理，能正确安装和接线。

(2) 照明器件摆放、布置合理；连接走线横平竖直，整齐美观，接线牢固。

(3) 单联开关一定要接在相线上。

(4) 为防止事故，要选择合适的熔断器和熔丝。

(5) 应具备强电作业的安全操作和防范意识，避免发生触电和短路事故。

(6) 接好线后，先用万用表检查确认正确后，才能申请通电。

(7) 使用万用表，要注意挡位和量程的选择，以免烧坏。

【实训器材】

实训器材如表 8.21 所示。

表 8.21　实训器材

名　称	数　量	名　称	数　量	名　称	数　量
电工控制电路练习板	50 块	单相开关	50 个	万用表	50 块
日光灯管	50 个	电容器	50 个	电工工具	50 套
镇流器	50 个	连接导线	足	低压验电器	50 块
启辉器	50 个	熔断器	50 个	绝缘胶带	足

【实训程序】

(1) 设计画出原理图和对应的布置图。

(2) 选择元器件，熟悉各元器件的结构。

(3) 检测各元器件的好坏。

(4) 指导教师讲解知识学习和用万用表检查控制电路的方法，并操作示范。

(5) 安装和接线。

(6) 检查接线是否正确。

(7) 分析排除故障。

【实训评价】

实训评价如表 8.22 所示。

表8.22　实训评价

序　号	评价内容	配　分
1	控制电路设计、器件选择正确合理	20%
2	说明控制电路的元件作用和工作原理	20%
3	照明器件摆放布置合理	10%
4	走线合理、横平竖直，整齐美观，接线牢固	25%
5	通电检测一次成功	15%
6	设置故障排除	10%

【实训小结】

（1）总结日光灯照明控制电路和白炽灯照明控制电路的主要区别。

（2）总结日光灯照明控制电路的常见故障及排除体会。

（3）总结使用万用表检查控制电路的要点和方法。

【实训思考】

（1）目前常用日光灯有哪些？

（2）试述日光灯控制电路中镇流器和启辉器的作用。

（3）简述日光灯的工作原理。

知识梳理与总结

本章从任务入手，介绍了照明电器用导线种类及选择、开关种类及选择、灯具种类及选择、照明电路配线方法、照明电路敷设和照明电路图等基本的照明电路知识。主要内容如下：

（1）照明电器用导线类型的选择要考虑场所和电器容量。

（2）开关类型的选择要考虑场所和电器容量。

（3）灯具类型的选择要考虑场所和电器容量。

（4）照明电路配线有四种方法。

（5）照明电路敷设有三种方式。

（6）照明电路图常用的有白炽灯电路和日光灯电路。

思考与练习8

8.1　导线和电缆材质的类型有哪些？选择原则是什么？

8.2　绝缘及护套的类型有哪些？选择原则是什么？

8.3　照明电器开关的设计安装原则是什么？

8.4　照明电器用开关种类有哪些？并简述其功能。

8.5　照明灯具种类有哪些？

8.6　固体发光光源与气体放电发光光源的主要异同有哪些？

8.7　简述常用照明配电方式。

8.8　配电接线方式大致分为几种？详细说明其各自特点。

8.9　典型照明配电系统是如何实现的？

8.10　室内电路配线可分为哪两种？并详细说明各自的特点。

8.11　室内配线的基本要求有哪些？

8.12　详细说明照明供配电系统的组成。

第9章

安全用电

教学导航

教	知识重点	1. 触电及伤害 2. 触电对人体伤害的影响因素 3. 人体触电形式 4. 安全措施 5. 触电急救
	知识难点	触电对人体伤害的影响因素、触电急救
	推荐教学方式	从触电案例入手，讲解触电及伤害，触电对人体伤害的影响因素，人体触电形式，安全措施及触电急救
	建议学时	6 学时
学	推荐学习方法	查资料，但不要盲目试验，记录不懂的地方，听老师讲解，在老师指导下动手练习
	必须掌握的理论知识	触电对人体伤害的影响因素、触电急救
	需要掌握的工作技能	1. 正确使用电器 2. 防触电 3. 触电急救

任务 9-1　触电及伤害

人体直接接触带电体，或者通过其他导电途径（如导体或电弧）触及带电体而引起的病理、生理效应，称为触电。触电会使人体受到伤害，根据其伤害不同可分为电击和电伤两种。

9.1.1　电击及伤害

电击是指电流通过人体对细胞、神经、骨骼及器官等造成的伤害，分为直接电击和间接电击两种，如图9.1（a）、（b）所示。

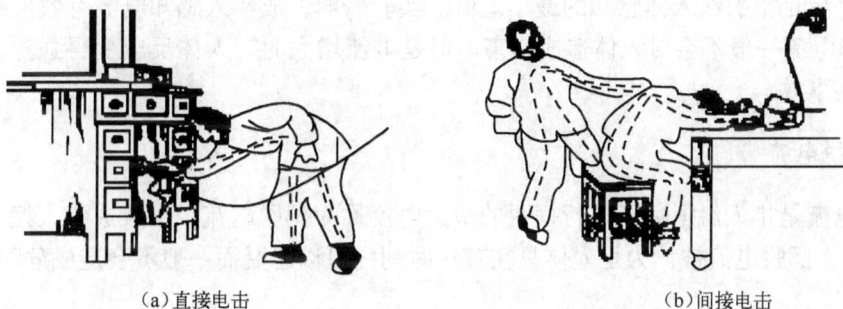

（a）直接电击　　　　　　　　　　　　　（b）间接电击

图 9.1 电击

这种伤害通常表现为针刺感、压迫感、打击感、肌肉抽搐、神经麻痹等，伤害主要在人体内部，严重时将引起昏迷、窒息，甚至心脏停止跳动而死亡。

对触电造成死亡的主要原因，目前较一致的看法是电流流过人体引起心室纤维颤动，使心脏功能失调、供血中断、呼吸窒息，从而导致死亡。

9.1.2　电伤及伤害

电伤是电流的热效应、化学效应、机械效应对人体造成的伤害，如电烧伤、电弧烧伤、电烙印、皮肤金属化、机械损伤、电光眼等。

电伤一般是在电流较大和电压较高的情况下发生的。电伤属局部性伤害，一般会在肌体表层留下明显伤痕。在触电伤亡事故中纯电伤或带电伤性质的约占75%。

任务 9-2　触电对人体伤害的影响因素

在很多情况下，人体干燥的皮肤在触及220V交流电压时，并不引起电击事故。这是因为人体干燥的皮肤有着较高的阻抗，触电时的麻木感或疼痛感又会使人体产生自然退缩反应现象，致使触电的持续时间短，所以不会产生电击事故。但是，如果触电的部位是人体的某

部分肌体，如手掌，则会由于收缩反应而使手掌紧握电源，于是电流就会向人体全身扩散，其中的一部分流过心脏可引起生命危险。

触电对人体的伤害主要是电流对人体的伤害。电流对人体的伤害的影响与电流的大小、持续时间、频率、通过人体的部位及触电者的健康状况等因素有关。

9.2.1 电流大小对人体的影响

电流越大，人体反应越明显，感觉越强烈，致命的危险性就越大。以工频交流电对人体的影响为例，按照通过人体的电流大小和生理反应，可将其划分为下列三种情况。

1. 感知电流

感知电流是指引起人体感知的最小电流。实验表明，成年人感知电流有效值约为 0.7～1mA。感知电流一般不会对人体造成伤害。但是电流增大时，人体反应变得强烈，可能造成坠落等间接事故。

2. 摆脱电流

摆脱电流是指人触电后能自行摆脱的最大电流称为摆脱电流。一般成年人摆脱电流约在16mA 以下。摆脱电流被认为是人体只在较短时间内可以忍受而一般不会造成危险的电流。

3. 致命电流

致命电流是指在较短时间内危及生命的最小电流。电流达到 50mA 以上就会引起心室颤动，有生命危险。而一般情况下，30mA 以下的电流通常在短时间内不会有生命危险，通常把该电流称为安全电流。

电流对人体组织的伤害主要有两个方面：一是可使组织升温，当电流足够大，温度足够高，就会造成组织的烧伤，在触电接触点附近最容易引起局部烧伤；二是可引起神经收缩、刺痛、严重时可使呼吸停止、心脏停跳。电流作用下人体的特征如表 9.1 所示。

表 9.1 电流对人体的作用情况

电流类型与大小		直流（mA）		交流（mA 有效值）			
				50Hz		1000Hz	
		男	女	男	女	男	女
最小感知电流，略有麻感		5.2	5.3	1.0	0.7	12	8
没有痛苦感，肌肉仍自由		9	6	1.8	1.2	17	11
有痛苦感，肌肉仍自由		62	41	9	6	55	37
有痛苦感，不能摆脱电源		76	51	16	10.5	75	50
可能引起心室纤颤	电击时间 0.03s	1300	1300	1000	1000	1100	1100
	电击时间 3s	500	500	100	100	500	500

9.2.2　电流流过人体时其他因素对人体的影响

1. 电流流过人体时间对人体的影响

电流流过人体的时间越长，对人体的伤害程度越重，这是因为电流使人体发热和人体组织的电解液成分增加，导致人体电阻降低，反过来又使通过人体的电流增大，触电后果越发严重。

2. 流过人体电流的频率对人体的影响

常用的 50 ～ 60Hz 的工频交流电对人体的伤害程度最为严重。当电源的频率离工频越远时，对人体的伤害程度越轻。但较高电压的高频电流对人体依然是十分危险的。

3. 电流流过人体时人体电阻大小对人体的影响

人体电阻因人而异，且影响其数值大小的因素很多，皮肤状况如厚薄、是否有汗、有无带电灰尘、与带电体的接触情况如接触面积和压力大小等均会影响到人体电阻值的大小。一般情况下，人体电阻为 1000 ～ 2000Ω。

4. 电压大小对人体的影响

作用于人体的电压越高，人体电阻下降越快，致使电流迅速增加，对人体造成的伤害更严重。

5. 电流路径对人体的影响

电流通过头部会使人昏迷而死亡；通过脊髓会导致截瘫；通过中枢神经，会引起中枢神经系统严重失调而导致残废；通过心脏会造成心跳停止而死亡；通过呼吸系统会造成窒息。从右手到脚、从手到手都属于危险路径，从左手至脚是最危险的电流路径，从脚到脚属危险较小路径。

任务 9-3　人体触电形式

9.3.1　直接触电

直接触电是人体与带电体直接接触的触电，分为单相触电和两相触电两种。这两类情况存在于常见的三相四线供电方式。

1. 单相触电

在人体与大地之间不绝缘的情况下，直接接触带电体之一相，电流通过人体流入大地的触电现象称为单相触电，其危险程度与电网运行方式有关。如图 9.2（a）所示为中性点接地系统的单相触电，由于人体电阻比中性点直接接地电阻大得多，所以相电压几乎全部加在

人体上，这是很危险的。若人体与大地间绝缘电阻很大（如穿绝缘鞋），通过人体电流很小，则不会造成危险。如图9.2（b）所示为中性点不接地系统的单相触电，由于电气设备对地具有绝缘电阻，发生单相触电时通过人体的电流就很小，一般不致造成对人体伤害，但当非触电相的接地绝缘破坏或降低时，单相触电对人体危害仍是很危险的。

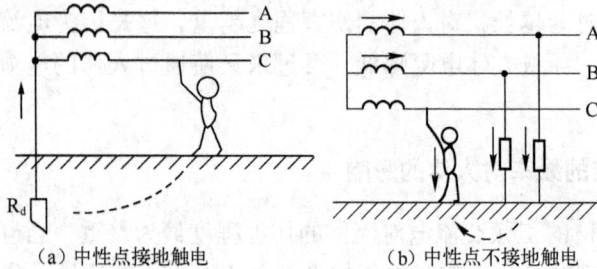

（a）中性点接地触电　　　　　　　（b）中性点不接地触电

图9.2　单相触电

2. 两相触电

两相触电也叫相间触电，是人体同时接触两相导体，电流通过人体形成回路的触电现象，如图9.3所示。两相触电比单相触电更危险，因为作用于人体的是线电压。而且在这种情况下，触电者即使穿上绝缘鞋或站在绝缘台上也起不了保护作用。

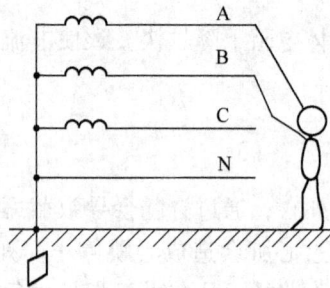

图9.3　两相触电

9.3.2　间接触电

正常情况下不带电的物体，在非正常运行情况下（如绝缘损坏）带电，与之触及而触电称为间接触电，分为：跨步电压触电、接触电压触电、静电触电和感应电压触电。

1. 跨步电压触电

在发生接地故障的电气设备附近地面上，形成分布电位，人在接地短路点周围行走，其两脚之间（按0.8m考虑）的电位差就是跨步电压。如图9.4所示，跨步电压的大小，除决定两脚间的距离外，还决定人脚与接地点的距离，距离故障接地点越近，则跨步电压越大，触电的危险性也就越大。当发觉跨步电压威胁时，应立即合拢双脚或用一只脚跳着离开危险区。

2. 接触电压触电

接触电压触电是指人体与电气设备的带电外壳相接触而引起的触电，接触电压触电示意图如图9.5所示。当电气设备的绝缘损坏而使外壳带电时，电流将通过接触装置注入大地；同时，在以接地点为中心的地面上形成不同的电位。如果此时人体触及带电的设备外壳，就会发生接触电压触电。而接触电压又等于相电压减去人体站立点的地面电位，所以，人体站立点离接触点越近，接触电压越小；反之，则接触电压就越大。

图 9.4　跨步电压触电　　　　　图 9.5　接触电压触电

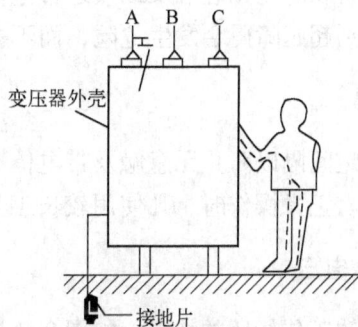

3. 静电触电

在停电的线路和电气设备上带有电荷，称为静电。带有静电的原因是各式各样的，如物体的摩擦带有电荷，电容器或电缆线路充电后，切除电源，仍残存电荷。人体触及带有静电的设备会受到电击，导致伤害。

4. 感应电压触电

停电后的电气设备或线路，受到附近有电设备或线路的感应而带电，称为感应电，人体触及带有感应电的设备也会受到电击。

任务 9-4　安全用电措施

触电易对人体造成伤害，所以用电要采取安全措施。为防止事故发生，通常采用如下防护措施。

9.4.1　直接防护措施

1. 绝缘

用绝缘材料将带电体封闭起来。良好的绝缘是保证电气设备和线路运行的必要条件，是防止触电的主要措施。

2. 屏护

采用屏护装置将带电体与外界隔开。为减少不安全因素，常用的屏护装置有遮栏、护罩，护盖和栅栏等。例如，常用电器的绝缘外壳、金属网罩、金属外壳和变压器的护栏等都属于屏护装置，对于金属的屏护应妥善接地或接零，如图9.6所示。

3. 障碍

设置障碍以防止无意触及或接近带电体。但它并不能防止绕过障碍而触及带电体，至少应使人意识到超越障碍会发生危险，而不去随意触及带电体。

4. 间隔

保持一定间隔以防止无意触及带电体。凡易于接近的带电体，应保持在伸出手臂时所及的范围之外。正常操作时，凡使用较长工具者，间隔应加大。

5. 安全电压

根据具体工作场所的特点，如图9.7所示，采用相应等级的安全电压，如36V、24V及12V等。

图9.6　屏护　　　　　　　　　　　　图9.7　采用安全电压

9.4.2　间接防护措施

1. 自动断开电源

安装自动断电装置以断开电源。自动断电装置有漏电保护、过流保护、过电压保护、短路保护等，当带电线路或设备发生故障或触电事故时，自动断电装置能在规定时间内自动切除电源，起到保护作用。漏电保护又叫残余电流保护或接地故障电流保护。漏电保护仅能做附加保护而不应单独使用，其动作电流最大不宜超过30mA。

2. 加强绝缘

加强绝缘是指采用有双重绝缘或加强绝缘的电气设备，或者采用另有共同绝缘的组合电气设备，以防止工作绝缘损坏后在易接近部分出现危险的对地电压。

3. 不导电环境

创建不导电环境措施是为防止工作绝缘损坏时人体同时触及不同电位的两点而导致触电。

4. 等电位环境

等电位环境是将所有容易同时接近的裸导体（包括设备外的裸导体）互相连接起来等化其间电位，防止接触电压。等电位范围不应小于可能触及带电体的范围。

5. 电气隔离

电气隔离措施是采用隔离变压器（或有隔离能力的发电机）实现电气隔离的，以防止裸导体故障带电时造成电击。被隔离回路的电压不应超过 500V，其带电部分不能与其他电气回路或大地相连，以保持隔离要求。

6. 保护接地

保护接地是将电气设备在正常情况下不带电的金属外壳、框架等与大地做金属性连接，以保证人身的安全。这种保护应用于中性点不接地的系统中，当设备外壳发生意外带电时，由于外壳与大地间存在电压，人体触及外壳时，电流就会经过人体和线路对地电容形成回路，发生触电的危险，如图 9.8 所示。通常采用将电气设备的金属外壳与接地体相连接，即保护接地来降低这种危险，避免触电事故。如图 9.9 所示，此时碰壳的接地电流则沿着接地体和人体两条通路流过，流过每一通路的电流值将与其电阻的大小成反比，通常其接地电阻 R_d 小于 4Ω，在恶劣的环境下人体电阻 R_r 为 1000Ω 左右，因此，流过人体的电流很小，完全可以避免或减轻触电危害。

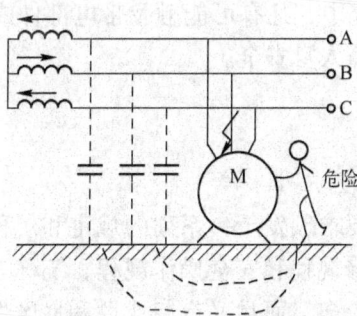

图 9.8 设备外壳不接地　　　　图 9.9 设备外壳接地

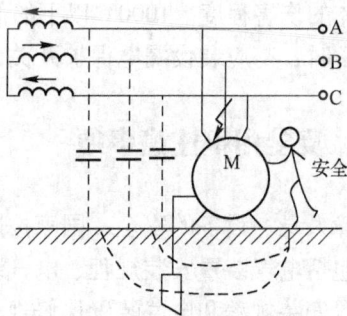

保护接地适用于中性点不接地的低压电力系统中，如发电厂和变电所中的电气设备实行保护接地，并尽可能使用同一接地体。每一年都要测试接地电阻，确保阻值在规定的范围内。

7. 保护接零

保护接零措施是指在中性点接地的电力系统中，将电力设备正常不带电的金属外壳与系统的零线相连接。380/220V 三相四线制系统中的电气设备均采用保护接零。由于这种系统

的中性点具有良好的工作接地，无论电气设备的外壳是否接地，都不能防止人身触电的危险，如图 9.10 所示，当电气设备发生单相碰壳时，由于设备外壳既未接地，也未接零，其碰壳故障电流较小，不能使熔断器等保护装置动作而及时切除故障点，使设备外壳长期带电，人一旦触及就会发生触电危险。目前，在中性点接地的三相四线制系统中为使保护装置快速而可靠动作，减少触电机会的措施是保护接零，如图 9.11 所示，当发生碰壳短路时，短路电流外壳和零线构成闭合回路，由于相线和零线合成电阻很小，所以短路电流很大，立即将熔丝熔断或使其他保护装置动作，迅速切断电源，防止触电。

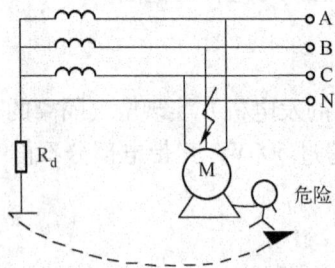

图 9.10　设备外壳不接零　　　　　图 9.11　设备外壳接零

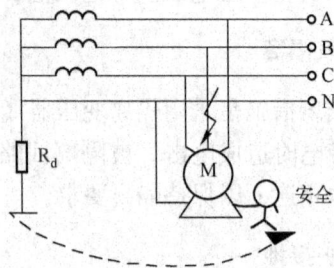

为使保护接零更加可靠，还必须在零线上禁止安装熔断器和单独的开关，以防止零线断开，失去保护接零的作用，为此要在零线上的一处或多处再接地，即进行重复接地。同时禁止在同一系统中有的设备接零而有的设备接地。

8. 漏电保护开关

采用漏电保护装置安装在电气设备的供电线路中，当设备的金属外壳漏电而形成对地电压时，自动切断电源。漏电保护开关要求在发生事故时 0.1s 内切断电源，从而能有效地减轻电流对人体的伤害程度。1000V 以下的低压系统中，凡有可能触及带电部件或在潮湿场所装有电气设备时，都应装设漏电保护开关，以保障人身安全。

9.4.3　安全用电注意事项

为了保障人身、设备的安全，国家按照安全要求颁发了一系列的规定和规程。这些规定和规程主要包括电气装置安装规程、电气装置检修规程和安全操作规程，统称为安全技术规程。电气装置安装规程和电气装置检修规程内容较多，而且又有专业性和地区性的差别，这里不做详细介绍，具体要求参阅有关部门的规定。下面主要介绍用电安全操作注意事项。

（1）用电前：必须检查工具、测量仪表和防护用具是否完好。

（2）未验电时：一律视为有电，不准用手触及。

（3）拆卸、修理电气设备时：必须在停车、切断设备电源、取下熔断器、挂上"禁止合闸，有人工作"的警示牌，并验明无电后，才可进行工作。

（4）在总配电盘及母线上进行工作时：验明无电后应挂临时接地线。装拆接地线都必须由值班电工操作。

（5）临时工作中断后或每班开始工作前：都必须重新检查电源已断开，并验明无电。

（6）每次维修结束时：必须清点所带工具、零件，以防遗失和留在设备内而造成事故。

（7）由专门检修人员修理电气设备时：值班电工必须进行登记，完工后要做好交代，共同检查，然后才可送电。

（8）必须在低压配电设备上带电进行工作时：要经过领导批准，并要有专人监护。工作时要戴工作帽，穿长袖衣服，戴绝缘手套，使用绝缘的工具，并站在绝缘物上进行操作，邻相带电部分和接地金属部分应用绝缘板隔开。严禁使用锉刀、钢尺等进行工作。

（9）操作动力配电箱中的刀开关时：禁止带负载。

（10）带电装卸熔断器时：要戴防护眼镜和绝缘手套。必要时要使用绝缘夹钳，站在绝缘垫上操作。

（11）更换熔断器时：熔断器的容量要与设备和线路的安装容量相适应。

（12）安装电气设备时：电气设备的金属外壳必须接地（接零），接地线要符合标准，不准断开带电设备的外壳接地线。

（13）拆除电气设备或线路后：对可能继续供电的线头必须立即用绝缘布包扎好。

（14）安装灯头时：开关必须接在相线上，灯头（座）螺纹端必须接在零线上。

（15）临时装设电气设备时：必须将金属外壳接地。严禁将电动工具的外壳接地线和工作零线拧在一起插入插座。必须使用两线带地或三线带地插座，或者将外壳接地线单独接到接地干线上，以防接触不良时引起外壳带电。用橡胶软电缆接移动设备时，专供保护接零的芯线中不许有工作电流通过。

（16）使用动力配电盘、配电箱、开关、变压器等各种电气设备时：不准堆放各种易燃、易爆、潮湿和其他影响操作的物件。

（17）使用梯子时：梯子与地面之间的角度以 60° 左右为宜。在水泥地面上使用梯子时，要有防滑措施。对没有搭钩的梯子，在工作中要有人扶持。使用人字梯时拉绳必须牢固。

（18）使用喷灯时：油量不得超过容器容积的四分之三，打气要适当，不得使用漏油、漏气的喷灯。不准在易燃易爆物品附近点燃喷灯。

（19）使用 I 类电动工具时：要戴绝缘手套，并站在绝缘垫上工作。最好加设漏电保护断路器或安全隔离变压器。

（20）电气设备发生火灾时：要立刻切断电源，并使用 1211 灭火器或二氧化碳灭火器灭火，严禁用水或泡沫灭火器。

实训 25　验电器的使用

【实训目的】

（1）通过自己动手，掌握验电器的结构和用途。

（2）通过实物使用练习，学会验电器的使用。

【实训内容】

识别常用验电器，了解其用途和使用方法。

【实训原理】

验电器是用来检验导线、电器或电路是否带电的一种常用工具，分为高压验电器和低压验电器。

1. 低压验电器

低压验电器又称验电笔，检测范围为 50 ～ 500V，有钢笔式、旋具式和组合式多种。

低压验电器由笔尖金属体、降压电阻、氖管、笔身、视窗、弹簧、笔尾金属体等部分组成，如图9.12所示。

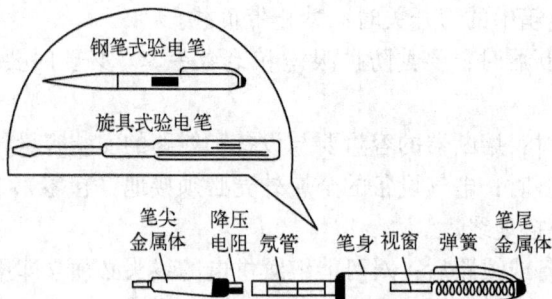

钢笔式验电笔

旋具式验电笔

笔尖金属体　降压电阻　氖管　笔身　视窗　弹簧　笔尾金属体

图 9.12　低压验电器

使用低压验电器时，手指必须接触笔尾金属体。这样，只要带电体与大地之间的电位差超过50V时，验电器中的氖管就会发光。

2. 低压验电器的使用方法和注意事项

（1）使用前，先要在有电的导体上检查验电器能否正常发光，检验其可靠性。

（2）在明亮的光线下往往不容易看清氖管的辉光，应注意避光。

（3）有些验电器的笔尖金属体虽与螺丝刀头部形状相同，它只能承受很小的扭矩，不能像螺丝刀那样使用，否则会损坏。

（4）低压验电器可用来区分相线和中线，氖管发亮的是相线，不亮的是中线。低压验电器也可用来判别接地故障。如果在三相四线制电路中发生单相接地故障，用低压验电器测试中线时，氖管会发亮；在三相三线制线路中，用低压验电器测试三根相线，如果两相很亮，另一相不亮，则这相可能有接地故障。

（5）低压验电器可用来判断电压的高低。氖管越暗，则表明电压越低；氖管越亮，则表明电压越高。

3. 高压验电器

高压验电器又称为高压测电器，主要类型有发光型高压验电器、声光型高压验电器。发光型高压验电器由握柄、护环、紧固螺钉、氖管窗、氖管和金属钩等部分组成。如图9.13所示为发光型 10kV 高压验电器。

4. 高压验电器使用注意事项

（1）使用前首先确定高压验电器额定电压必须与被检验电气设备的电压等级相适应，以免危及操作者人身安全或产生误判。

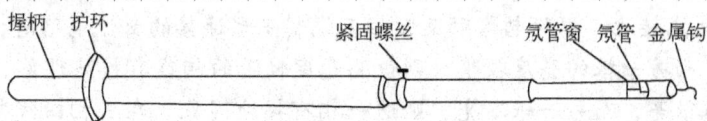

图 9.13　10kV 高压验电器

（2）验电时操作者应戴绝缘手套，手握在护环以下部分，同时设专人监护。同样应在有电设备上先验证验电器性能完好，然后再对被验电设备进行检测。注意操作时将验电器渐渐移向设备，在移近过程中若有发光或发声指示，则立即停止验电。高压验电器验电时的握法如图 9.14 所示。

（3）使用高压验电器时，必须在气候良好的情况下进行，以确保操作人员的安全。

（4）验电时人体与带电体应保持足够的安全距离，10kV 以下的电压安全距离应为 0.7m 以上。

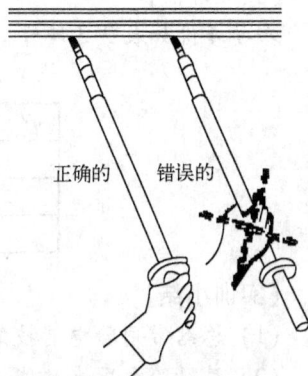

图 9.14　高压验电器的握法

【实训要求】

（1）在进行常用验电器的使用练习前，要先清楚其用途、知识学习和结构。

（2）练习中，要按验电器的使用方法和要求进行练习，一定要注意安全防护。

【实训器材】

实训器材如表 9.2 所示。

表 9.2　实训器材

名　称	低压验电器	高压验电器	电源	防护绝缘
数　量	50 支	各 50 支	220V/3000V	50 套

【实训程序】

低压验电器按下列用途进行测试练习。

低压验电器使用时，必须按正确方法握持，以手指触及尾部的金属体，使氖管小窗背光朝向自己。

① 区别电压的高低。测试时可根据氖管发亮的强弱来估计电压的高低。

② 区别相线与零线。在交流电路中，当验电器触及导线时，氖管发亮的即是相线，正常情况下，零线是不会使氖管发亮的。

③ 区别直流电与交流电。交流电通过验电器时，氖管里的两个极同时发亮，直流电通过验电器时，氖管里两个电极只有一个发亮。

④ 区别直流电的正负极。把验电器连接在直流电的正负极之间，氖管发亮的一端即直流电的负极。

⑤ 识别相线碰壳。用验电器触及电动机、变压器等电气设备外壳，若氖管发亮，则说明该设备相线有碰壳现象；如果壳体上有良好的接地装置，氖管是不会发亮的。

⑥ 识别相线接地。用验电器触及三相三线制星形连接的交流电路时，如果有两根比通常稍亮，而另一根的亮度较暗，则说明亮度较暗的相线有接地现象，但还不太严重。如果两根很亮，而另一根不亮，则这一相有接地现象。在三相四线制电路中，当单相接地后，中线用验电器测量时，也会发亮。

【实训评价】

练习评价如表9.3所示。

表9.3 实训评价

序 号	评价内容	配 分
1	低压验电器的使用	50%
2	高压验电器的使用	30%
3	防护绝缘的使用	20%

【实训小结】

（1）总结常用验电器技能操作技巧。

（2）总结验电器在技能工作中使用的重要性。

（3）总结本课题消耗的器材和成本。

【实训思考】

（1）验电器有哪几类？

（2）验电器使用中应该注意哪些事项？

任务 9-5 触电急救

对触电人员进行紧急救护的关键是在现场采取积极和正确的措施，减轻触电人员的伤情和痛苦，争取时间尽最大努力抢救生命，完全有可能使因触电而呈假死状态的人员获救，反之，任何拖延和操作失误都有可能带来不可弥补的后果。据有关资料介绍，触电后1min即开始救治者，90%有良好效果；触电后6min开始救治者，10%有良好效果；触电后12min开始救治者，救活的可能性很小。可见，触电急救是多么重要。

9.5.1 脱离电源

当触电事故发生时，触电者由于痉挛或失去知觉等原因而紧抓带电体，不能自行解脱电源，使自己成为一带电体。这时，使触电者尽快脱离电源是抢救触电人员的首要措施。摆脱的方法可根据现场情况，随机应变。具体方法如下：

（1）若电源开关或电源插座就在出事点附近，应立即拉下开关或拔掉插头，切断电源。

（2）若开关太远或一时找不到开关，可用绝缘钳或装有干燥木柄的刀、斧等工具将导线切断或用干燥木棒、竹竿等绝缘物迅速将导线挑开。

（3）如果是低压触电，且并非导线缠身时，可在自身对地绝缘良好的情况下，用一只手拉触电人员的衣服将其与带电体分离，但切不可直接用手触及带电者的皮肤及潮湿的衣服、鞋袜等，以防抢救者自己触电。

（4）切断电源后，人体肌肉不再紧张而立即放松，触电人员将会自行摔倒，为此要有防止摔伤的措施，特别是人员在高空触电的情况下。

9.5.2　现场对症救护

当触电者脱离电源以后，应根据触电者的具体情况，迅速对症救护。让触电者仰卧，将上衣和裤带放松，排除妨碍呼吸的因素，迅速鉴定是否有知觉、心跳、呼吸和脉搏，然后对症就地抢救。

（1）如触电者神志清醒，应令其就地躺平，严密观察，切忌立即站立和行走。

（2）如触电者失去知觉，停止呼吸，但心脏微有跳动时，应迅速采用口对口人工呼吸法。

（3）如触电者虽有呼吸，但心脏停跳时，应迅速采用人工胸外挤压心脏法。

（4）如触电者心跳和呼吸都已停止，需同时采取口对口人工呼吸和人工胸外挤压心脏两种方法进行。若现场只有一人抢救时，可先以口对口吹起 2～3 次，再胸外挤压心脏 5～12 次，然后口对口吹气，再挤压心脏循环进行。

（5）就地抢救的同时：

① 应设法联系医疗部门接替治疗。

② 在送医院过程中，也不要中断抢救。

③ 在医疗部门来之前，不能只根据触电者呼吸或脉搏终止而主观判定死亡，放弃抢救，一般抢救维持时间不得少于 60～90min。如果抢救者体力不支，可换人操作，直到使触电者恢复呼吸和心跳，或由医生确诊已无生还希望为止。

9.5.3　救护措施

1. 口对口人工呼吸

（1）将触电者仰卧，解开衣领，松开紧身上衣，放松裤带，并迅速取出口腔内的呕吐物，黏液以及脱落的假牙等，使呼吸道畅通。

（2）用一只手托在触电者的颈后，将颈部上抬，使其头部充分后仰；用另一只手紧捏鼻子，救护人深吸一口气后以口紧贴触电者的口，向内吹气约2s，如图9.15（a）所示。

（3）吹气停止后，立即脱离触电者的口，并松开触电者鼻孔，使之自行呼吸，历时约3s，如图9.15（b）所示。如此反复进行，每分钟吹气约12次。

如果无法把触电者的口张开，则改用口对鼻孔呼吸法，此时吹气压力应稍大，时间也应稍长，以利于气体进入肺内。如果触电者是儿童，则只可小口吹气，以免肺部受损。

（a）吹气　　　　（b）停止吹气

图 9.15　口对口人工呼吸法

2. 体外心脏挤压

（1）与人工呼吸法的要求一样，首先要解开触电者衣物，并清除口腔异物，使其胸部能

自由扩张。

（2）使触电者仰卧，姿势与上述口对口吹气法相同，但后背着地处的地面必须牢固，为硬地或木板之类。

（3）救护人位于触电者一边，最好是跨腰跪在触电者的腰部，两手相叠（对儿童可只用一只手），手掌根部放在心窝稍高一点的地方（掌根放在胸骨的下1/3部位）。

（4）救护人找到触电者的正确压点后，自上而下、垂直均衡地用力向下挤压，压出心脏里面的血液（对儿童，用力要适当小一些），如图9.16所示。

（5）挤压后，掌心迅速放松（但手掌不要离开胸部），使触电者胸部自主复原，心脏扩张，血液又回到心脏里来。

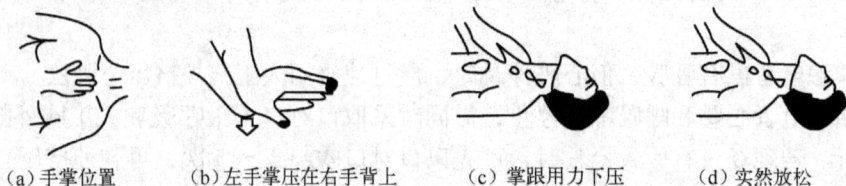

(a)手掌位置　　(b)左手掌压在右手背上　　(c)掌跟用力下压　　(d)实然放松

图9.16　胸外心脏挤压法

按照上述做法反复地对触电者的心脏进行挤压和放松，每分钟60次。挤压时定位要准确，用力要适当，既不可用力过猛，以免将胃中食物也挤压出来，堵塞气管，影响呼吸，或折断肋骨，损伤内脏；也不可用力过小，达不到挤压血流的作用。

在施行人工呼吸和心脏挤压时，救护人应密切观察触电者的反应。只要发现触电者有苏醒征象，如眼皮闪动或嘴唇微动，就应停止操作几秒钟，以让触电者自行呼吸和心跳。

知识梳理与总结

本章从任务入手，介绍了安全用电是各行业工作的重要基础性工作。介绍了安全用电的基本知识。主要内容如下：

（1）触电类型与伤害分电击和电伤两类。

（2）触电对人体伤害的因素主要有六个方面。

（3）人体的触电形式分直接和间接两种。

（4）安全防护措施分直接和间接两种。

（5）触电急救可采取两个步骤：先是断电，二是现场救护。

思考与练习9

9.1　我国规定的工频交流电安全电压有哪几种？

9.2　电对人体的伤害有哪几种？

9.3　触电的形式有哪几种？

9.4　安全用电有哪些预防措施？

9.5　简述触电急救的步骤和方法。